C#上位机开发实战指南

付加劲 编著

電子工業出版社
Publishing House of Electronics Industry
北京 · BEIJING

内 容 简 介

本书系统地讲解了 C#上位机与下位机之间进行通信的相关知识，以各种实用案例为载体，注重实际应用，对初学者学习 C#上位机软件开发具有一定的帮助和指导作用。

本书分为四部分：第一部分对工业控制系统架构和常用数据类型转换进行说明；第二部分介绍了串口通信和以太网通信基础；第三部分主要针对 Modbus RTU 和 Modbus TCP 通信协议进行了详细说明；第四部分主要阐述了自定义控件的开发以及 C#如何联合 WinCC 和运动控制卡。

本书适合需要系统学习 C#上位机开发的电气工程师或自动化工程师，以及一些 IT 程序员转型 OT 参考，也可以作为高等院校智能制造、电气工程和自动化类专业的师生参考。

图书在版编目（CIP）数据

C#上位机开发实战指南 / 付加劲编著. -- 北京 : 电子工业出版社，2024. 8. -- ISBN 978-7-121-48621-0

Ⅰ. TP312.8

中国国家版本馆 CIP 数据核字第 20244YU441 号

责任编辑：张　迪（zhangdi@phei.com.cn）
印　　刷：三河市华成印务有限公司
装　　订：三河市华成印务有限公司
出版发行：电子工业出版社
　　　　　北京市海淀区万寿路 173 信箱　邮编 100036
开　　本：787×1 092　1/16　印张：17　字数：435.2 千字
版　　次：2024 年 8 月第 1 版
印　　次：2025 年 2 月第 5 次印刷
定　　价：79.00 元

凡所购买电子工业出版社图书有缺损问题，请向购买书店调换。若书店售缺，请与本社发行部联系，联系及邮购电话：（010）88254888，88258888。

质量投诉请发邮件至 zlts@phei.com.cn，盗版侵权举报请发邮件至 dbqq@phei.com.cn。

本书咨询联系方式：（010）88254469，zhangdi@phei.com.cn。

前　　言

随着计算机技术的迅速发展，工业自动化领域迎来了前所未有的机遇。工业自动化上位机是现代工厂和生产过程中不可或缺的一部分，不仅可以监视和控制生产线上的设备，还具有数据采集、数据分析及数据报告的功能，使生产过程变得更加智能化和可管理。

微软的 C#语言是一种现代的、通用的、完全面向对象的编程语言。基于 C#语言开发的上位机目前已经在各种工业领域中得到了广泛应用，包括制造业、汽车、3C、新能源、化工、物流和交通等多个领域。C#上位机主要在工业自动化和监控领域中用于制作高度可定制的用户界面，以实时监控生产过程，并与各种自动化设备进行通信，为工程师和终端用户提供了直观可视化的工具，可以用于实现智能化控制和监视工厂、生产线及设备。

随着科技的不断发展，对自动化工程师技术水平的要求也越来越高，未来的自动化工程师均需掌握一种高级语言来实现编程，C#语言无疑是目前最适合的语言之一。停留在 PLC 编程的电气工程师可能要承担更多的基础工作。

数据采集是工业控制网络的基础，没有数据的工业控制系统如同无源之水。数据采集的主要实现方式就是上位机与下位机进行通信。

10 年前，我是一名一线的电气工程师，深知电气工程师在学习 C#上位机开发过程中的艰辛。其中，通信部分更是很多初学者的痛点和难点。本书主要针对上位机与下位机之间的通信进行详细阐述，从串口和以太网基础入手，结合目前使用非常广泛的 Modbus RTU 和 Modbus TCP 协议，可让更多的上位机初学者通过本书的内容，能够对设备通信有更深的认识。

由于时间仓促，加之作者水平有限，书中错漏之处在所难免，望各位读者不吝赐教，及时指出书中的错误，以便进行更正。欢迎关注微信公众号“上位机 Guide”，让我们共同学习和交流。读者可通过作者微信号 fuswj001 联系作者获取书中相应代码。

付加劲

2024 年 8 月

目　　录

第 1 章　工业控制系统 ······ 1
1.1　工业控制系统架构 ······ 1
1.2　下位机发展应用 ······ 2
1.2.1　PLC ······ 2
1.2.2　单片机 ······ 4
1.2.3　运动控制器 ······ 5
1.3　上位机发展应用 ······ 7
1.3.1　人机界面 ······ 7
1.3.2　组态软件 ······ 8
1.3.3　高级语言开发 ······ 8
1.4　上位机与下位机通信 ······ 9
1.4.1　串口通信 ······ 9
1.4.2　以太网通信 ······ 12
第 2 章　上位机开发数据类型转换 ······ 17
2.1　基础数据类型说明 ······ 17
2.1.1　常用数据类型 ······ 17
2.1.2　大小端字节顺序 ······ 18
2.1.3　为什么会存在大小端 ······ 19
2.2　字节集合类 ByteArray 封装及应用 ······ 20
2.2.1　字节集合类 ByteArray ······ 21
2.2.2　ByteArray 实际应用 ······ 23
2.3　数据类型转换类 ······ 23
2.3.1　ByteArray 转换类 ByteArrayLib ······ 23
2.3.2　byte 转换类 ByteLib ······ 29
2.3.3　bit 转换类 BitLib ······ 29
2.3.4　short 转换类 ShortLib ······ 32
2.3.5　int 转换类 IntLib ······ 33
2.3.6　long 转换类 LongLib ······ 34
2.3.7　string 转换类 StringLib ······ 35
2.4　操作结果类 OperateResult ······ 36
2.4.1　OperateResult 的设计过程 ······ 37
2.4.2　OperateResult 的使用说明 ······ 39
第 3 章　串口通信与通信应用 ······ 41
3.1　SerialPort 串口对象 ······ 41

3.1.1 SerialPort 构造方法 ······ 41
3.1.2 SerialPort 常用属性 ······ 42
3.1.3 SerialPort 常用方法 ······ 43
3.1.4 SerialPort 常用事件 ······ 44
3.2 扫码枪串口通信案例 ······ 44
3.2.1 项目创建及界面设计 ······ 45
3.2.2 项目架构设计 ······ 46
3.2.3 串口参数配置 ······ 46
3.2.4 串口通信封装实现 ······ 52
3.2.5 串口扫码功能应用 ······ 54
3.3 欧姆龙 PLC 串口通信实战 ······ 57
3.3.1 搭建仿真欧姆龙 PLC 环境 ······ 58
3.3.2 Hostlink 协议 C-Mode 通信应用 ······ 67
3.3.3 Hostlink 协议 Fins 通信应用 ······ 77
第 4 章 以太网通信与通信应用 ······ 82
4.1 TCP/IP 基础 ······ 82
4.1.1 TCP 三次握手 ······ 83
4.1.2 TCP 四次挥手 ······ 84
4.1.3 Socket 编程基础 ······ 86
4.2 TCP 服务器及客户端程序编写 ······ 89
4.2.1 服务器程序编写 ······ 89
4.2.2 TCP 客户端程序编写 ······ 92
4.2.3 服务器与客户端通信测试 ······ 94
4.3 西门子 PLC 以太网通信案例 ······ 96
4.3.1 西门子 PLC 仿真环境 ······ 97
4.3.2 PLC 程序编写 ······ 101
4.3.3 上位机通用读取 ······ 106
4.3.4 上位机通用写入 ······ 114
4.4 西门子 S7 通信应用 ······ 118
4.4.1 PLC 通信配置 ······ 118
4.4.2 S7.NET 通信库封装 ······ 120
4.4.3 PLC 通信通用读取思路 ······ 124
4.4.4 PLC 通信解决方案 ······ 127
第 5 章 Modbus 通信协议说明 ······ 128
5.1 Modbus 基础知识说明 ······ 128
5.1.1 Modbus 存储区 ······ 128
5.1.2 Modbus 地址模型 ······ 129
5.1.3 Modbus 功能码 ······ 130
5.1.4 Modbus 仿真软件 ······ 132

5.2 Modbus RTU/ASCII 通信协议 …… 138
5.2.1 读取输出线圈 …… 139
5.2.2 读取输入线圈 …… 140
5.2.3 读取保持型寄存器 …… 141
5.2.4 读取输入寄存器 …… 142
5.2.5 预置单线圈 …… 143
5.2.6 预置单寄存器 …… 143
5.2.7 预置多线圈 …… 144
5.2.8 预置多寄存器 …… 144
5.3 Modbus TCP/UDP 通信协议分析 …… 145
5.3.1 Modbus TCP/UDP 协议分析 …… 145
5.3.2 读取输出线圈 …… 147
5.3.3 读取输入线圈 …… 148
5.3.4 读取保持型寄存器 …… 148
5.3.5 读取输入寄存器 …… 149
5.3.6 预置单线圈 …… 150
5.3.7 预置单寄存器 …… 151
5.3.8 预置多线圈 …… 151
5.3.9 预置多寄存器 …… 152
第 6 章 Modbus RTU 串口通信应用 …… 154
6.1 NModbus4 通信库使用说明 …… 154
6.1.1 NModbus4 通信库安装说明 …… 154
6.1.2 Modbus RTU 通信库封装应用 …… 155
6.2 西门子 200Smart 实现 Modbus RTU 通信 …… 161
6.2.1 PLC 程序编写 …… 161
6.2.2 Modbus RTU 通信测试 …… 165
6.2.3 上位机通信程序 …… 165
6.3 Modbus RTU 一主多从实现温湿度采集 …… 168
6.3.1 温湿度变送器地址说明 …… 169
6.3.2 温湿度变送器模块通信测试 …… 169
6.3.3 上位机实现多温湿度采集 …… 170
第 7 章 Modbus TCP 以太网通信应用 …… 175
7.1 西门子 S7-1500 PLC 实现 Modbus TCP 通信 …… 175
7.1.1 PLC 程序编写 …… 175
7.1.2 Modbus TCP 通信库封装 …… 178
7.1.3 上位机通信应用 …… 179
7.2 三菱 FX5U PLC 之 Modbus TCP 通信 …… 182
7.2.1 PLC 配置说明 …… 182
7.2.2 Modbus 地址分析及测试 …… 185
7.2.3 上位机通信应用 …… 186

第 8 章　自定义控件封装及应用 ··· 190

8.1 自定义控件分类 ··· 190

8.1.1 扩展控件 ··· 190

8.1.2 组合控件 ··· 193

8.1.3 绘制控件 ··· 194

8.2 HeadPanel 控件 ··· 198

8.2.1 HeadPanel 控件分析 ··· 198

8.2.2 HeadPanel 控件开发 ··· 199

8.3 TextShow 控件 ··· 205

8.3.1 TextShow 控件分析 ··· 205

8.3.2 TextShow 控件开发 ··· 206

8.4 Led 控件 ··· 209

8.4.1 Led 控件分析 ··· 209

8.4.2 Led 控件开发 ··· 209

第 9 章　C#联合 WinCC 组态软件应用 ··· 215

9.1 WinCC 使用.NET 控件 ··· 215

9.1.1 WinCC 如何添加.NET 控件 ··· 215

9.1.2 WinCC 与西门子 PLC 通信 ··· 217

9.2 C#实现读写 WinCC 变量 ··· 221

9.2.1 C#读取 WinCC 变量 ··· 221

9.2.2 C#写入 WinCC 变量 ··· 222

9.3 C#实现访问 WinCC 控件 ··· 224

9.3.1 C#读取 WinCC 控件 ··· 224

9.3.2 C#写入 WinCC 控件 ··· 226

第 10 章　C#上位机联合运动控制卡 ··· 228

10.1 运动控制卡基础知识 ··· 228

10.1.1 运动控制卡与 PLC 的区别 ··· 228

10.1.2 运动控制卡的种类与选型 ··· 230

10.1.3 运动控制与机器人的区别 ··· 231

10.2 脉冲型运动控制卡使用说明 ··· 231

10.2.1 ECI1408 产品说明及接线使用 ··· 232

10.2.2 运动控制函数库二次封装 ··· 236

10.2.3 多轴运动控制应用案例 ··· 246

10.3 总线型运动控制卡 EtherCAT 通信 ··· 251

10.3.1 ECI2828 运动控制卡使用说明 ··· 251

10.3.2 ECI2828 运动控制卡脉冲控制 ··· 252

10.3.3 ECI2828 运动控制卡 EtherCAT 控制 ··· 255

10.4 运动控制卡 Modbus TCP 通信 ··· 259

10.4.1 运动控制卡 Modbus 协议说明 ··· 259

10.4.2 运动控制卡 Modbus 通信应用 ··· 260

第 1 章　工业控制系统

随着工业自动化的快速发展，工业控制系统（Industrial Control System，ICS）已不再是单一的控制系统，而是由各种类型的控制系统组成的一个综合体。这些单一控制系统之间紧密相连，形成了一个复杂的工业控制网络。

本章旨在详细阐述工业控制系统控制网络中的现场控制层和过程监控层。在实际应用场景中，工业控制系统可以分为上位机与下位机两个主要部分。其中，下位机侧重于硬件与控制功能，而上位机则侧重于软件与业务逻辑。两者通过通信网络相互连接，实现生产数据的共享和交互，从而实现对整个系统的过程控制与管理。

1.1　工业控制系统架构

工业控制系统架构是将自动化工厂中各个生产流程和独立控制系统通过多种通信设备组织起来形成的一个完整的控制网络架构。这一架构包括监控管理节点（包括上位机、MES、WMS、EAP 等）、各种类型的控制器（包括 PLC、单片机、运动控制器、仪表设备等）、通信网络（包括以太网、串口、无线、蓝牙等）、通信协议（包括 Profinet、EtherCAT、Modbus RTU、Modbus TCP、S7、MC 及自定义协议等）。

如图 1-1 所示，一个典型的工业控制系统架构由以下几个关键层次组成。

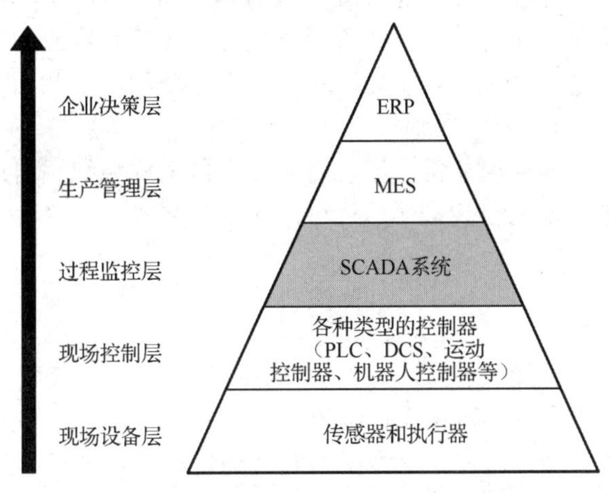

图 1-1　一个典型的工业控制系统架构

第 1 层现场设备层：这一层主要包括现场执行采集设备，如采集模拟量信号（如压力、流量、温度、湿度等）需要的传感器或变送器、数字量信号采集装置（如开关、按钮）、现场驱动装置（如电机、阀门）及与运动控制相关的驱动器电机等。

第 2 层现场控制层：包括可编程逻辑控制器（PLC）、分布式控制系统（DCS）、运动控制器和机器人控制器等。这些控制器接收并处理来自现场设备层的数据，实现对设备和执行器的监视与控制，确保生产过程的稳定性和效率。

第 3 层过程监控层：数据采集与监视控制（Supervisory Control And Data Acquisition，SCADA）系统是基于计算机的系统，用于实时监视和控制生产过程。它提供了可视化界面，帮助操作员监控设备状态、收集生产数据，并进行必要的调度和控制。

第 4 层生产管理层：制造执行系统（Manufacturing Execution System，MES）连接了上层的计划管理系统与工业控制系统，是面向车间的管理信息系统。MES 包括生产计划与调度、物料管理、库存管理、工艺控制、质量管理、安全环保（HSE）、设备管理、能源管理、成本管理和绩效管理等功能，有效提升生产效率和管理水平。

第 5 层企业决策层：企业资源计划（Enterprise Resource Planning，ERP）是基于信息技术的管理平台，为企业决策层提供决策支持和运行手段。ERP 整合了企业的各个部门和功能，包括供应链管理、财务管理、人力资源管理等，帮助企业实现资源优化和整体运营效率的提升。

这些层次之间通过标准化的通信协议和网络连接紧密协作，构建了一个完整的工业控制系统，支持制造业在自动化和数字化转型中的各个环节与需求。

1.2 下位机发展应用

下位机是工业控制网络中现场控制层的核心，一般以控制器的形式存在，通常指的是一种相对于主机或上位机的次要计算机或控制设备。下位机可以直接对接现场的各种输入输出设备，通常配备了各种硬件接口，如数字量输入/输出、模拟量输入/输出、图像采集、串行接口、以太网接口等，用于实现与外部设备进行通信和控制。因此，下位机的主要功能包括执行特定的控制、数据采集、实时处理或低级操作任务。与其相对应的上位机则承担着更高级的任务，如业务处理、逻辑处理、数据处理等。两者相辅相成，共同构成了一个相对完整的控制系统。

下位机在工业领域中的应用非常广泛，特别是在嵌入式系统、自动化控制和通信设备等领域。常用的下位机控制器包括 PLC、单片机、运动控制器（运动控制卡）等。

1.2.1 PLC

1968 年，美国通用汽车公司提出了取代继电器控制装置的要求，随后在 1969 年，美国数字设备公司成功研制出了首台可编程控制器 PDP-14。自此之后，PLC 在自动化控制系统中扮演着至关重要的角色。经过超过半个世纪的发展历程，PLC 不仅没有被其他竞争者［如基于个人计算机的控制系统（PC-Based）和可编程自动化控制器（PAC）］所替代，而且还不断地发展和演进。

PLC 的种类繁多，根据控制规模一般分为小型、中型和大型 PLC。典型的小型 PLC 产品包括西门子的 S7-200/S7-200 Smart 系列 PLC、三菱的 FX 系列 PLC、欧姆龙的 CP 系列 PLC、汇川的 H1U/H3U 系列 PLC、台达的 DVP 系列 PLC，以及信捷的 XC 系列等，西门子 S7-200 Smart 系列 PLC 的实物图如图 1-2 所示。

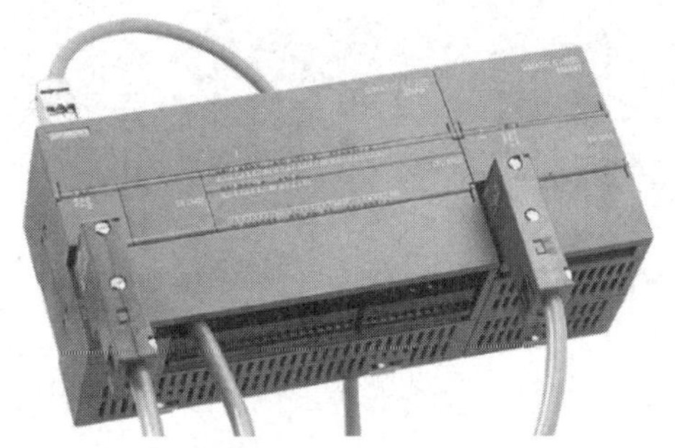

图 1-2　西门子 S7-200 Smart 系列 PLC 的实物图

除小型 PLC 外，针对控制规模较大的控制系统，我们也会使用一些中型和大型 PLC。中型和大型 PLC 包括西门子的 S7-1200/1500 系列 PLC、三菱的 L 系列/Q 系列/R 系列 PLC、欧姆龙的 NX/NJ 系列 PLC、汇川的 AM400/AM600 系列 PLC、台达的 AS/AH 系列 PLC 等。图 1-3 和图 1-4 分别是西门子 S7-1200 和 S7-1500 系列 PLC 的实物图。

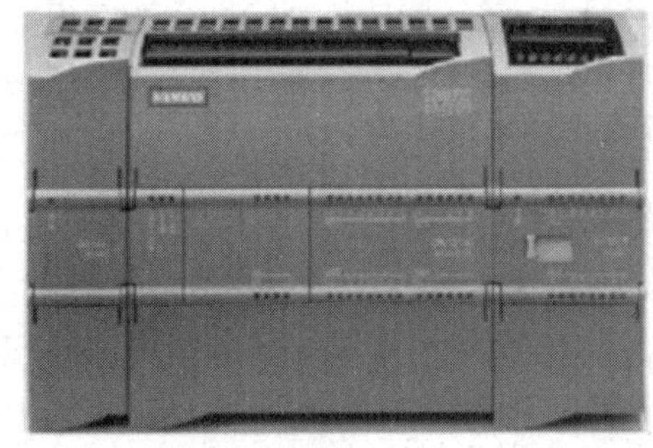

图 1-3　西门子 S7-1200 系列 PLC 的实物图

图 1-4　西门子 S7-1500 系列 PLC 的实物图

在当前工业自动化领域，除了传统的信号采集、逻辑控制、高速计数和网络通信功能，PLC 逐渐扩展至运动控制领域。多家厂商推出了专门用于运动控制的 PLC 产品，如西门子的 1500T 运动控制 PLC、三菱的 QD77 运动控制模块、汇川的 H5U 系列 EtherCAT 总线 PLC 等。

近年来，随着工控编程语言国际标准 IEC 61131-3 的广泛应用和完善，软 PLC 作为一项新的控制技术迅速发展。软 PLC 利用通用操作系统和个人电脑（PC）作为软硬件平台，通过软件实现传统硬件 PLC 的控制功能，同时融合了 PC 的各种优点。

1986 年，德国倍福公司（Beckhoff）推出了第一款基于 PC 的设备控制器，随后在 1988 年推出了基于 PC 的软 PLC/NC（DOS），从而开启了新的运动控制时代。倍福公司自诞生以来，始终坚持以基于 PC 的自动化新技术为发展理念，其生产的工业 PC、现场总线模块、驱动产品和 TwinCAT 自动化软件构成了一套完整的、相互兼容的控制系统。倍福的 PC 控制器、持续发展的 EtherCAT 实时以太网通信技术和 TwinCAT 软件平台，共同构成了德国倍福公司 PC-Based 控制系统的核心组成部分。倍福（Beckhoff）PLC 的实物图如图 1-5 所示。

图 1-5　倍福（Beckhoff）PLC 的实物图

在自动化应用的早期阶段，PC-Based 解决方案面临着来自传统 PLC 阵营的广泛质疑，市场上存在着相关的争议。主要问题集中在 PC-Based 系统与程序设计的不稳定和不可靠等方面。这些因素限制了 PC-Based 技术在工业控制领域的广泛应用。为了克服这些问题并实现 PLC 与 PC-Based 系统的整合，美国研究机构 ARC 提出了可编程自动化控制器（PAC）架构。PAC 将传统的 PLC 和现代 PC-Based 技术进行了融合，在 PC 层面大量应用嵌入式技术，以提升系统的稳定性和可靠性。

尽管从功能上看，PC-Based 和 PAC 可以作为传统 PLC 的替代品，但各自的控制器类型具有独特的优势和特点，适用于不同的应用场景和市场背景。长期来看，PC-Based、PLC 和 PAC 这三种控制器类型将会共同存在，满足不同行业和应用需求的多样化。

1.2.2　单片机

图 1-6　单片机开发板的实物图

单片机，全称单片微型计算机，英文名为 Micro Controller Unit，简称 MCU，是一种采用超大规模集成电路技术的微型计算机系统。它将具有数据处理能力的中央处理器（CPU）、随机存储器（RAM）、只读存储器（ROM）、多种 I/O 口、中断系统、定时器/计数器等以及各种电路系统（包括显示驱动电路、脉宽调制电路、模拟多路转换器、A/D 转换器等）集成到一块硅片上，构成了一个小型而完整的微型计算机系统。在工业控制领域，单片机应用十分广泛。图 1-6 是单片机开发板的实物图。

初学者在学习单片机和 PLC 时，常会比较这两者，以便理解它们的区别和联系。从技术实现的角度看，PLC 经历了多个发展阶段，从早期的位带式处理器到单片机实现，再到现代的 FPGA 和软 PLC 等，甚至包括 ASIC 芯片 PLC 和基于 PC 技术的高速软 PLC。这种演化表明，PLC 本质上可以视为建立在单片机基础上的产品。在某些阶段，PLC 底层实际上运行在单片机之上，其开发基于单片机技术，并通过添加外围电路等组合而成。PLC 相对于单片机的最大优势在于其简单易用性和高稳定性。作为一种产品，PLC 经过多次工业项目验证，通常在稳定性和可靠性方面比单片机更有优势。工业应用中对稳定性的要求极高，这使得选择 PLC 成为常见做法。此外，PLC 具有模块化的特点，可提供一定的可替代性和互换性，而不需要对特定品牌或定制开发过于依赖。

单片机可以实现大多数与 PLC 类似的功能，如计时、计数、中断处理、模拟信号处理、通信和逻辑控制等，在响应速度上可能还会更快，并且在实现相同功能时，PLC 的成本通常会显著高于单片机。因此，在需要大规模标准化项目或者 PLC 无法完全满足功能需求的情况下，选择单片机定制开发可能会更为经济实惠。单片机开发的主要优势在于其低成本和高效益，但这也要求开发人员具备一定的研发能力和经验，以确保系统设计和实施的成功。

1.2.3 运动控制器

运动控制器（Motion Controller，MC）是一种利用高性能微处理器和大规模可编程器件来实现多个步进或伺服电机的多轴协调控制设备。它被广泛应用于需要对电机运动进行精确控制的各种领域，如点胶机、喷油机、压膜机、数字显微镜、焊接机器手、螺丝机、石材雕刻机、激光雕刻机、非标自动化以及非标流水线等。

运动控制产品一般分为运动控制器和运动控制卡两种形式。它们的主要区别在于运动控制器可以脱机独立运行，而运动控制卡必须结合 PC 编程才能工作。运动控制器的接口模式通常有两种：一种是基于 PCI/PCIE 接口，另一种是基于以太网（Ethernet）接口。基于 PCI/PCIE 接口的运动控制卡需要连接具有相应接口的计算机或工控机。基于 PCI/PCI 接口的运动控制卡实物图如图 1-7 所示。

图 1-7 基于 PCI/PCIE 接口的运动控制卡实物图

而基于以太网（Ethernet）接口的运动控制卡具有更大的便捷性，只需要计算机具备以太网接口即可与运动控制卡进行连接。基于以太网接口的运动控制卡实物图如图 1-8 所示。

运动控制卡的控制方式通常分为两种：脉冲控制和总线控制。脉冲控制使用高频率的脉冲来控制电机，其中脉冲的数量控制电机位置，频率控制转速，方向控制转向。这种方式在传统应用中表现出色，但在对控制精度和实时性要求较高的场景下使用可能表现不佳，因此出现了总线控制方式。总线控制通过特定的总线协议来实现电机控制。当前主流的总线控制协议包括 EtherCAT、RTEX、CANOPEN 等，其中 EtherCAT 应用最为广泛。EtherCAT 之所以受到青睐，原因如下。

（1）无需特殊插卡：EtherCAT 主站设备不需要特殊的插卡，从站设备可以采用多个不同供应商提供的高集成度、低成本的芯片来实现，降低了系统成本和复杂度。

（2）高速性能：EtherCAT 是目前最快的以太网技术之一，具备出色的数据传输速率和响应时间。其同步周期可以达到微秒级别，这使得它能够满足高精度和实时性要求，同时降低了系统的延迟。

（3）降低 CPU 负载：相比于其他工业总线，EtherCAT 总线在相同的循环周期设置下能够显著降低 25%～30%的 CPU 负载，这对于需要处理大量数据和复杂控制算法的应用尤为重要。

（4）多种拓扑结构支持：EtherCAT 支持多种拓扑结构，包括线形、总线型、树形和星形等，且最多可以连接 65535 个节点，提供了灵活性和可扩展性。

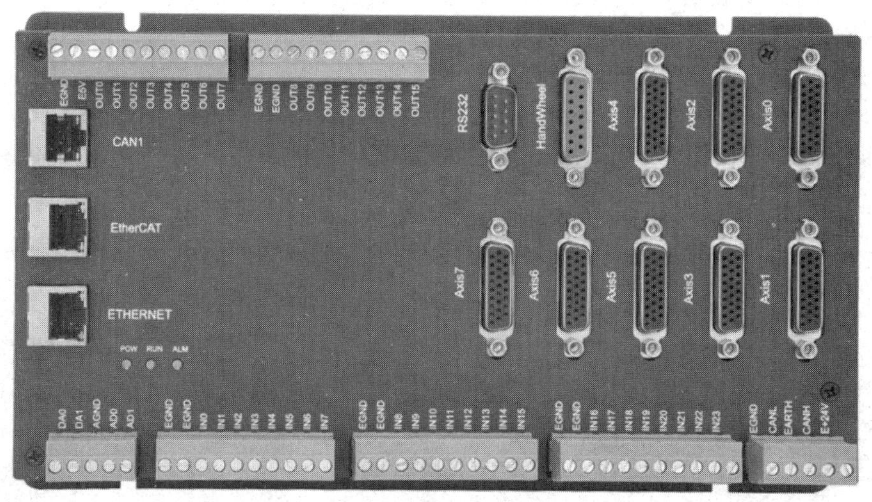

图 1-8　基于以太网接口的运动控制卡实物图

运动控制卡与独立的可编程控制器（如运动控制器、单片机和 PLC）有着显著的区别，它依赖于 PC 平台来运行，并具备以下优点。

（1）拓展性强：运动控制卡可以利用 PC 平台丰富的函数库，轻松添加复杂和独特的功能。通过借助 PC 上已有的 CAD 软件、视觉识别等功能，可以将绘图、排版、工序优化和视觉识别等多种功能集成为一体。

（2）界面友好：通过电脑软件操作，可以开发出各种符合客户需求的用户界面。对于软件工程师而言，使用 PC 进行开发更加直观和容易上手。

（3）柔性化生产：运动控制卡能够便捷地修改工艺参数和加工图纸。一旦修改了加工方案，经过简单的软件处理即可将新的加工命令直接传输给设备，无须调整机器设置，即可快速启动新方案的加工。这种特性使其成为制造业柔性化生产的重要工具之一。

（4）高精度和实时调整：基于强大的 PC 性能，运动控制卡在需要连续插补、圆弧插补等复杂作业要求下能够保持高精度。通过传感器的实时反馈，运动控制卡能够调整加工位置和速度，以保持连续高水平的加工作业，从而确保产品的最终精度和质量。

目前，运动控制卡广泛应用于点胶设备、激光加工设备、振动刀机，以及 3C 行业等领域。它适用于服装、鞋类、广告、厨具、家具、3C 产品、车饰、玩具等轻工业领域，为实现柔性化加工提供了重要的解决方案。

1.3 上位机发展应用

上位机作为工业控制网络中过程监控层的核心，相对于下位机是一种高级计算机或控制设备。涵盖了多方面的任务，包括高级数据处理、实时通信、用户界面设计、监视和控制。与此同时，下位机则承担低级控制、数据采集和实时操作等任务。

传统上位机主要用于与用户进行交互、处理复杂的数据，并控制多个下位机或嵌入式系统，支持制定决策。然而，随着工业控制技术的进步，现代上位机的功能已不再局限于监控和基本控制，还包括复杂的业务逻辑处理、报警追溯和报表生成等高级功能。

此外，现代上位机通常需要与其他系统进行集成，如不同厂家的上位机、制造执行系统、仓储管理系统和企业资源计划系统等。这种集成性要求上位机具备多样的开发方式和表现形式，常见的包括人机界面、组态软件和高级语言开发。

1.3.1 人机界面

人机界面（Human-Machine Interface，HMI）是专为工业自动化环境设计的交互式控制和监控系统，用于操作员与机器、生产流程和设备进行直观、高效的互动。这些 HMI 设备广泛应用于制造、自动化、能源管理等工业领域，旨在提升生产效率、安全性和控制能力。典型的 HMI 外观如图 1-9 所示。

图 1-9 HMI 外观

HMI 作为本地交互式监视与控制系统，在实际工业项目中应用非常广泛，其主要特点如下。

（1）耐用性和可靠性：HMI 通常坚固耐用，能够抵御工业环境中的振动、温度变化、湿度和化学物质等不利因素。它们通常具有更长的寿命和更高的可靠性，以满足工业操作的苛刻要求。

（2）高防护等级：HMI 通常具备高度的防尘、防水和防腐蚀性能，符合 IP65、IP66、IP67 等防护等级标准，确保在恶劣条件下可靠运行。

（3）多点触摸和手势控制：HMI 支持多点触摸，允许操作员使用手势来缩放、滑动和执行其他复杂操作，提升操作的直观性和效率。

（4）实时监控和数据可视化：HMI 系统允许操作员实时监控生产过程，显示各种数据、图表和动画，帮助他们做出决策并快速识别问题。

（5）通信接口：HMI 通常支持多种通信接口，如 Ethernet、RS-232、RS-485 等，便于与各种工业设备和自动化系统进行通信和集成。

（6）报警和远程访问：HMI 系统能够生成报警并提供远程访问功能，操作员可以快速响应问题并远程监控设备状态。

(7) 定制化和可编程性：HMI 具备灵活的编程功能，允许根据具体应用需求进行定制和配置，以适应不同的工业控制和监控场景。

1.3.2 组态软件

组态软件是专门用于数据采集与过程控制的工具。它位于控制系统的过程监控层，提供软件平台和开发环境，通过灵活的配置方式快速构建工业自动控制系统的监控功能。组态软件在电力、给水、石油、化工等多个领域有广泛应用。

在国内，组态软件是一个通用的概念，尚未有明确定义，主要理解为“组态式监控软件”。组态即通过类似“搭积木”的方式配置、设定软件功能，无须编写计算机程序，有时也称为二次开发平台。监控包括监视和控制，通过计算机信号对自动化设备或过程进行监视、控制和管理。

组态软件提供了一系列工具和功能，用户可通过简单的拖放、配置和连接创建与配置监控系统，类似搭积木。用户选择不同组件和元素，放置在适当位置，并连接它们以建立功能和逻辑关系。在满足功能需求的前提下，组态软件的优势在于其方便、简单和快捷。

组态软件提供了一系列常用的监视控制功能，具体体现在以下几个方面。

(1) 强大的界面显示功能：在 Windows 环境下运行，充分利用图形功能创建美观可视化的界面。提供丰富的图形控件和工况图库，简化界面制作流程，支持动画连接方式（如隐藏、闪烁、移动等），使界面生动直观。

(2) 良好的开放性：支持多种通信协议和硬件设备，适应异构控制系统，实现上位机与下位机的双向通信。

(3) 丰富的功能模块：包括实时监控、生成报表、显示历史曲线和实时曲线、报警等，使系统具有良好的人机界面和易操作性。适用于单机集中式控制、DCS 分布式控制以及带远程通信的系统。

(4) 强大的数据库：配备实时数据库，可存储模拟量、离散量和字符型数据，实现与外部设备的数据交换。

(5) 可编程的脚本语言：提供可编程的脚本语言，用户可根据需要编写程序，增强图形界面功能。

(6) 系统安全防范：为不同操作者分配不同的操作权限，保证系统安全可靠运行。

(7) 仿真功能：支持系统并行设计，提供强大的仿真功能，有助于缩短开发周期。

1.3.3 高级语言开发

高级语言开发的上位机是一种用高级编程语言（如 C#、C++、Java、Python 等）编写的应用程序，旨在与工业控制系统、嵌入式设备或传感器等底层硬件进行通信、数据处理和监控。这些应用通常在工业自动化、物联网（IoT）、数据采集和监控系统中广泛应用，通过直观的图形用户界面（GUI）实时监测和管理底层设备的状态。

高级语言开发的上位机具有以下显著优势。

(1) 图形用户界面（GUI）：提供直观的图形用户界面，包括图表、仪表盘和数据表格等元素，方便用户监控和控制设备。

（2）通信和协议支持：支持多种通信协议，如 Modbus、OPC、MQTT 等，与底层设备进行数据交换，确保信息流畅和可靠。

（3）数据处理和分析：接收、存储、处理和分析来自底层设备的数据，包括数据过滤、报警生成、趋势分析和统计报告等功能，帮助用户从海量数据中获取有用信息。

（4）远程访问和控制：支持远程访问，允许用户从任何地点监控和控制设备，有利于远程维护、故障排除和实时决策。

（5）报警和事件管理：生成警报和事件通知，及时通知操作员或相关人员处理异常情况，保障生产和设备安全。

（6）多平台支持：能够在不同操作系统上运行，如 Windows、Android、IOS、Linux 或 macOS 等，提供灵活的部署选项。

（7）数据可视化：通过图形化的方式呈现数据，使用户更易于理解和分析底层设备的状态和趋势，支持数据驱动的决策。

（8）定制化和可编程性：具备高度的可编程性，允许用户根据需求创建自定义功能、算法和扩展，适应不同行业和应用场景的需求。

这些特点使高级语言开发的上位机在监测工业过程、管理智能楼宇、追踪物流和仓储数据、实现能源管理等方面发挥重要作用，为用户提供了一个强大的工具，帮助其更智能地管理和控制底层设备，提高生产效率、降低成本，并为数据驱动的决策提供支持。

1.4　上位机与下位机通信

随着工业控制技术的迅速发展，上位机的角色已经超越了单纯的监视和控制功能，逐渐演变为实现复杂业务逻辑、报警管理、报表处理等高级功能的核心组成部分。此外，上位机还需要与多个其他系统进行无缝对接，包括不同厂家的上位机、上层的制造执行系统、仓储管理系统、企业资源计划系统和企业应用集成等。

从广义上讲，我们通常将制造执行系统、企业资源计划系统、监控与数据采集系统、人机界面和配置软件等都归类为上位机的范畴。上位机与下位机是相对的概念，它们通过通信方式实现数据交换：上位机从下位机获取数据，并对数据进行处理以满足特定需求，二者共同构建完整的控制系统。

因此，通信是上位机与下位机之间的关键桥梁。上位机利用各种不同的通信方式和协议从下位机中获取数据，这些数据随后被用于显示、业务处理和决策支持。在上位机开发中，常见的通信方式包括串口通信（如 RS-232、RS-485）和以太网通信（如 TCP/IP 协议），具体选择取决于系统需求和硬件环境。

1.4.1　串口通信

串口通信是一种用于数据传输和通信的方式，通常被应用于计算机及其他设备之间的点对点传输。在工业控制领域，串口通信非常普遍，各种仪器仪表、各种品牌的 PLC 以及计算机都直接或间接地支持串口通信。

1．传输方式

根据一次性传输数据的多少，串口通信可以分为串行通信和并行通信。

（1）串行通信：通信双方通过一条或两条数据信号线连接。在任意时刻，只有一个比特位的信号可以传输。数据按顺序逐位传输，通常使用单根数据线或一对差分线来进行数据传输。

（2）并行通信：与串行通信相比，并行通信以字节或多个字节为单位进行传输。它利用多条传输线同时传输多个字节，从而可以一次性传输更多数据。然而，由于成本高且对信号线路要求高，一般用于快速设备之间的近距离传输，如 CPU 与存储设备、主机与打印机之间的通信。

串行通信虽然传输效率较低，但对信号线路要求低、抗干扰能力强，且成本相对较低。综合考虑串行通信的优缺点以及工业应用场景的需求，大部分情况下工业领域更倾向于采用串行通信。

2．传输方向

根据数据传输的方向，串口通信分为以下三种类型。

（1）单工通信：数据只能单向传输，发送端和接收端的身份固定。发送端只能发送信息，接收端只能接收信息。数据信号只能从一端传送到另一端，即信息流是单向的。例如，遥控器就是一种典型的单工通信设备，信号只能由发送端到接收端。

（2）半双工通信：数据可以沿两个方向传送，但同一时刻一个信道只允许单向传输，因此又被称为双向交替通信。半双工方式要求收发两端都有发送和接收装置，通过软件控制的电子开关来实现数据传输方向的切换。尽管效率较低，但可以节约传输线路，适用于终端与终端之间的会话式通信。例如，无线对讲机就是一种典型的半双工通信设备。

（3）全双工通信：数据可以沿两个方向同时传输，发送端和接收端都配置有发送器和接收器。在全双工通信中，通信系统能够同时控制数据在两个方向上传送，无须进行方向切换操作，因此效率较高。例如，电话机是一种典型的全双工通信设备，通话期间双方可以同时进行对话。

3．传输参数

串口通信的通信格式如图 1-10 所示，常用的参数如下。

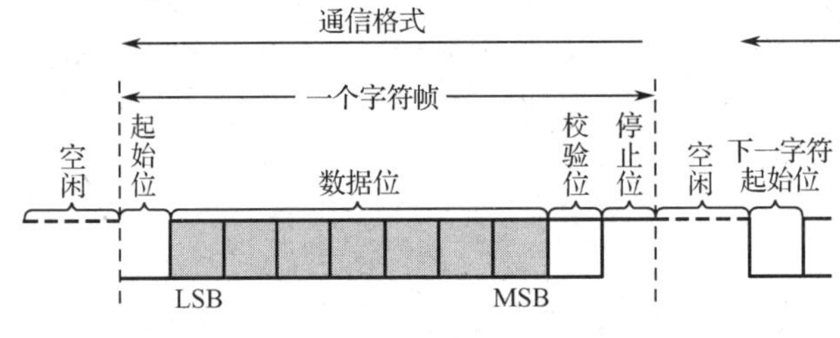

图 1-10　串口通信的通信格式

（1）波特率（Baud Rate）：波特率指的是每秒传输的数据位数，通常用于衡量数据传输的速率。常见的波特率包括 9600、19200、38400、115200 等。发送和接收方必须使用相同的波特率进行通信，否则可能导致数据错误或丢失。

（2）数据位（Data Bits）：数据位表示每个数据字节中包含的位数，通常为 8 位。较少的数据位会限制可传输的字符集，而较多的数据位则可以提高数据传输的效率和灵活性。

（3）校验位（Parity）：校验位是一种用于检测数据传输中错误的额外位。常见的校验方式包括奇校验、偶校验或无校验。校验位有助于检测数据传输中的错误，但无法纠正错误。

（4）停止位（Stop Bits）：数据字节通常以起始位和停止位包围。起始位表示数据的开始，而停止位则表示数据的结束。通常情况下，数据字节的格式为 1 个起始位、8 个数据位、1 个校验位和 1～2 个停止位。

（5）流控制（Flow Control）：在串口通信中，可以使用硬件或软件流控制来管理数据传输。流控制用于控制发送方和接收方之间的数据流速率，以防止数据溢出或丢失。

4．传输接口

串口通信的接口标准很多，如 RS-232C、RS-232、RS-422、RS-485 等。其中，RS-232C 是对 RS-232 的改进，它们的原理是一样的；RS-485 是对 RS-422 的一种改进。在实际工业应用中，我们常用的传输接口标准主要是 RS-232 和 RS-485。

1）RS-232C 和 RS-232

RS-232 是最早引入的串行通信标准，起源于 19 世纪 60 年代，定义了基本的串行通信协议。1969 年，美国电子工业联合会（EIA）与 BELL 等公司共同开发了 RS-232C 通信标准，也称为 RS-232 Rev.C。RS-232C 是对 RS-232 标准的修订和扩展，以提高通信的可靠性和性能，具体表现如下。

（1）接口规范：RS-232C 引入了更具体和一致的机械接口规范，包括 25 针 D 型连接器（DB-25）和 9 针 D 型连接器（DB-9），确保了不同设备间的物理连接一致性，使连接更容易和可靠。

（2）控制信号：RS-232C 扩展了控制信号的定义，支持更多选项，包括数据终端就绪（DTR）、数据终端就绪（DSR）、请求发送（RTS）、清除发送（CTS）、响铃（RING）和数据终端准备（RLSD）等，允许设备之间进行复杂的流量控制和通信协商。

（3）电气特性：RS-232C 保持了与 RS-232 相同的电气特性，包括电压级别和信号波特率。通过规范化接口和扩展控制信号增强了通信的灵活性。

（4）数据速率：RS-232C 标准支持多种数据速率，包括标准的串行通信波特率，如 9600、19200、38400 等，允许设备在不同速率下进行通信。但由于电气特性限制，传输距离一般最多只能达到 15m。

2）RS-422 和 RS-485

RS-422 作为苹果的 Macintosh 计算机的串口连接标准，采用全双工通信方式，配备 4 根信号线，且收发信号线分离，可同时进行数据接收和发送。其最大传输距离为 4000 英尺（约 1219 米），最大传输速率为 10Mbit/s。RS-422 使用差分信号传输，即使用两根线分别发送和接收信号。相比 RS-232，它能更好地抵抗噪声并且有更远的传输距离，在工业环境尤为适用。

RS-485 对 RS-422 又进行了改进，增加了支持设备的数量。RS-485 允许多个设备在同一通信线上工作，具有以下通信特点。

（1）差分信号传输：RS-485 采用平衡的差分信号传输，其中一条线传输正向数据，另一条线传输反向数据。这种传输方式对抗电磁干扰和噪声非常有效，使其适用于恶劣环境下的通信。

（2）长距离通信：RS-485 可覆盖较长的距离，通常可达几千英尺（数百米）甚至更远。这使其成为工业控制系统、楼宇自动化、远程传感器和监控系统等需要远距离通信的理想选择。

（3）多点连接：RS-485 支持多个设备在同一通信线上工作，通过设备的站地址来区分它们。这使其适用于需要多个设备之间进行通信的场合，如控制系统中的传感器和执行器。

3）RS-232、RS-422 及 RS-485 性能比较

RS-232、RS-422 及 RS-485 这三种通信方式各有优缺点，大家可以根据自己的实际使用场景来进行选择，它们之间的性能比较如表 1-1 所示。

表 1-1　RS-232、RS-422 及 RS-485 性能比较

规　　定	RS-232	RS-422	RS-485
工作方式	单端	差分	差分
节点数	1 发 1 收	1 发 10 收	1 发 32 收
最大传输距离	15m	1200m	1200m
最大传输速度	200kbps	10Mbps	10Mbps
最大驱动输出电压	-25/+25V	-0.25/+6V	-7/+12V
接收器输入电压	+/-15V	-10/+10V	-7/+12V
驱动器负载阻抗	3～7kΩ	100Ω	120Ω

串口通信广泛应用于各种领域，如嵌入式系统、远程传感器、打印机、GPS 接收器、模块化通信等。它提供了一种可靠的数据传输方式，尤其适用于需要长距离通信、低功耗和简单硬件接口的场景。不同类型的串口通信，如 RS-232、RS-485、UART 等，可以根据具体的应用需求选择。

1.4.2　以太网通信

在当今数字化时代，以太网通信技术已成为全球连接的关键数字基础设施。通过结合物理层和数据链路层协议，以太网使得计算机和设备能够在局域网（LAN）中以高效、可靠的方式进行数据交换和通信。

以太网通信的核心思想是将数据划分为数据帧，并通过网络传输这些数据帧，以实现设备之间的信息交流。

1．以太网参考模型

如图 1-11 所示是以太网通信的一个参考模型。从图中可以看出，TCP/IP 分层模型，相较于 OSI 参考模型，将应用层、表示层、会话层合并成了一个应用层，将数据链路层和物理层合并成了网络接口层。在计算机网络和通信领域，OSI（Open Systems Interconnection）参考模型为理解、设计、管理和维护网络系统的复杂性提供了一个有组织的框架。该模型将网络通信划分为七个独立的层次，每个层次负责特定的任务和功能。

（1）应用层（Application Layer）：这一层的主要目的是为应用程序和最终用户提供服务，处理各种与应用相关的功能，如文件传输、电子邮件和虚拟终端等。

（2）表示层（Presentation Layer）：这一层主要处理数据表示和格式化，确保数据在发送和接收时能够被正确解释和处理，可能涉及数据的加密、压缩和格式转换等功能。

（3）会话层（Session Layer）：负责建立、管理和终止会话或连接；确保数据在发送和接收时能够正确分组、排序和同步。

（4）传输层（Transport Layer）：提供端到端的通信服务；确保数据在传输过程中能够可靠、有序和无误地到达目的地；提供了 TCP 和 UDP 两种协议。

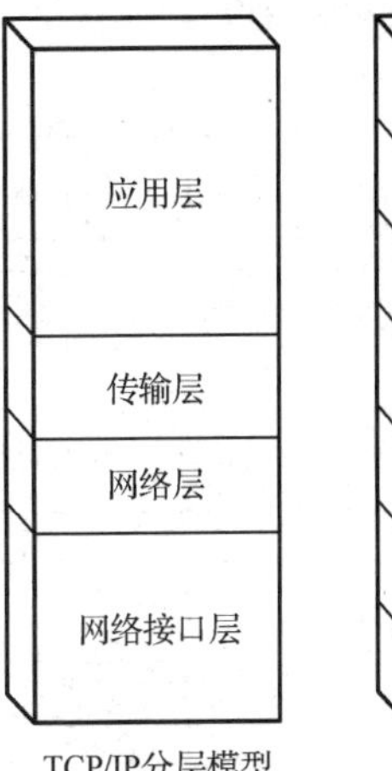

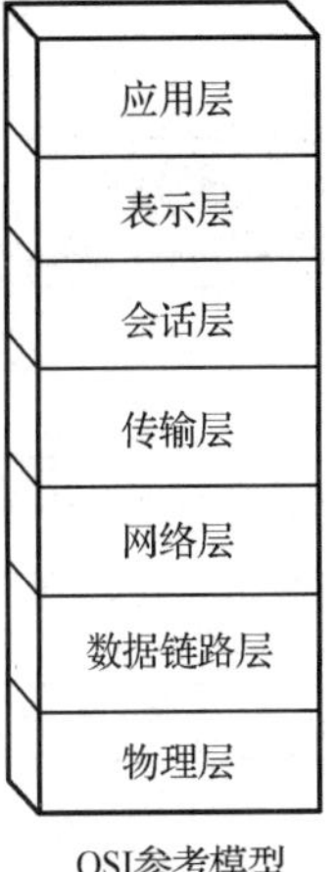

图 1-11　以太网通信的两种参考模型

（5）网络层（Network Layer）：将数据包从一个网络节点传输到另一个网络节点；包括路径选择和逻辑地址寻址等功能；IP 协议是这一层工作的核心协议。

（6）数据链路层（Data Link Layer）：负责将数据包从一个节点传输到相邻的节点；使用物理地址（如 MAC 地址）来确保数据包的正确传输；常见的协议包括以太网（Ethernet）和点对点协议（PPP）。

（7）物理层（Physical Layer）：OSI 参考模型的最底层，负责实际传输比特流；定义了电气、机械和定时接口的特性，以确保数据能够在物理媒体上正确传输。

TCP/IP 模型是在 OSI 参考模型的基础上简化而成的四层模型。在层次关系上，两者均采用分层体系结构，实现对等的层间通信。不同之处在于 TCP/IP 模型更为简洁明了，而功能上两者差别不大，都致力于实现两个或多个终端之间的通信。OSI 与 TCP/IP 参考模型之间的比较如表 1-2 所示。

表 1-2　OSI 与 TCP/IP 参考模型之间的比较

OSI 七层模型	TCP/IP 四层模型	功　能	TCP/IP 协议族
应用层	应用层	文件传输、电子邮件、文件服务、虚拟终端	TFTP、HTTP、SNMP，SMTP、DNS、Telnet
表示层		数据格式化、代码转换、数据加密	没有协议
会话层		解除或建立与别的接点的联系	没有协议
传输层	传输层	提供端对端的接口	TCP、UDP
网络层	网络层	为数据包选择路由	IP、ICMP、RIP、OSPF、BCP、IGMP
数据链路层	网络接口层	传输有地址的帧以及错误检测功能	SLIP、CSLIP、PPP、ARP、RARP、MTU
物理层		以二进制数据形式在物理媒体上传输数据	ISO2110、IEEE802、IEEE802.2

总结：不难看出，TCP/IP 与 OSI 在分层模块上稍有区别。OSI 参考模型注重“通信协议必要的功能是什么”，而 TCP/IP 则更强调“在计算机上实现协议应该开发哪种程序”。

2. 以太网通信过程

每个分层中，都会对所发送的数据附加一个首部，在这个首部中包含了该层所需的信息，如目标地址和协议信息。通常，为协议提供的信息为包首部，所要发送的内容为数据。从下一层的角度来看，从上一层接收到的包都被视为本层的数据。以太网数据的组成如图 1-12 所示。

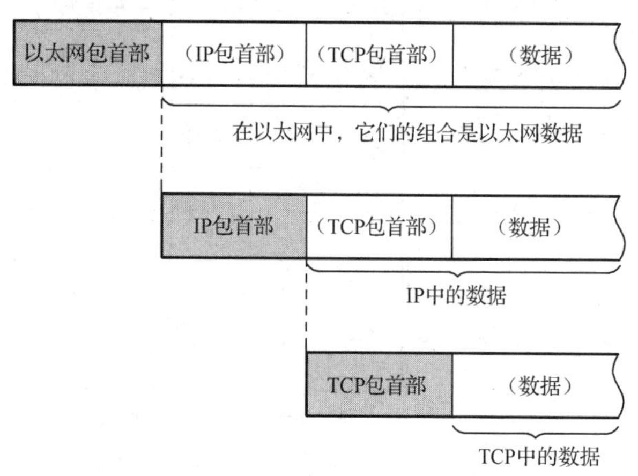

图 1-12　以太网数据的组成

网络中传输的数据包由两部分组成：协议需要的首部和上一层传递的数据。在数据包的首部中清晰地标明了协议应该如何读取数据。因此，通过查看首部，就能了解该协议所需的信息以及需要处理的数据。以太网的数据传输过程如图 1-13 所示。

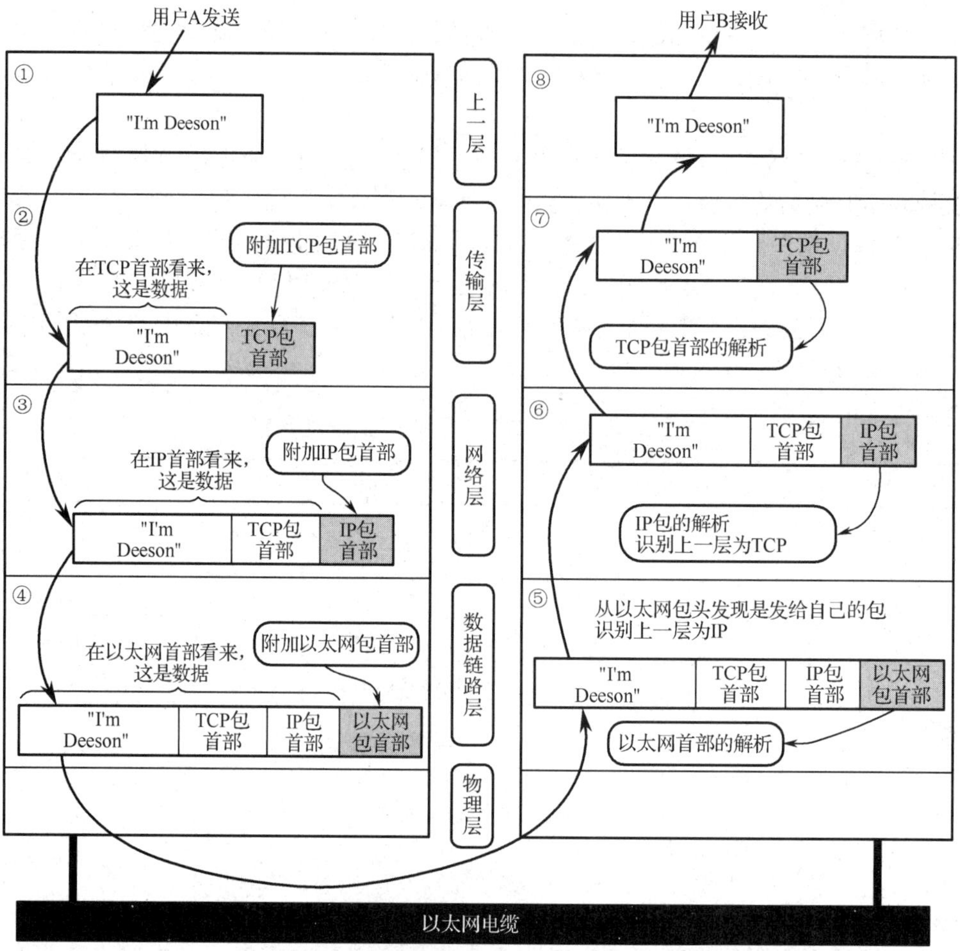

图 1-13　以太网的数据传输过程

① 应用程序处理：首先，应用程序对数据进行编码处理，类似于 OSI 模型的表示层功能；编码转化后，邮件不一定马上被发送出去，这种何时建立通信连接何时发送数据的管理功能，相当于 OSI 的会话层功能。

② TCP 模块的处理：TCP 根据应用的指示，负责建立连接、发送数据和断开连接。它提供可靠的数据传输，将应用层发来的数据顺利发送至对端。为了实现这一功能，需要在应用层数据的前端附加一个 TCP 首部。

③ IP 模块的处理：IP 将 TCP 传过来的 TCP 首部和 TCP 数据组合起来当作自己的数据，并在 TCP 首部的前端加上自己的 IP 首部。IP 包生成后，参考路由控制表决定接收此 IP 包的路由或主机。

④ 网络接口（以太网驱动）的处理：从 IP 传过来的 IP 包对于以太网来说就是数据。给这些数据附加上以太网首部并进行发送处理，生成的以太网数据包将通过物理层传输给接收端。

⑤ 网络接口（以太网驱动）的处理：主机收到以太网包后，首先从以太网包首部找到 MAC 地址判断是否为发送给自己的包，若不是则丢弃数据。如果是发送给自己的包，则从以太网包首部中的类型确定数据类型，再传给相应的模块，如 IP、ARP 等。这里则以 IP 模块为例。

⑥ IP 模块的处理：IP 模块接收到数据后也做类似的处理。从包首部中判断此 IP 地址是否与自己的 IP 地址匹配。如果匹配，则根据首部的协议类型将数据发送给对应的模块，如 TCP、UDP。这里的则以 TCP 模块为例。另外，对于有路由器的情况，接收端的地址往往不是自己的地址，此时，需要借助路由控制表，在调查应该送往的主机或路由器之后再转发数据。

⑦ TCP 模块的处理：在 TCP 模块中，首先会计算一下校验和，判断数据是否被破坏。然后检查是否在按照序号接收数据。检查端口号，确定具体的应用程序。数据被完整地接收以后，会传给由端口号识别的应用程序。

⑧ 应用程序的处理：接收端应用程序会直接接收发送端发送的数据。通过解析数据，展示相应的内容。

3．以太网通信开发

对于开发者来说，不需要经常关心网络层和物理层的细节，因为这些层通常由专业的网络和硬件工程师负责管理。开发者的主要焦点通常集中在传输层和应用层，因为这两层直接与应用程序的开发和功能相关。

（1）传输层（Transport Layer）：传输层是开发者在构建应用程序时需要关注的一个重要层次。在传输层，开发者可以选择使用不同的传输协议，如 TCP（传输控制协议）或 UDP（用户数据报协议），以满足应用程序的需求。TCP 提供了可靠的、面向连接的通信，适用于需要确保数据完整性和可靠性的应用，如 Web 浏览器和文件传输工具。而 UDP 则提供了快速的、不可靠的通信，适用于需要快速数据传输但可以容忍少量数据丢失的应用，如实时视频流和在线游戏。

（2）应用层（Application Layer）：应用层是开发者编写应用程序的地方，它包括各种协议和服务，如 HTTP（超文本传输协议）、FTP（文件传输协议）、SMTP（简单邮件传输协议）、

DNS（域名系统）等。开发者在应用层负责实现特定的应用逻辑和功能，以满足用户需求。这是开发者可以创造各种各样应用程序的地方，包括 Web 应用、社交媒体平台、电子邮件客户端等。

传输层主要使用的两种协议，即 TCP 和 UDP，在网络通信中扮演不同的角色，适用于不同类型的应用和场景。具体两者的区别和实现过程将在后续的章节中进行详细讲解。

第 2 章　上位机开发数据类型转换

在上位机开发过程中，与 PLC 等下位机设备通信时，数据类型的转换是许多初学者常遇到的难题。本章旨在详细说明各种常用数据类型，并深入探讨它们之间相互转换的方法，帮助读者更好地理解不同数据类型间的转换过程。

2.1　基础数据类型说明

2.1.1　常用数据类型

众所周知，计算机底层以二进制形式存储数据。然而，在实际的上位机应用中，与 PLC 等设备通信通常以字节数组形式进行报文传输。而最终显示的数据通常是布尔型、整型、浮点型或字符串等各种数据类型的数据。因此，需要进行字节数组与各种数据类型之间的相互转换，这也是上位机通信数据解析的核心。

我们在讲解各种数据类型的数据相互转换之前，首先要了解一下我们常用的数据类型具体有哪些？这里我们以字节为单位，列举了上位机开发中常用的 11 种数据类型，如表 2-1 所示。

表 2-1　11 种常用的数据类型

数 据 类 型	简称（C#）	长度（字节）	数 据 范 围
布尔型	bool	1/8	True/False
无符号字节	byte	1	0～255
有符号短整型	short	2	-32768～32767
无符号短整型	ushort	2	0～65535
有符号整型	int	4	-2147483648～2147483647
无符号整型	uint	4	0～4294967295
单精度浮点型	float	4	-3.4E38～3.4E38
有符号长整型	long	8	-2E63～2E63-1
无符号长整型	ulong	8	0～2E64
双精度浮点型	double	8	-1.79E308～1.79E308
字符串	string	N	---

以上这些数据类型，在不同的 PLC 中，可能会使用不同的名称，如西门子 PLC 中的 int 对应 C#中的 short，西门子 PLC 中的 dint 对应 C#中的 int。因此，这个具体要看

实际占用的长度和数据范围。C#中的数据类型与西门子 PLC 数据类型之间的对应关系如表 2-2 所示。

表 2-2 C#中的数据类型与西门子 PLC 数据类型之间的对应关系

数 据 类 型	简称（C#）	长度（字节）	西门子 PLC
布尔型	bool	1/8	bool
无符号字节	byte	1	byte
有符号短整型	short	2	int
无符号短整型	ushort	2	word
有符号整型	int	4	dint
无符号整型	uint	4	dword
单精度浮点型	float	4	real
有符号长整型	long	8	lint
无符号长整型	ulong	8	lword
双精度浮点型	double	8	lreal
字符串	string	*N*	string

2.1.2 大小端字节顺序

当了解各种数据类型后，我们来探讨一个重要概念——大小端。学过计算机编程或者做过 PLC 编程的人都应该知道，数据存储是有字节顺序之分的，但是很多人对大小端的概念还是比较模糊。

这是因为在计算机中，对于内存地址的描述很少会使用“大”和“小”这样的词，而是通常使用“高”和“低”来描述。将“大小端”理解为“高低字节顺序”，可能有助于更好地理解这一概念。

大小端的本质是指字节的存储顺序。简单来说，字节顺序是指多字节数据类型数据在内存中的存储顺序。通常有两种字节顺序：大端字节序和小端字节序。在 PLC 通信和网络通信中，字节顺序通常是固定的，可能与硬件或协议有关，但无论如何，它始终是确定的——要么是大端字节序，要么是小端字节序，并不会混合使用。

大端字节序和小端字节序的区别如下所述。

（1）大端字节序（Big-Endian），也称大端模式或网络字节序。在大端模式中，数据的高位字节存储在低位地址内，而低位字节存储在高位地址内。举个例子，对于数值 0x12345678，按照大端模式存储，字节顺序为高位字节 0x12 存储在低位地址内、低位字节 0x78 存储在高位地址内，具体如图 2-1 所示。

（2）小端字节序（Little-Endian），也称小端模式或主机序。在小端模式中，数据的高位字节存储在高位地址内，低位字节存储在低位地址内。继续以 0x12345678 为例，按照小端模式存储，字节顺序为高位字节 0x78 存储在低位地址内、低位字节 0x12 存储在高位地址内，具体如图 2-2 所示。

大端模式和小端模式在计算机系统中各有其适用的场景，并没有明确的优劣之分。大端模式将高位字节存放在低位地址内，符合人类正常阅读习惯，而小端模式将低位字节存放在低位地址内，更有利于计算机处理数据。

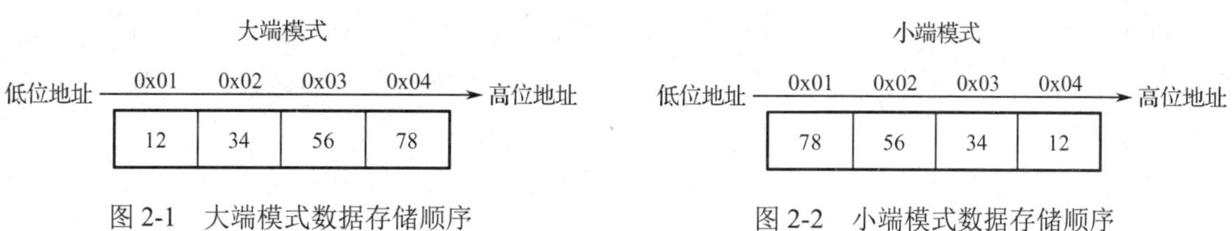

图 2-1　大端模式数据存储顺序　　　　图 2-2　小端模式数据存储顺序

2.1.3　为什么会存在大小端

当弄清楚大小端的区别之后，接下来思考另一个问题，即为什么存在大小端？

对于早期的计算机系统，处理器通常会从低位字节开始处理数据，因此大多数计算机内部采用小端模式，将低位字节存储在低位地址内。随着计算机处理器的进步，先处理高位还是低位字节对性能影响已经可以忽略不计，但为了向后兼容，计算机系统依然保留了大小端模式的选择。

大小端模式各有优势，小端模式强制转换类型时不需要调整字节内容，直接截取低位字节即可；大端模式由于符号位为第一个字节，很方便判断正负。

因为不同的计算机系统存储数据的方式是不一样的，比如常用的 x86 就是小端模式，而 KEIL C51 则是大端模式，很多 ARM、DSP 都是小端模式，不同品牌的 PLC 的大小端模式都是不一样的，有些 ARM 处理器还可以由硬件选择大端模式还是小端模式，这样就会导致，对于一个 int 类型的数据，它是占用 4 个字节的，但是其在不同系统中的存储顺序是不一样的。

同时，思考一下另外一个问题，即为什么上位机开发需要考虑大小端？

因为上位机跟 PLC 等硬件通信的时候，PLC 本身就有一个大小端模式，而读取出来的是字节数组，必须按照 PLC 的大小端模式解析数据，这样才能得到想要的数据。例如，西门子 PLC 一般采用大端模式，那么我们解析数据的时候就要按照大端模式去解析；如果按照小端模式去解析，那么得到的结果肯定就是不正确的。

在实际应用中，还有可能出现大端反转、小端反转的情况，所以在大端模式和小端模式的基础上加了一层扩展，最终形成 4 种不同的字节顺序，这里采用枚举类型表示，代码如下所示。

```
public enum DataFormat
{
    [Description("按照顺序排序")]
    ABCD = 0,
    [Description("按照单字反转")]
    BADC = 1,
    [Description("按照双字反转")]
    CDAB = 2,
    [Description("按照倒序排序")]
```

```
    DCBA = 3,
}
```

总而言之，计算机在处理数据时会按顺序读取字节，而不考虑数据的大小端模式。程序在读取到数据后，需要根据第一个字节的位置来确定计算机的大小端模式，并据此决定是否需要进行转换。

如果读取到的第一个字节是高位字节，则表示计算机采用大端模式；反之，如果读取到的第一个字节是低位字节，则表示计算机采用小端模式。

大小端模式只是一种规定数据存储的字节顺序方式。在与不同硬件进行通信时，程序需要根据对方的大小端模式对数据进行正确的解析和处理。不同类型的硬件在设计时已经确定了其大小端模式，这种设定在硬件生命周期内不会改变。

2.2 字节集合类 ByteArray 封装及应用

对于数据类型，我们在前面的 11 种常用数据类型的基础上，增加了一个 ByteArray 字节数组类型。我们针对这些数据类型创建一个枚举，包含 bool、byte、short、ushort、int、uint、float、double、long、ulong、string、bytearray，后面针对各个类型进行具体说明。12 种常用数据类型的枚举定义如下所示。

```
[Description("用数据类型")]
public enum DataType
{
    [Description("布尔型")]
    bool,
    [Description("字节类型")]
    byte,
    [Description("有符号 16 位短整型")]
    short,
    [Description("无符号 16 位短整型")]
    ushort,
    [Description("有符号 32 位短整型")]
    int,
    [Description("无符号 32 位短整型")]
    uint,
    [Description("32 位单精度浮点型")]
    float,
    [Description("64 位双精度浮点型")]
    double,
    [Description("有符号 64 位长整型")]
    long,
    [Description("无符号 64 位长整型")]
    ulong,
    [Description("字符串类型")]
    string,
```

```
        [Description("字节数组类型")]
        ByteArray,
    }
```

2.2.1 字节集合类 ByteArray

首先介绍的是字节集合 ByteArray，它在上位机开发过程中经常被使用，特别是在编写通信库或处理配方应用时。通信中的数据报文通常以字节数组的形式存在，但直接操作字节数组可能不够便捷，因此通常会选择使用字节 List 集合。然而，字节 List 集合本身可能存在一些操作上的不足。

ByteArray 基于面向对象的设计思想，对字节 List 集合进行了封装，以提供更便捷的报文拼接、处理及配方应用等功能。

（1）初始化及相关属性：ByteArray 的内部封装了一个 List<byte>集合，所有的操作都是针对这个集合进行的。我们为这个类实现了一个索引器，可以通过 ByteArray 实例直接操作集合。此外，该类提供了两个只读属性，即 Length 和 Array。Length 属性返回集合的长度，而 Array 则将集合转换成数组返回。

```
  [Description("字节集合类")]
    public class ByteArray
    {
        private List<byte> list = new List<byte>();
        /// <summary>
        /// 通过索引获取值
        /// </summary>
        public byte this[int index]
        {
            get => list[index];
            set => list[index] = value;
        }
        /// <summary>
        /// 返回长度
        /// </summary>
        public int Length => list.Count;
    }        /// <summary>
        /// 返回字节数组
        /// </summary>
     public byte[] Array => list.ToArray();
}
```

（2）清空数据：清空数据就是清空字节 List 集合，这里直接重新实例化字节 List 集合。

```
        [Description("清空数据")]
        public void Clear()
        {
            list = new List<byte>();
        }
```

（3）添加一个字节数组：添加字节数组的方法实际上是对 AddRange 方法的封装应用，

它使我们可以直接调用 Add 方法来添加整个数组。这种设计使我们在后续的开发过程中能够方便地扩展支持不同的数据类型。

```
[Description("添加一个字节数组")]
public void Add(byte[] items)
{
   list.AddRange(items);
}
```

（4）添加若干个字节：一般情况下，若需要一次性添加多个字节，需先将其转换成字节数组，再进行添加。方法内部提供了一种途径，即将多个字节作为参数传入，并将其转换成字节数组后添加到集合中。尽管理论上可无限扩展参数数量，但为简化此过程，在 ByteArray 中，我们提供了一方法，支持 3 个参数。如需增加参数数量，请自行调整。

```
[Description("添加一个字节")]
public void Add(byte item)
{
    Add(new byte[] { item });
}
[Description("添加二个字节")]
public void Add(byte item1, byte item2)
{
    Add(new byte[] { item1, item2 });
}
[Description("添加三个字节")]
public void Add(byte item1, byte item2, byte item3)
{
    Add(new byte[] { item1, item2, item3 });
}
```

（5）添加短整型数据：如果想要将一个短整型数据添加到集合中，并且希望处理大小端转换，我们可以直接封装这个过程，让用户传入相应的参数即可，这里用到的一些方法会在后面讲解到。

```
[Description("添加一个 ushort 类型数值")]
public void Add(ushort value, DataFormat dataFormat=DataFormat.ABCD)
{
    Add(ByteArrayLib.GetByteArrayFromUShort(value, dataFormat));
}
[Description("添加一个 short 类型数值")]
public void Add(short value, DataFormat dataFormat=DataFormat.ABCD)
{
    Add(ByteArrayLib.GetByteArrayFromShort(value, dataFormat));
}
```

2.2.2　ByteArray 实际应用

从代码中可以看出，ByteArray 就是一个普通类，其内部封装了一个字节 List 集合，可以通过属性 Array 获取数组，同时提供了各种添加及清除数据的方法。下面是报文拼接实际使用案例。

这里是一个 Modbus RTU 通信协议的报文封装过程，依次按照顺序添加从站地址、功能码、起始寄存器地址、寄存器数量和 CRC 校验，代码如下所示。

```
        private void UseByteArray(byte slaveId, ushort start, ushort count)
        {
            ByteArray sendCommand = new ByteArray();//创建 ByteArray 对象
            //从站地址+功能码
            sendCommand.Add(slaveId, 0x03);
            //起始寄存器地址
            sendCommand.Add(start);
            //寄存器数量
            sendCommand.Add(count);
            //添加 CRC 校验...
        }
```

2.3　数据类型转换类

2.3.1　ByteArray 转换类 ByteArrayLib

ByteArrayLib 中的方法主要用于实现字节数组与各种数据类型之间的相互转换，包含几十种不同的方法。由于篇幅有限，选择其中具有代表性的 10 种方法进行说明。

（1）自定义截取字节数组：根据起始索引和长度，从目标字节数组中截取字节数组。

```
        [Description("根据起始地址和长度自定义截取字节数组")]
        public static byte[] GetByteArrayFromByteArray(byte[] data, int start,
int length)
        {
            if (start < 0) throw new ArgumentException("开始索引不能为负数");
            if (length <= 0) throw new ArgumentException("长度必须为正数");
            if (data.Length < (start + length)) throw new ArgumentException("字
节数组长度不够或开始索引太大");
            byte[] result = new byte[length];
            Array.Copy(data, start, result, 0, length);
            return result;
        }
```

（2）截取指定 2 个字节：从起始索引开始截取 2 个字节，并按指定的字节顺序进行转换，这个方法主要用来后续调用，从而将获得的结果转换成 short 或 ushort 类型的数据。

```
        [Description("从字节数组中截取 2 个字节，并按指定字节序返回")]
        public static byte[] Get2BytesFromByteArray(byte[] value, int start,
DataFormat dataFormat = DataFormat.ABCD)
        {
            byte[] resTemp = GetByteArrayFromByteArray(value, start, 2);
            byte[] res = new byte[2];
            switch (dataFormat)
            {
                case DataFormat.ABCD:
                case DataFormat.CDAB:
                    res = resTemp.Reverse().ToArray();
                    break;
                case DataFormat.BADC:
                case DataFormat.DCBA:
                    res = resTemp;
                    break;
            }
            return res;
        }
```

（3）截取指定 4 个字节：从起始索引开始截取 4 个字节，并按指定的字节顺序进行转换，这个方法主要用来后续调用，从而将获得的结果转换成 int、uint 或 float 类型的数据。

```
        [Description("从字节数组中截取 4 个字节，并按指定字节序返回")]
        public static byte[] Get4BytesFromByteArray(byte[] value, int start,
DataFormat dataFormat = DataFormat.ABCD)
        {
            byte[] resTemp = GetByteArrayFromByteArray(value, start, 4);
            byte[] res = new byte[4];
            switch (dataFormat)
            {
                case DataFormat.ABCD:
                    res = resTemp.Reverse().ToArray();
                    break;
                case DataFormat.CDAB:
                    res[0] = resTemp[1];
                    res[1] = resTemp[0];
                    res[2] = resTemp[3];
                    res[3] = resTemp[2];
                    break;
                case DataFormat.BADC:
                    res[0] = resTemp[2];
                    res[1] = resTemp[3];
                    res[2] = resTemp[0];
                    res[3] = resTemp[1];
                    break;
                case DataFormat.DCBA:
```

```
                res = resTemp;
                break;
        }
        return res;
    }
```

（4）截取指定 8 个字节：从起始索引开始截取 8 个字节，并按指定的字节顺序进行转换，这个方法主要用来后续调用，从而将获得的结果转换成 long、ulong 或 double 类型的数据。

```
    [Description("从字节数组中截取 8 个字节,并按指定字节序返回")]
    public static byte[] Get8BytesFromByteArray(byte[] value, int start,
DataFormat dataFormat = DataFormat.ABCD)
    {
        byte[] res = new byte[8];
        byte[] resTemp = GetByteArrayFromByteArray(value, start, 8);
        if (resTemp == null) return null;
        switch (dataFormat)
        {
            case DataFormat.ABCD:
                res = resTemp.Reverse().ToArray();
                break;
            case DataFormat.CDAB:
                res[0] = resTemp[1];
                res[1] = resTemp[0];
                res[2] = resTemp[3];
                res[3] = resTemp[2];
                res[4] = resTemp[5];
                res[5] = resTemp[4];
                res[6] = resTemp[7];
                res[7] = resTemp[6];
                break;
            case DataFormat.BADC:
                res[0] = resTemp[6];
                res[1] = resTemp[7];
                res[2] = resTemp[4];
                res[3] = resTemp[5];
                res[4] = resTemp[2];
                res[5] = resTemp[3];
                res[6] = resTemp[0];
                res[7] = resTemp[1];
                break;
            case DataFormat.DCBA:
                res = resTemp;
                break;
        }
        return res;
    }
```

（5）比较两个字节数组是否完全相同：这里说的两个字节数组相同，指的是它们的长度相同，并且每个位置的值也是相同的。

```
        [Description("比较两个字节数组是否完全相同")]
        public static bool GetByteArrayEquals(byte[] value1, byte[] value2)
        {
            if (value1 == null || value2 == null) return false;
            if (value1.Length != value2.Length) return false;
            return
BitConverter.ToString(value1)==BitConverter.ToString(value2);
        }
```

（6）将 short 类型的数据转换成字节数组：将一个 short 类型的数据按指定的字节顺序转换成字节数组。对于 ushort 类型的数据，实现代码基本是一致的，这里不做过多赘述了。

```
        [Description("将 short 类型数值转换成字节数组")]
        public static byte[] GetByteArrayFromShort(short value, DataFormat
dataFormat = DataFormat.ABCD)
        {
            byte[] resTemp = BitConverter.GetBytes(value);
            byte[] res = new byte[2];
            switch (dataFormat)
            {
                case DataFormat.ABCD:
                case DataFormat.CDAB:
                    res = resTemp.Reverse().ToArray();
                    break;
                case DataFormat.BADC:
                case DataFormat.DCBA:
                    res = resTemp;
                    break;
                default:
                    break;
            }
            return res;
        }
```

（7）将 int 类型的数据转换成字节数组：将一个 int 类型的数据按指定的字节顺序转换成字节数组。对于 uint、float 类型的数据，实现代码基本是一致的，这里不做过多赘述了。

```
        [Description("将 int 类型数值转换成字节数组")]
        public static byte[] GetByteArrayFromInt(int value, DataFormat dataFormat
= DataFormat.ABCD)
        {
            byte[] resTemp = BitConverter.GetBytes(value);
            byte[] res = new byte[4];
            switch (dataFormat)
            {
                case DataFormat.ABCD:
```

```
                res = resTemp.Reverse().ToArray();
                break;
            case DataFormat.CDAB:
                res[0] = resTemp[1];
                res[1] = resTemp[0];
                res[2] = resTemp[3];
                res[3] = resTemp[2];
                break;
            case DataFormat.BADC:
                res[0] = resTemp[2];
                res[1] = resTemp[3];
                res[2] = resTemp[0];
                res[3] = resTemp[1];
                break;
            case DataFormat.DCBA:
                res = resTemp;
                break;
        }
        return res;
    }
```

（8）将 long 类型的数据转换成字节数组：将一个 long 类型的数据按指定的字节顺序转换成字节数组。对于 ulong、double 类型的数据，实现代码基本是一致的，这里不做过多赘述了。

```
    public static byte[] GetByteArrayFromLong(long value, DataFormat
dataFormat = DataFormat.ABCD)
    {
        byte[] resTemp = BitConverter.GetBytes(value);
        byte[] res = new byte[8];
        switch (dataFormat)
        {
            case DataFormat.ABCD:
                res = resTemp.Reverse().ToArray();
                break;
            case DataFormat.CDAB:
                res[0] = resTemp[1];
                res[1] = resTemp[0];
                res[2] = resTemp[3];
                res[3] = resTemp[2];
                res[4] = resTemp[5];
                res[5] = resTemp[4];
                res[6] = resTemp[7];
                res[7] = resTemp[6];
                break;
            case DataFormat.BADC:
                res[0] = resTemp[6];
                res[1] = resTemp[7];
```

```
                res[2] = resTemp[4];
                res[3] = resTemp[5];
                res[4] = resTemp[2];
                res[5] = resTemp[3];
                res[6] = resTemp[0];
                res[7] = resTemp[1];
                break;
            case DataFormat.DCBA:
                res = resTemp;
                break;
        }
        return res;
    }
```

（9）将 float 类型的数组转换成字节数组：将一个 float 类型的数组转换成字节数组，这里会使用 ByteArray 对象，然后结合 foreach 循环来实现，对于其他类型的数组，也是同样的原理，这里就不做过多赘述了。

```
    [Description("将 float 类型的数组转成字节数组")]
    public static byte[] GetByteArrayFromFloatArray(float[] value, DataFormat
dataFormat = DataFormat.ABCD)
    {
        ByteArray array = new ByteArray();
        foreach (var item in value)
        {
            array.Add(GetByteArrayFromFloat(item, dataFormat));
        }
        return array.array;
    }
```

（10）将布尔型的数组转换成字节数组：将指定长度的布尔型数组转换成字节数组。

```
    [Description("将布尔型数组转换成字节数组")]
    public static byte[] GetByteArrayFromBoolArray(bool[] data)
    {
        if (data == null || data.Length == 0)
            throw new ArgumentNullException("检查数组长度是否正确");
        if (data.Length % 8 != 0) //将总长度补全为 8 的整数倍
        {
            data = data.Concat(new bool[8 - data.Length % 8]).ToArray();
        }
        byte[] result = new byte[data.Length / 8];
        for (int i = 0; i < result.Length; i++)//每 8 个布尔转换成 1 个字节
        {
            result[i] =
            ByteLib.GetByteFromBoolArray(data.Skip(8 * i).Take(8).ToArray());
        }
```

```
        return result;
    }
```

2.3.2　byte 转换类 ByteLib

ByteLib 主要用于实现单个字节的数据与各类型数据之间的转换，主要包含以下几种转换方法。

（1）截取某个字节：从目标字节数组中截取某个字节。

```
    [Description("从目标字节数组中截取某个字节")]
    public static byte GetByteFromByteArray(byte[] value, int start)
    {
        if (start > value.Length - 1)
            throw new ArgumentException("字节数组长度不够或开始索引太大");
        return value[start];
    }
```

（2）字节位赋值：对字节的某位赋值。

```
    [Description("对字节的某位赋值")]
    public static byte SetbitValue(byte value, int offset, bool bitValue)
    {
        return  bitValue  ?  (byte)(value  |  (byte)Math.Pow(2,  offset))  :
(byte)(value & ~(byte)Math.Pow(2, offset));
    }
```

（3）将布尔型数组转成字节：把 8 个布尔型数组转换成 1 个字节。

```
    [Description("将布尔型数组转换成字节数组")]
    public static byte GetByteFromBoolArray(bool[] value)
    {
        if (value.Length != 8)
throw new ArgumentNullException("检查数组长度是否为 8");
        byte result = 0;
        //遍历当前字节的每位并对其赋值
        for (int i = 0; i < 8; i++)
        {
            result = SetbitValue(result, i, value[i]);
        }
        return result;
    }
```

2.3.3　bit 转换类 BitLib

BitLib 主要用于实现单个布尔型数据与各类型数据之间的转换，主要包含以下几种转换方法。

（1）获取字节某位的值：根据字节指定位的索引（0～7）获取对应位的值。

```
        [Description("返回某个字节的指定位")]
        public static bool GetBitFromByte(byte value, int offset)
        {
            return (value & (1 << offset)) != 0;
        }
```

（2）获取字节数组中指定位的值：根据字节数组的字节索引（0～7）和位索引获取相应位的值。

```
        [Description("返回字节数组中指定位的值")]
        public static bool GetBitFromByteArray(byte[] value, int start, int
offset)
        {
            if (start >= value.Length)
throw new ArgumentException("数组长度不够或开始索引太大");
            return GetBitFromByte(value[start], offset);
        }
```

（3）获取 2 个字节组成的数组中指定位的值：根据 2 个字节组成的数组的位索引（0～15）获取相应位的值。

```
        [Description("返回 2 个字节组成的数组中指定位的值")]
        public static bool GetBitFromByteArray2(byte[] value, int start, int
offset, DataFormat dataFormat = DataFormat.ABCD)
        {
            if (start >= value.Length - 1)
                throw new ArgumentException("数组长度不够或索引太大");
            bool isBigEndian =
            dataFormat == DataFormat.ABCD || dataFormat == DataFormat.CDAB;
            if (offset >= 0 && offset <= 7)
            {
                byte data = isBigEndian ? value[start + 1] : value[start];
                return GetBitFromByte(data, offset);
            }
            else
            {
                byte data = isBigEndian ? value[start] : value[start + 1];
                return GetBitFromByte(data, offset - 8);
            }
        }
```

（4）获取 2 个字节数据指定位的值：这个方法主要用于实现获取 short 或 ushort 类型数据某位的值。

```
        [Description("获取 2 个字节数据指定位的值")]
        public static bool GetBitFrom2Bytes
    (byte[] value, int offset, DataFormat dataFormat = DataFormat.ABCD)
        {
```

```
        return GetBitFromByteArray2(value, 0, offset, dataFormat);
    }
```

（5）获取 short 类型数据指定位的值：根据 short 类型数据的位索引（0～15）获取指定位的值，对于 ushort 类型的数据，原理是相同的。

```
    [Description("获取 short 类型数据指定位的值")]
    public static bool GetBitFromShort(short value, int offset, DataFormat
dataFormat = DataFormat.ABCD)
    {
        byte[] data = ByteArrayLib.GetByteArrayFromShort(value, dataFormat);
        return GetBitFrom2Bytes(data, offset, dataFormat);
    }
```

（6）将字节数组转换成布尔型数组并截取部分值：将整个字节数组转换成布尔型数组，再通过 start 和 length 进行截取，返回一个布尔型数组。

```
    [Description("将字节数组转换成布尔型数组")]
    public static bool[] GetBitArrayFromByteArray(byte[] value, int length,
int start = 0)
    {
        if (length <= 0)
            throw new ArgumentException("长度必须为正数");
        if (start < 0)
            throw new ArgumentException("开始索引必须大于等于 0");
        if (start + length > value.Length * 8)
            throw new ArgumentException("数组长度不够或长度太大");
        var bitArr = new BitArray(value);
        var result = new bool[length];
        for (var i = 0; i < length; i++)
        {
            result[i] = bitArr[i + start];
        }
        return result;
    }
```

（7）将字节数组转换成布尔型数组：将整个字节数组或单个字节转换成布尔型数组。

```
    [Description("将字节数组转换成布尔型数组")]
    public static bool[] GetBitArrayFromByteArray(byte[] value)
    {
        return GetBitArrayFromByteArray(value, value.Length * 8);
    }
    [Description("将一个字节转换成布尔数组")]
    public static bool[] GetBitArrayFromByte(byte value)
    {
        return GetBitArrayFromByteArray(new byte[] { value });
    }
```

（8）截取布尔型数组部分数值：根据指定位和长度截取布尔型数组。

```
        [Description("根据指定位和长度截取布尔型数组")]
        public static bool[] GetBitArrayFromBitArray(bool[] value, int start, int 
length)
        {
            if (start < 0) throw new ArgumentException("开始索引不能为负数");
            if (length <= 0) throw new ArgumentException("长度必须为正数");
            if (value.Length < (start + length))
throw new ArgumentException("数组长度不够或开始索引太大");
            bool[] result = new bool[length];
            Array.Copy(value, start, result, 0, length);
            return result;
        }
```

2.3.4 short 转换类 ShortLib

ShortLib 主要用于实现 short 类型的数据与各类型数据之间的转换，主要包含以下几种转换方法。

（1）截取字节数组并将结果转换成 short 类型：根据字节数组的指定索引截取字节数组并将截取的结果转换成 short 类型的数据。

```
        [Description("字节数组中截取转成 16 位整型")]
        public static short GetShortFromByteArray(byte[] value, int start = 0, 
DataFormat dataFormat = DataFormat.ABCD)
        {
            byte[] data = ByteArrayLib.Get2BytesFromByteArray(value, start, 
dataFormat);
            return BitConverter.ToInt16(data.Reverse().ToArray(), 0);
        }
```

（2）将字节数组转换成 short 类型的数组：将字节数组按顺序转换成 short 类型的数组。

```
        public static short[] GetShortArrayFromByteArray(byte[] value, 
DataFormat dataFormat = DataFormat.ABCD)
        {
            if (value == null)
                throw new ArgumentNullException("检查数组长度是否为空");
            if (value.Length % 2 != 0)
                throw new ArgumentNullException("检查数组长度是否为偶数");
            short[] result = new short[value.Length / 2];
            for (int i = 0; i < result.Length; i++)
            {
                result[i] = GetShortFromByteArray(value, i * 2, dataFormat);
            }
            return result;
        }
```

（3）设置 2 个字节的数组中的某位的值：对字节数组中的某个位进行置位或复位，再将其转换成 short 类型的数据。

```
        [Description("设置字节数组某个位")]
        public static short SetBitValueFromByteArray(byte[] value, int offset, 
bool bitVal, int start = 0, DataFormat dataFormat = DataFormat.ABCD)
        {
            bool isBigEndian =
           dataFormat == DataFormat.ABCD || dataFormat == DataFormat.CDAB;
            byte[] data = new byte[2]
            {
                 isBigEndian ? value[start] : value[start + 1],
                 isBigEndian ? value[start + 1] : value[start]
            };
            if (offset >= 0 && offset <= 7)
            {
                data[0] = ByteLib.SetbitValue(data[0], offset, bitVal);
            }
            else
            {
                data[1] = ByteLib.SetbitValue(data[1], offset - 8, bitVal);
            }
            return GetShortFromByteArray(data, 0, dataFormat);
        }
```

（4）置位或复位 short 类型数据某位的值：置位或复位 short 类型数据某个位的值，再将其转换成 short 类型数据。

```
        [Description("置位或复位 16 位短整型数据某位的值")]
        public static short SetBitValueFromShort(short value, int offset, bool 
bitVal, DataFormat dataFormat)
        {
            byte[] data = ByteArrayLib.GetByteArrayFromShort(value, dataFormat);
            return SetBitValueFromByteArray(data, offset, bitVal, 0, dataFormat);
        }
```

2.3.5 int 转换类 IntLib

IntLib 主要用于实现 int 类型的数据与各种类型数据之间的转换，主要包含以下几种转换方法。

（1）截取字节数组并将结果转换成 int 类型的数据：根据字节数组的指定索引截取字节数组并将结果转换成 int 类型的数据。

```
        [Description("截取字节数组中并将结果转换成 int 类型的数据")]
        public static int GetIntFromByteArray(byte[] value, int start = 0, 
DataFormat dataFormat = DataFormat.ABCD)
        {
            byte[] data = ByteArrayLib.Get4BytesFromByteArray(value, start, 
dataFormat);
            return BitConverter.ToInt32(data.Reverse().ToArray(), 0);
        }
```

（2）将字节数组转换成 int 类型的数组：将字节数组按顺序转换成 int 类型的数组。

```
        [Description("将字节数组转换成 int 类型的数组")]
        public static int[] GetIntArrayFromByteArray(byte[] value, DataFormat
dataFormat = DataFormat.ABCD)
        {
            if (value == null)
                throw new ArgumentNullException("检查数组长度是否为空");
            if (value.Length % 4 != 0)
                throw new ArgumentNullException("检查数组长度是否为 4 的倍数");
            int[] values = new int[value.Length / 4];
            for (int i = 0; i < value.Length / 4; i++)
            {
                values[i] = GetIntFromByteArray(value, 4 * i, dataFormat);
            }
            return values;
        }
```

2.3.6　long 转换类 LongLib

LongLib 主要用于实现 long 类型的数据与各种类型数据之间的转换，主要包含以下几种转换方法。

（1）截取字节数组并将结果转换成 long 类型的数据：根据字节数组的指定索引截取字节数组并将结果转换成 long 类型的数据。

```
        [Description("截取字节数组中并将结果转换成 long 类型的数据")]
        public static long GetLongFromByteArray
        (byte[] value, int start = 0, DataFormat dataFormat = DataFormat.ABCD)
        {
            byte[] data =
            ByteArrayLib.Get8BytesFromByteArray(value, start, dataFormat);
            return BitConverter.ToInt64(data.Reverse().ToArray(), 0);
        }
```

（2）将字节数组转换成 long 类型的数组：将字节数组按顺序转换成 long 类型的数组。

```
        [Description("将字节数组转换成 long 类型的数组")]
        public static long[] GetLongArrayFromByteArray
        (byte[] value, DataFormat dataFormat)
        {
            if (value == null)
                throw new ArgumentNullException("检查数组长度是否为空");
            if (value.Length % 8 != 0)
                throw new ArgumentNullException("检查数组长度是否为 8 的倍数");
            long[] values = new long[value.Length / 8];
            for (int i = 0; i < value.Length / 8; i++)
            {
                values[i] = GetLongFromByteArray(value, 8 * i, dataFormat);
```

```
        }
        return values;
    }
```

2.3.7　string 转换类 StringLib

StringLib 主要用于实 string 类型的字符串与各种类型之间的转换，主要包含以下几种转换方法。

（1）将字节数组转换成 string 类型的字符串：根据字节数组的指定索引截取字节数组并将结果根据指定的编码格式转换成 string 类型的字符串。

```
    [Description("将字节数组转换成带编码格式的字符串")]
    public static string GetStringFromByteArrayByEncoding(byte[] value, int
start, int count, Encoding encoding)
    {
        byte[] res = ByteArrayLib.GetByteArrayFromByteArray(value, start,
count);
        return encoding.GetString(res);
    }
```

（2）将字节数组转换成 16 进制形式的字符串：根据字节数组的指定索引截取字节数组并将结果转换成 16 进制形式的字符串。

```
    [Description("将字节数组转换成字符串")]
    public static string GetStringFromByteArrayByBitConvert(byte[] value,
int start, int count)
    {
        return BitConverter.ToString(value, start, count);
    }
```

（3）将字节数组转换成西门子字符串：西门子 PLC 字符串比较特殊，前两个字节分别表示总长度和有效长度，编码格式为 GBK。

```
[Description("将字节数组转换成西门子字符串")]
 public static string GetSiemensStringFromByteArray(byte[] data, int start)
 {
     int valid = data[start + 1];
     if (valid > 0)
     {
         Encoding encoding = Encoding.GetEncoding("GBK");
         byte[] res = ByteArrayLib.GetByteArrayFromByteArray(data, start + 2,
valid);
         return encoding.GetString(res);
     }
     else
     {
         return string.Empty;
```

```
    }
}
```

（4）将泛型数组转换成字符串：将各类型的数组通过指定的分割符拼接成一个字符串进行显示。

```
[Description("各种类型数组转换成字符串")]
public static string GetStringFromValueArray<T>(T[] value, string split)
{
    StringBuilder sb = new StringBuilder();
    if (value.Length > 0)
    {
        foreach (T item in value)
        {
            if (split.Length == 0)
            {
                sb.Append(item.ToString());
            }
            else
            {
                sb.Append(item.ToString() + split.ToString());
            }
        }
        if (split.Length > 0)
        {
            sb.Remove(sb.Length - split.Length, split.Length);
        }
        return sb.ToString();
    }
    else
    {
        return string.Empty;
    }
}
```

2.4　操作结果类 OperateResult

通常来说，如果方法的返回值是单一数据类型的，如果需要知道是否成功，可以用正常结果表示成功，用 Null 或者一些特殊的数值表示失败。但是，如果还想知道错误信息或者错误代号，就需要设计一个操作结果类，我们称之为操作结果基类。

除上面的场景外，可能还会返回多个结果值，如一个额外的 string 对象、Bitmap 对象，甚至是自定义的对象，此时可以在操作结果基类的基础上，通过泛型扩展 1 个甚至多个自定义对象。

2.4.1　OperateResult 的设计过程

OperateResult 是为了解决方法具有多个返回值的问题而设计的。首先创建一个 OperateResult 的基类，针对一些返回值为布尔型的或 void 返回类型的方法使用。OperateResult 基类的设计如下。

```
[Description("操作结果类")]
public class OperateResult
{
    /// <summary>
    /// 结果是否成功
    /// </summary>
    public bool IsSuccess { get; set; }
    /// <summary>
    /// 错误描述
    /// </summary>
    public string Message { get; set; } = "UnKnown";
    /// <summary>
    /// 错误代号
    /// </summary>
    public int ErrorCode { get; set; } = 99999;
}
```

该类主要的三个属性分别是 IsSuccess、Message 和 ErrorCode。其中，IsSuccess 表示是否成功。Message 表示信息，如果 IsSuccess 为 True，默认 Message 的值是"Success"；如果 IsSuccess 为 False，则可以通过 Message 获取到对应的错误信息。ErrorCode 作为一个可选项，主要表示错误代号，这个在一些特定的场合中会使用到。

在 OperateResult 中增加一些构造方法，方便实例化对象进行传输，代码如下所示。

```
[Description("操作结果类")]
public class OperateResult
{
    public OperateResult()
    {
    }
    public OperateResult(bool isSuccess)
    {
        this.IsSuccess = isSuccess;
    }
    public OperateResult(bool isSuccess, string message)
    {
        this.IsSuccess = isSuccess;
        this.Message = message;
    }
    public OperateResult(bool isSuccess, int errorCode, string message)
```

```
        {
            this.IsSuccess = isSuccess;
            this.ErrorCode = errorCode;
            this.Message = message;
        }
    }
```

然而，仅仅使用 OperateResult 是不够的。举个例子，假设我们需要读取某个文件中的内容。若读取成功，则返回文件内容；若读取失败，则返回错误信息。在这种情况下，OperateResult 无法满足需求。因为我们需要更具体的内容，而不仅仅是一个字符串，实际应用中，可能需要返回其他类型的数据，甚至可能是多个值。因此，我们需要使用泛型类来实现更灵活的操作结果。

首先以返回单个不确定数据类型的数据为例，设计第一个泛型类 OperateResult<T>，代码如下所示。

```
    public class OperateResult<T> : OperateResult
    {
        public T Content { get; set; }//创建一个泛型数据
        public OperateResult() : base()
        {
        }
        public OperateResult(bool isSuccess) : base(isSuccess)
        {
        }
        public OperateResult(string message) : base(message)
        {
        }
        public OperateResult(int errorCode, string message) : base(errorCode,
message)
        {
        }
        public OperateResult(bool isSuccess, int errorCode, string message) :
base(isSuccess, errorCode, message)
        {
        }
        public OperateResult(bool isSuccess, int errorCode, string message, T
content) : base(isSuccess, errorCode, message)
        {
            this.Content = content;
        }
    }
```

观察 OperateResult<T>，首先其是一个衍生类，继承自 OperateResult，在 OperateResult 的基础上增加了一个 Content 属性，表示内容数据。其次就是增加了一个构造方法，该方法也继承自父类的构造方法，对于多个类型（如 OperateResult<T1,T2>），也类似于这种架构。

OperateResult<T>中的内容数据数量可以无限扩展，但是一般我们扩展到5个参数就够用了。

为了方便使用，快速返回一个成功或者失败的结果，在OperateResult中，增加CreateSuccessResult和CreateFailResult方法，这些方法为静态方法，可以直接通过父类OperateResult进行调用，具体实现代码如下所示。

```
        public static OperateResult CreateSuccessResult()
        {
            return new OperateResult(true, 0, "Success");
        }
        public static OperateResult CreateFailResult(string message)
        {
            return new OperateResult(false, 99999, message);
        }
        public static OperateResult CreateFailResult()
        {
            return new OperateResult(false, 99999, "UnKnown");
        }
        public static OperateResult<T> CreateSuccessResult<T>(T value)
        {
            return new OperateResult<T>(true, 0, "Success", value);
        }
        public static OperateResult<T> CreateFailResult<T>(OperateResult result)
        {
            return    new    OperateResult<T>(false,    result.ErrorCode,    result.
Message);
        }
        public static OperateResult<T> CreateFailResult<T>(string message)
        {
            return new OperateResult<T>(false, 99999, message);
        }
```

2.4.2 OperateResult 的使用说明

OperateResult在日常开发及架构封装中应用非常广泛，在后续的章节中也会讲述其实际中的应用。为了让大家更好地初步理解OperateResult及其使用方法，下面通过两个实际的案例进行说明。

案例一：以封装串口通信为例，我们正常操作串口，需要一个布尔类型的返回值，表示打开成功或打开失败。若打开成功，则可以进行后续的处理；若打开失败，则需要知道打开失败的原因。一般情况下，只能通过外部调用和异常捕获来实现，如果想在通信库中进行封装，那么我们可以借助OperateResult来实现，具体实现代码如下所示。

```
        private SerialPort serialPort = new SerialPort();
        public OperateResult OpenComm(string portName, int baudRate)
        {
            this.serialPort.PortName = portName;
```

```
        this.serialPort.BaudRate = baudRate;
        try
        {
            this.serialPort.Open();
            return OperateResult.CreateSuccessResult();
        }
        catch (Exception ex)
        {
            return OperateResult.CreateFailResult(ex.Message);
        }
    }
```

从上面的代码来看，我们在调用的时候会更加方便，不再需要加 try-catch 异常捕获，直接判断返回结果的 IsSuccess 属性。若为 True，则表示串口打开成功；若为 False，则可以通过 Message 属性获取打开失败的原因。

案例二：以读取文件为例，我们正常读取文件，获取文件中的内容，需要的是一个字符串类型的返回值，但是文件操作是有可能出现异常情况的，比如文件不存在或者文件被占用等。此时，我们需要外部加异常，如果想封装成方法，我们可以借助 OperateResult<T>来实现，具体实现代码如下所示。

```
public static  OperateResult<string> GetContentFromFile(string fileName)
{
    try
    {
        using (StreamReader sr = new StreamReader(fileName))
        {
            string info = sr.ReadToEnd();
            return OperateResult.CreateSuccessResult<string>(info);
        }
    }
    catch (Exception ex)
    {
        return OperateResult.CreateFailResult<string>(ex.Message);
    }
}
```

我们在调用这个方法时，首先判断 IsSuccess 属性。若为 True，通过 Content 属性获取具体结果；若为 False，则通过 Message 属性获取错误信息。

第 3 章　串口通信与通信应用

串口通信在上位机开发中是一种常见且重要的通信方式，用于与各种 PLC 或仪器仪表进行数据交换。无论是基于 RS485 还是 RS232 等协议，对于应用层开发而言，其操作方式基本相同。在使用 C#语言实现串口通信时，我们主要依赖于.NET Framework 提供的 SerialPort 来实现。

本章主要针对 SerialPort 进行详细说明，首先描述 SerialPort 的组成部分，再结合扫码枪通信案例进行说明，最终让大家可以熟练使用串口通信。

3.1 SerialPort 串口对象

在.NET 平台下，串口通信通常使用 SerialPort 进行程序开发。Visual Studio 将 SerialPort 作为一个可拖放的组件放置在工具箱中，使得开发者可以方便地将其拖放到窗体设计器中使用。然而，这种方法虽然简单，但有一些局限性，主要是需要以窗体作为载体才能使用，不利于在非 GUI 环境下的应用开发或者在更复杂的应用程序结构中使用。

因此，一般建议开发者将 SerialPort 视为一个类而不是一个组件，通过编写代码的方式来使用它。这种方式更灵活，可以在不依赖于窗体的情况下实现串口通信，并且更适合在大型或复杂的应用程序中进行串口通信的集成。

我们创建一个新的 Windows 窗体应用，由于 SerialPort 来自 System.IO.Ports 命名空间，因此我们先手动添加命名空间。

```
//添加命名空间
using System.IO.Ports;
```

然后我们在构造方法中输入 SerialPort，选中 SerialPort，单击鼠标右键查看相关代码。进入 SerialPort 中，通过分析，我们可以看到 SerialPort 的主要组成部分包括构造方法、常用属性、实例方法和相关事件，下面我们分别从这几个部分对其进行分析。

3.1.1 SerialPort 构造方法

SerialPort 中的构造方法如下所示。

```
    public SerialPort();
    public SerialPort(string portName);
    public SerialPort(string portName, int baudRate);
    public SerialPort(string portName, int baudRate, Parity parity);
```

```
    public SerialPort(string portName, int baudRate, Parity parity, int dataBits);
    public SerialPort(string portName, int baudRate, Parity parity, int dataBits, StopBits stopBits);
```

从构造方法来看，SerialPort 中包含了 6 种不同的构造方法重载，目的是初始化串口的常用属性，这些常用属性分别是端口号（PortName）、波特率（BaudRate）、奇偶校验位（Parity）、数据位（DataBits）以及停止位（StopBits）。

我们可以根据需要在实例化的时候直接传入需要初始化的串口参数，也可以先通过无参构造方法实例化一个 SerialPort 对象，再根据需要给对应的属性赋值。这些属性如果不通过代码手动赋值的话，它们的值为默认值。

3.1.2 SerialPort 常用属性

SerialPort 的常用属性如下所示。

```
public bool DtrEnable { get; set; }
public bool RtsEnable { get; set; }
public bool IsOpen { get; set; }
public string PortName { get; set; }
public int BaudRate { get; set; }
public int DataBits { get; set; }
public Parity Parity { get; set; }
public StopBits StopBits { get; set; }
public int ReadBufferSize { get; set; }
public int ReadTimeout { get; set; }
public int ReceivedBytesThreshold { get; set; }
public int WriteBufferSize { get; set; }
public int WriteTimeout { get; set; }
public int BytesToRead { get; set; }
public Encoding Encoding { get; set; }
```

（1）DtrEnable：获取或设置一个值，该值在串行通信过程中启用数据终端就绪信号，默认为 False。

（2）RtsEnable：获取或设置一个值，该值指示在串行通信过程中是否启用请求发送信号，默认为 False。

（3）IsOpen：获取或设置一个值，该值指示 SerialPort 对象的打开或关闭状态。

（4）PortName：获取或设置通信端口，包括但不限于所有可用的 COM 端口。

（5）BaudRate：获取或设置串行波特率，默认值为 9600。

（6）DataBits：获取或设置每个字节的数据位长度，数据位长度的标准值为 5、7、8，默认值为 8。

（7）Parity：获取或设置奇偶校验检查协议，默认值为无校验。

（8）StopBits：获取或设置每个字节的标准停止位数，默认值为 1。

（9）ReadBufferSize：获取或设置 SerialPort 输入缓冲区的大小，默认值为 4096。

（10）ReadTimeout：获取或设置读取操作未完成时发生超时之前的毫秒数，默认值为-1。

（11）ReceivedBytesThreshold：获取或设置 DataReceived 事件发生前输入缓冲区中的字节数，默认值为 1。

（12）WriteBufferSize：获取或设置串行端口输出缓冲区的大小，默认值为 4096。

（13）WriteTimeout：获取或设置写入操作未完成时发生超时之前的毫秒数，默认值为-1。

（14）BytesToRead：获取接收缓冲区中数据的字节数。

（15）Encoding：获取或设置传输前后文本转换的字节编码。

3.1.3　SerialPort 常用方法

SerialPort 中的常用方法如下所示。

```
public static string[] GetPortNames()
public void Close()
public void DiscardInBuffer()
public void DiscardOutBuffer()
public void Open()
public int Read(byte[] buffer, int offset, int count)
public int Read(char[] buffer, int offset, int count)
public int ReadByte();
public int ReadChar();
public int ReadExisting();
public string ReadLine();
public string ReadTo(string value);
public void Write(byte[] buffer, int offset, int count);
public void Write(string text);
public void Write(char[] buffer, int offset, int count);
public void WriteLine(string text);
```

（1）GetPortNames：获取当前计算机的串行端口名数组，这是一个静态方法。

（2）Close：关闭端口连接，执行此方法将自动释放内部缓冲区（Stream），并将 IsOpen 设置为 False。

（3）DiscardInBuffer：丢弃来自串行驱动程序接收缓冲区中的数据。

（4）DiscardOutBuffer：丢弃来自串行驱动程序传输缓冲区中的数据。

（5）Open：打开一个新的串行端口连接。

（6）Read：从输入缓冲区读取一些字节/字符，并将其写入字节/字符数组中指定的偏移处。

（7）ReadByte：从输入缓冲区中同步读取一个字节。

（8）ReadChar：从输入缓冲区中同步读取一个字符。

（9）ReadExisting：在编码基础上，读取 SerialPort 对象的流和输入缓冲区中所有立即可用的字节。

（10）ReadLine：一直读取到输入缓冲区中的 NewLine 值。

（11）ReadTo：一直读取到输入缓冲区中指定 value 的字符串。

（12）Write：将指定的数据写入串行端口的输出缓冲区。

（13）WriteLine：将指定的字符串和 NewLine 值写入输出缓冲区。

3.1.4 SerialPort 常用事件

SerialPort 中的常用事件如下所示。

```
public event SerialDataReceivedEventHandler DataReceived;
public event SerialErrorReceivedEventHandler ErrorReceived;
public event SerialPinChangedEventHandler PinChanged;
```

（1）DataReceived：表示将处理 SerialPort 对象的数据接收事件的方法，配合属性 ReceivedBytesThreshold 使用。若接收数据为固定长度，则可以将 ReceivedBytesThreshold 设置为接收数据的长度；若接收数据以固定字符结尾，则可以配合 ReadTo 方法使用。

（2）ErrorReceived：表示处理 SerialPort 对象的错误事件的方法。

（3）PinChanged：表示将处理 SerialPort 对象的串行引脚更新事件的方法。

3.2 扫码枪串口通信案例

扫码枪在工业现场中的应用日益广泛。目前常见的扫码枪主要分为两种类型：一种是即插即用的扫码枪，类似于键盘操作，只要有焦点即可进行扫码，无须进行额外的二次开发；另一种是基于串口通信的扫码枪，需要根据说明书预先设置通信参数。前者操作简单、便捷，但在项目集成时必须确保获取焦点，且在扫码后的逻辑处理方面可能较为烦琐。后者虽然需要一定的开发工作，但其易于集成的特性使其在项目集成阶段更为便利。本案例中采用的扫码枪为新大陆 OY10 系列，详见图 3-1。

图 3-1　新大陆 OY10 系列的扫码枪

在完成驱动安装和相关参数设置后，扫码枪即可投入使用。为了验证其功能，可以通过串口调试助手进行测试。首先，确保串口调试助手连接到正确的串口端口，然后单击连接按钮。接着，使用扫码枪扫描一个条形码，观察是否能够正确接收到条形码的数值。经过测试，确认可以准确地接收并显示条形码。

3.2.1　项目创建及界面设计

通过串口调试助手，我们可以初步完成 PC 与扫码枪之间的通信测试，但在实际的项目应用中，通常需要编写专门的程序实现与扫码枪的通信和数据处理，以实现更复杂的业务逻辑和功能。这里以扫码枪为控制对象，开发一个简易的通信案例。首先通过 VS2022 创建一个新的窗体应用程序，项目模板选择 Windows 窗体应用（.Net Framework），项目名称为 ScannerSerialPro，框架选择.Net Framework 4.6，如图 3-2 所示。

图 3-2　创建新项目

项目创建完成后，我们设计一下项目的用户界面（UI）。界面上半部分使用的是 ToolStrip 组件，其中放置了 3 个按钮，分别为建立连接、断开连接和串口设置。下半部分主要是 ListBox（显示消息）、Label、TextBox 和 Button 控件。最终的界面设计效果如图 3-3 所示。

图 3-3　最终的界面设计效果

结合图 3-3 可以看出，本程序具备以下功能：

（1）串口参数的设置及读取；

（2）串口的连接与断开；

（3）扫码内容的显示；

（4）扫码枪故障时支持手动输入；

（5）扫码错误及重复判断等相关辅助功能。

3.2.2 项目架构设计

因为项目业务不是很复杂，我们就不采用三层架构及类库的方式来分层了。我们在三层架构的基础上，结合上位机的实际情况，设计了一套“341”分层架构。针对一般的上位机项目开发，“341”是 3 层 4 类 1 工具的简写，具体如图 3-4 所示。

《界面层》→窗体类：实现人机交互、数据展示

《数据层》→数据类：实现数据处理、数据存取

《通信层》→通信类：实现设备连接、通信读写

《实体库》→实体类：实现数据封装、数据传递

《工具库》→工具类：提供帮助类完成指定任务

图 3-4 “341”分层架构

在项目中，创建 5 个文件夹以对应各个层和库，然后将前面做好的主界面拖放到对应的界面层中。程序的整体架构设计如图 3-5 所示。

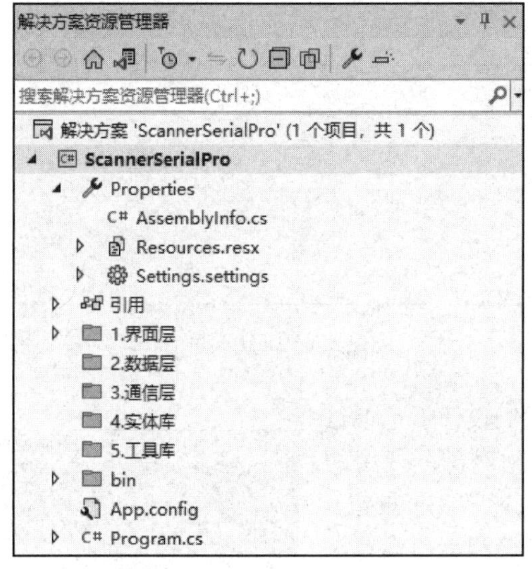

图 3-5 程序的整体架构设计

3.2.3 串口参数配置

串口参数的配置及读取：串口参数的配置，其本质是配置文件的读写。使用 C#语言实现配置文件的方式有多种，如 txt、ini、xml、json、csv 等方式。在本项目中，我们使用 ini 文件的方式存储串口的配置信息。后面大家遇到类似的配置存储，也可以参考本节的内容来做。

1. 工具库

首先我们需要写一个操作 ini 文件的帮助类——IniConfigHelper，这个类中提供了各种操

作 ini 文件的方法。下面对 IniConfigHelper 进行分析，便于大家理解。

1）API 函数声明

IniConfigHelper 是在 Windows 系统上基于 kernel32 库进行二次封装的工具。kernel32.dll 是一个用 C++编写的系统库。在 C#中调用 C++的.dll 库时，我们使用 DllImport 来引入这些库。简单来说，当我们在 C#中调用 WritePrivateProfileString 等方法时，实际上会自动调用 kernel32.dll 库中同名的方法，具体如下所示。

```
#region API 函数声明
[DllImport("kernel32")]
private static extern long WritePrivateProfileString(string section, string
key,string val, string filePath);
[DllImport("kernel32", EntryPoint = "GetPrivateProfileString")]
private static extern long GetPrivateProfileString(string section, string
key,string def, StringBuilder retVal, int size, string filePath);
[DllImport("kernel32", EntryPoint = "GetPrivateProfileString")]
private static extern uint GetPrivateProfileStringA(string section, string
key,string def, Byte[] retVal, int size, string filePath);
#endregion
```

2）读取 Section

我们首先需要了解一下 ini 文件的存储格式。一个典型的 ini 文件格式如图 3-6 所示。

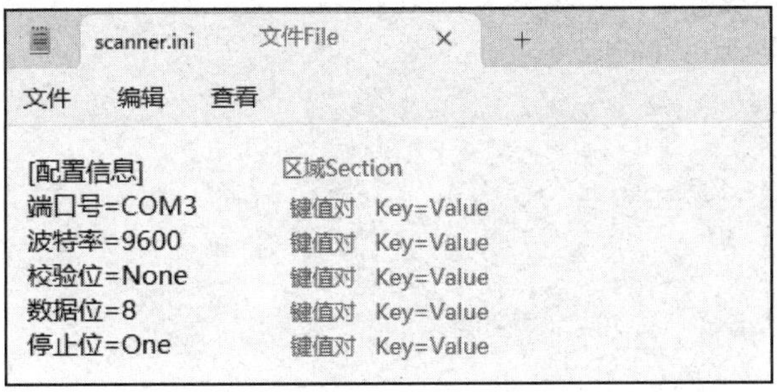

图 3-6　一个典型的 ini 文件格式

从图 3-6 中可以看出，文件中的内容由若干个 Section 组成，每个 Section 由若干个 Key-Value 键值对组成。

我们可以通过下面的方法读取文件中所有的 Section，具体如下所示。

```
[Description("读取所有的 Section")]
public static List<string> ReadSections(string iniFilename)
{
    List<string> result = new List<string>();
    Byte[] buf = new Byte[65536];
    uint len = GetPrivateProfileStringA(null, null, null, buf,buf.Length,
iniFilename);
    int j = 0;
    for (int i = 0; i < len; i++)
```

```
    {
        if (buf[i] == 0)
        {
            result.Add(Encoding.Default.GetString(buf, j, i - j));
            j = i + 1;
        }
    }
    return result;
}
```

3）读取某个 Section 下所有的 Key

一个 Section 由若干个 Key-Value 键值对组成，如果我们想读取某个 Section 下所有的 Key，可以通过下面这个方法来实现。

```
[Description("读取某个 Section 下所有的 Key")]
public static List<string> ReadKeys(string SectionName, string iniFilename)
{
    List<string> result = new List<string>();
    Byte[] buf = new Byte[65536];
    uint len = GetPrivateProfileStringA(SectionName, null, null, buf, buf.
Length,iniFilename);
    int j = 0;
    for (int i = 0; i < len; i++)
    {
        if (buf[i] == 0)
        {
            result.Add(Encoding.Default.GetString(buf, j, i - j));
            j = i + 1;
        }
    }
    return result;
}
```

4）读取某个 Section 下某个 Key 对应的 Value

实际项目中经常使用的方法是 ReadIniData，即根据文件、Section、Key 这三个参数获取对应的值，如果读取不到，则会返回一个默认值，具体方法如下。

```
[Description("读取某个 Section 下某个 Key 对应的 Value")]
public static string ReadIniData(string Section, string Key, string DefaultValue,
string iniFilePath)
{
    if (File.Exists(iniFilePath))
    {
        StringBuilder temp = new StringBuilder(1024);
        GetPrivateProfileString(Section, Key, DefaultValue, temp, 1024, iniFilePath);
        return temp.ToString();
    }
```

```
    return string.Empty;
}
```

5）在某个 Section 下的某个 Key 中写入对应的 Value

与读取 Value 对应的方法是写入方法，就是向指定文件指定 Section 的指定 Key 中写入对应的值。如果 Key 已存在，则覆盖其原有的 Value 值；如果 Key 不存在，则添加该 Key-Value 键值对，具体实现如下所示。

```
[Description("写入某个 Section 下某个 Key 对应的 Value")]
public static bool WriteIniData(string Section, string Key, string Value, string
iniFilePath)
{
    long OpStation = WritePrivateProfileString(Section, Key, Value, iniFilePath);
    if (OpStation == 0)
    {
        return false;
    }
        return true;
}
```

2. 实体库

我们需要配置和保存的是串口通信的相关信息，包括端口号、波特率、校验位、数据位和停止位。为了便于后续扩展，我们将这些信息封装在一个实体类 ScannerInfo 中，具体实现如下所示。

```
    // 实体类：扫码枪通信信息
    public class ScannerInfo
    {
        public string PortName { get; set; } = "COM1";          //端口号
        public int BaudRate { get; set; } = 9600;               //波特率
        public Parity Parity { get; set; } = Parity.None;       //校验位
        public int DataBits { get; set; } = 8;                  //数据位
        public StopBits StopBits { get; set; } = StopBits.One; //停止位
    }
```

3. 数据层

我们在数据层创建了一个 ScannerInfoService 类，该类主要提供了用户界面中需要使用的方法。其中，ScannerInfoService 的核心方法是配置文件与实体对象之间的相互转换。保存配置信息，就是将一个实体对象存储到一个指定的文件中；读取配置信息，就是从指定文件中读取数据，返回一个实体对象。

（1）读取配置文件返回 ScannerInfo 对象的方法如下所示。

```
[Description("读取配置文件，返回一个通信信息对象")]
public ScannerInfo GetScannerInfoFromPath(string path)
{
    ScannerInfo scannerInfo = new ScannerInfo();
```

```
    scannerInfo.PortName =
    IniConfigHelper.ReadIniData("配置信息", "端口号", "COM1", path);
    scannerInfo.BaudRate = Convert.ToInt32(
    IniConfigHelper.ReadIniData("配置信息", "波特率", "9600", path));
    scannerInfo.Parity =(Parity)Enum.Parse(typeof(Parity),
    IniConfigHelper.ReadIniData("配置信息", "校验位", "None", path), true);
    scannerInfo.DataBits = Convert.ToInt32(
    IniConfigHelper.ReadIniData("配置信息", "数据位", "8", path));
    scannerInfo.StopBits =(StopBits)Enum.Parse(typeof(StopBits),
    IniConfigHelper.ReadIniData("配置信息", "停止位", "One", path), true);
    return scannerInfo;
}
```

（2）保存配置对象到指定路径中的方法如下所示。

```
[Description("将通信信息对象写入配置文件路径中")]
 public bool SetScannerInfoToPath(ScannerInfo scannerInfo, string
path)
 {
     bool result = true;
     result &= IniConfigHelper.WriteIniData(
         "配置信息", "端口号", scannerInfo.PortName, path);
     result &= IniConfigHelper.WriteIniData(
         "配置信息", "波特率", scannerInfo.BaudRate.ToString(), path);
     result &= IniConfigHelper.WriteIniData(
         "配置信息", "校验位", scannerInfo.Parity.ToString(), path);
     result &= IniConfigHelper.WriteIniData(
         "配置信息", "数据位", scannerInfo.DataBits.ToString(), path);
     result &= IniConfigHelper.WriteIniData(
         "配置信息", "停止位", scannerInfo.StopBits.ToString(), path);
     return result;
 }
```

4. 界面层

在主窗体中，首先创建 3 个对象，分别是配置文件路径、配置服务对象和配置实体对象，具体实现如下所示。

```
 // 配置文件路径
 private string path = Application.StartupPath + "\\scanner.ini";
 // 配置服务对象
 private ScannerInfoService infoService = new ScannerInfoService();
// 配置实体对象
 private ScannerInfo scannerInfo = null;
```

在窗体的加载事件中，通过调用配置服务对象的读取配置文件的方法，返回一个配置实体对象，具体实现如下所示。

```
private void FrmMain_Load(object sender, EventArgs e)
```

```
{
    try
    {
        this.scannerInfo = infoService.GetScannerInfoFromPath(path);
    }
    catch (Exception ex)
    {
        MessageBox.Show("配置信息加载失败：" + ex.Message, "读取配置");
        return;
    }
}
```

参数保存是在串口设置中实现的。所以，根据相关功能设计，我们新建了一个界面——串口设置界面，如图 3-7 所示。

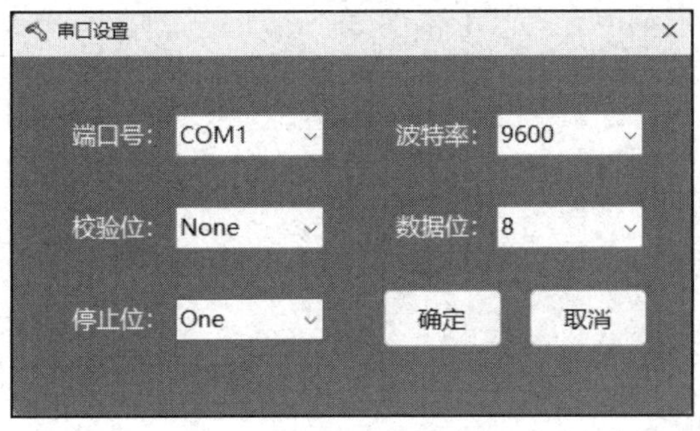

图 3-7　串口设置界面

单击串口设置按钮后，弹出串口设置界面，并将文件路径、配置实体对象、配置服务对象通过构造方法传递进去，这样在串口设置界面中就可以显示当前的配置信息，具体实现如下所示。

```
private string path;
private ScannerInfo scannerInfo;
private ScannerInfoService infoService;
public FrmParamSet(string path, ScannerInfo scannerInfo, ScannerInfoService
infoService)
{
    InitializeComponent();
    this.cmb_Port.Items.AddRange(SerialPort.GetPortNames());
    this.cmb_BaudRate.Items.AddRange(new string[] { "9600", "19200"});
    this.cmb_Parity.Items.AddRange(Enum.GetNames(typeof(Parity)));
    this.cmb_DataBits.Items.AddRange(new string[] { "7", "8" });
    this.cmb_StopBits.Items.AddRange(Enum.GetNames(typeof(StopBits)));
    this.path = path;
    this.scannerInfo = scannerInfo;
    this.infoService = infoService;
    if (this.scannerInfo != null)
```

```
    {
        this.cmb_Port.Text = this.scannerInfo.PortName;
        this.cmb_BaudRate.Text = this.scannerInfo.BaudRate.ToString();
        this.cmb_Parity.Text = this.scannerInfo.Parity.ToString();
        this.cmb_DataBits.Text = this.scannerInfo.DataBits.ToString();
        this.cmb_StopBits.Text = this.scannerInfo.StopBits.ToString();
    }
}
```

在串口配置界面中，单击确定按钮，将配置信息存储到文件中，具体实现如下所示。

```
private void btn_OK_Click(object sender, EventArgs e)
 {
    if (this.scannerInfo == null) this.scannerInfo = new ScannerInfo();
    this.scannerInfo.PortName = this.cmb_Port.Text.Trim();
    this.scannerInfo.BaudRate = Convert.ToInt32(
    this.cmb_BaudRate.Text.Trim());
    this.scannerInfo.Parity = (Parity)Enum.Parse(typeof(Parity),
    this.cmb_Parity.Text.Trim(), true);
    this.scannerInfo.DataBits = Convert.ToInt32(
    this.cmb_DataBits.Text.Trim());
    this.scannerInfo.StopBits = (StopBits)Enum.Parse(typeof(StopBits),
    this.cmb_StopBits.Text.Trim(), true);
    bool result =
    this.infoService.SetScannerInfoToPath(this.scannerInfo, this.path);
    if (result)
    {
        this.DialogResult = DialogResult.OK;
    }
    else
    {
        MessageBox.Show("配置信息保存失败", "保存配置");
    }
 }
```

3.2.4 串口通信封装实现

1. 通信层

（1）我们在通信层创建了一个 ScannerComLib 类，该类实际上是通过封装串口通信对象 SerialPort 而形成的，其内部创建了一个 SerialPort 对象。作为 ScannerComLib 的一个成员字段，它在 SerialPort 对象的基础上实现了打开和关闭串口的功能，具体实现如下所示。

```
private SerialPort serialPort = new SerialPort();
public void OpenCom(string portName, int baudRate, Parity parity, int dataBits,
StopBits stopBits)
 {
```

```
        if (serialPort.IsOpen)
        {
            serialPort.Close();
        }
        serialPort.PortName = portName;
        serialPort.BaudRate = baudRate;
        serialPort.DataBits = dataBits;
        serialPort.StopBits = stopBits;
        serialPort.Parity = parity;
        serialPort.DataReceived += SerialPort_DataReceived;
        serialPort.Open();
    }
    public void CloseCom()
    {
        if (serialPort.IsOpen)
        {
            serialPort.Close();
        }
    }
```

（2）对于扫码枪这种串口应用，由于其属于单向只接收不发送的情况，我们可以利用串口类自带的 DataReceived 事件来实现数据的接收功能。在 DataReceived 事件处理方法中，需要添加适当的延时，以确保完整接收到扫码枪发送的数据。最后，在 ScannerComLib 中创建了一个事件，用于通过事件机制将扫码结果传送出去，具体实现如下所示。

```
public event Action<string> CodeReceived; //自定义事件
private void SerialPort_DataReceived(object sender, SerialDataReceivedEventArgs e)
{
    //需要加一定的延时，否则可能会接收不完整
    Thread.Sleep(50);
    int count = this.serialPort.BytesToRead;
    if (count > 0)
    {
        byte[] data = new byte[count];
        this.serialPort.Read(data, 0, count);
        CodeReceived?.Invoke(Encoding.Default.GetString(data));
    }
}
```

2. 数据层

（1）数据层是对通信层的封装，这里结合实体类重新封装了打开串口的方法，将参数作为一个对象传递进去，具体实现如下所示。

```
private ScannerComLib scannerCom = new ScannerComLib();
[Description("串口连接")]
public void Connect(ScannerInfo scannerInfo)
```

```
{
    scannerCom.OpenCom(scannerInfo.PortName, scannerInfo.BaudRate, scannerInfo.
Parity, scannerInfo.DataBits, scannerInfo.StopBits);
    scannerCom.CodeReceived += ScannerCom_CodeReceived;
}
[Description("串口断开")]
public void DisConn()
{
    scannerCom.CloseCom();
}
```

（2）数据层中的数据最终要显示在界面层，因此这里创建了一个事件，实现将消息传递出去，具体实现如下所示。

```
public event Action<string> CodeReceived; //自定义事件
private void ScannerCom_CodeReceived(string code)
{
    CodeReceived?.Invoke(code);
}
```

3.2.5 串口扫码功能应用

1. 连接串口

首先，在创建一个 ScannerComService 数据层对象时，需要在连接串口的按钮事件中调用其 Connect 方法，并同时绑定 CodeReceived 事件。这样，在事件处理方法中便可以自动获取扫描条码的内容，从而进行后续的扫码处理，具体实现如下所示。

```
private ScannerComService comService = null; //声明数据层对象
private void tsb_Connect_Click(object sender, EventArgs e)
{
    comService = new ScannerComService();      //实例化数据层对象
    comService.Connect(this.scannerInfo);
    comService.CodeReceived += ComService_CodeReceived;
    this.tsb_Connect.Enabled = false;
    this.tsb_DisConnect.Enabled = true;
}
```

2. 断开连接

调用 ScannerComService 的 DisConn 方法，即可实现断开连接，关闭串口，具体实现如下所示。

```
private void tsb_DisConnect_Click(object sender, EventArgs e)
{
    this.comService?.DisConn();                    //非空判断
    this.tsb_Connect.Enabled = true;
```

```
    this.tsb_DisConnect.Enabled = false;
}
```

3．扫码处理

扫码处理主要是在 CodeReceived 事件绑定的方法中实现。这里创建了一个 codeList 的集合，每次获得条码之后，首先判断集合中是否存在该条码，如果存在，则通过日志进行提示，如果不存在，则显示条码并将该条码添加到集合中，具体实现如下所示。

```
private List<string> codeList = new List<string>();//所有条码集合
private void ComService_CodeReceived(string code)
{
    //空码判断
    if (code.Length == 0)
    {
        AddLog("条形码为空");
        return;
    }
    //已存在判断
    if (codeList.Contains(code))
    {
        AddLog("条形码已经存在");
        return;
    }
    //如果有需要，可以添加其他特殊判断...
    //正确读取显示
    codeList.Add(code);
    AddLog("读取条码：" + code);
}
```

4．日志显示处理

这里的日志内容展示，我们使用 ListBox 控件进行展示。这里有个特别需要注意的地方，即串口的 DataReceived 事件虽然没有直接创建多线程，但是底层是通过多线程实现的，所以如果直接更新主线程的 ListBox 控件，会报跨线程访问的错误。因此，这里做了一层封装，如果判断是多线程访问，则通过委托来实现；如果判断不是多线程访问，则直接更新控件，具体实现如下所示。

```
private void AddLog(string message)
{
    if (this.lst_Info.InvokeRequired)
    {
        this.lst_Info.Invoke(new Action<string>(AddLog), message);
    }
    else
```

```
        {
            this.lst_Info.Items.Insert
            (0, DateTime.Now.ToString("HH:mm:ss") + " " + message);
        }
    }
```

5．实现效果

将扫码枪与计算机连接，根据实际串口进行参数设置，然后使用扫码枪扫描一个条码，这时，软件上将自动显示出结果，如图 3-8 所示。

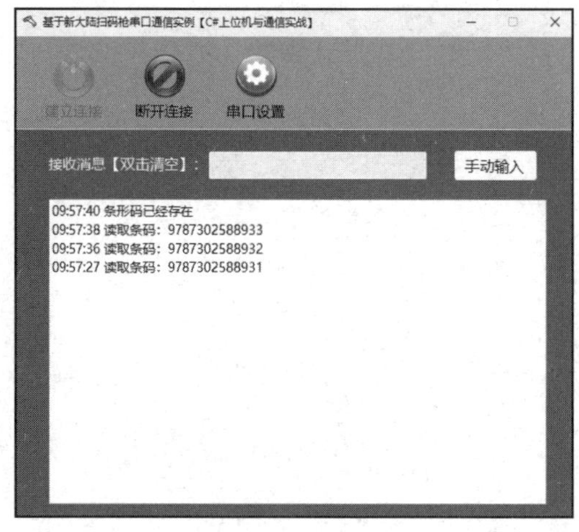

图 3-8　项目运行效果图

6．仿真测试

如果大家没有扫码枪，我们也可以通过虚拟串口仿真的方式来测试程序逻辑。关于虚拟串口的使用，在后续的章节中会有详细的讲解，这里大家作为了解即可。我们首先通过虚拟串口软件 VSPD 虚拟出一对串口（COM19 和 COM20），最终结果如图 3-9 所示。

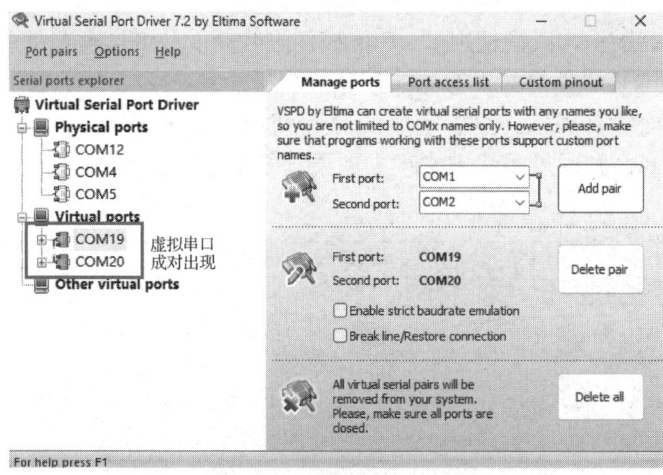

图 3-9　VSPD 创建虚拟串口

打开串口调试助手，让其连接 COM20，串口的参数设置如图 3-10 所示。然后打开扫码枪软件，将其串口号设置为 COM19，串口参数与调试软件一致，最后通过串口调试软件发送条码 SN9874122554412354，扫码枪软件即可接收到对应的条码内容，如图 3-11 所示。

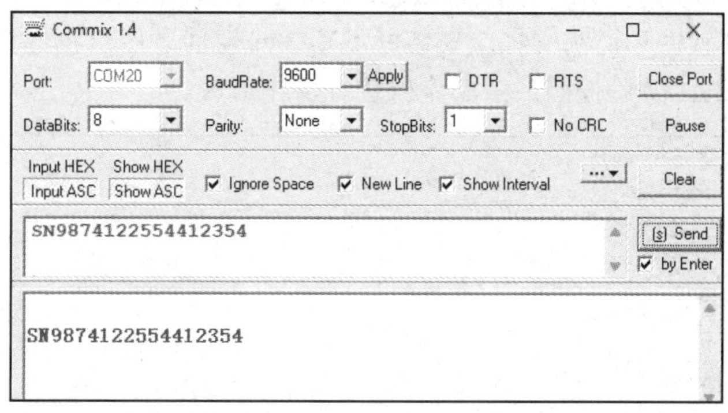

图 3-10　串口调试助手模拟发送条码

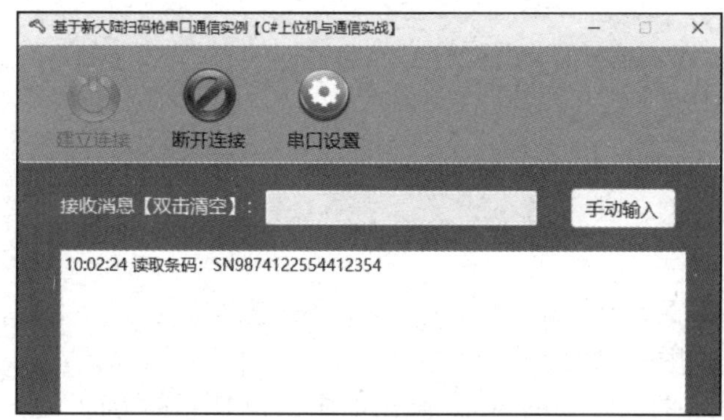

图 3-11　扫码枪软件接收条码

3.3　欧姆龙 PLC 串口通信实战

扫码枪串口通信案例是一种单纯接收报文的应用案例，涉及简单的数据接收，可以通过 DataReceived 事件来处理接收到的数据。然而，在与欧姆龙 PLC 等工控设备进行通信时，通常需要实现一发一回的命令响应模式。本节将以欧姆龙 PLC 为例，介绍如何使用 C#语言实现与欧姆龙 PLC 之间的串口通信。至于为什么选择欧姆龙 PLC，主要是因为欧姆龙 PLC 的串口通信是可以仿真的。

欧姆龙 PLC 在工控领域具有广泛的市场份额，常见的系列包括 CP/CH 系列、CJ 系列以及更高端的 NX/NJ 系列。对于串口通信，特别是在 CS/CP 和 CJ 系列 PLC 中，常用的通信协议是 Hostlink 协议。

3.3.1 搭建仿真欧姆龙 PLC 环境

首先需要安装好欧姆龙 PLC 的编程环境，本章使用的是 CX-One V4.4。CX-One 软件集成了欧姆龙的一系列软件和说明文档。安装好 CX-One 软件之后，我们找到 CX-One 软件的安装目录（见图 3-12），然后按照后续的步骤进行操作部署。

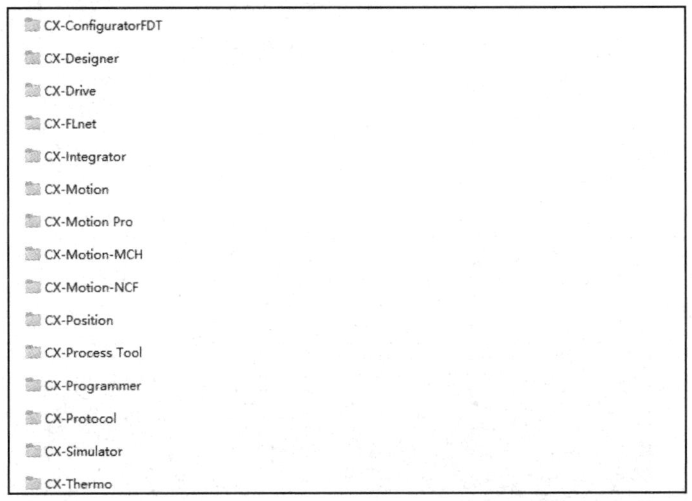

图 3-12　CX-One 软件的安装目录

从图 3-12 中找到 CX-Simulator 文件夹，从名称上来看，这个文件夹中的内容就是用来搭建仿真 PLC 环境的，如图 3-13 所示。

（1）双击图 3-13 中的 CX-Simulator，弹出如图 3-14 所示的界面。在该界面中，可以选择创建一个新的 PLC 或者打开一个已经存在的 PLC 项目。如果是第一次使用，则选择创建一个新的 PLC，然后单击 OK 按钮。

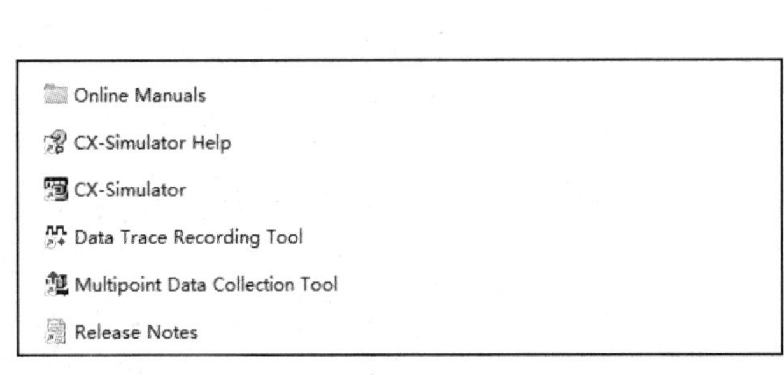

图 3-13　CX-Simulator 文件夹中的内容

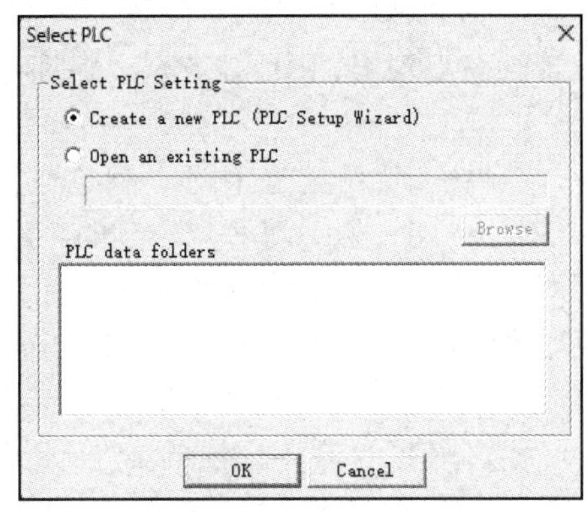

图 3-14　创建 PLC 界面

（2）单击图 3-14 中的 OK 按钮后，弹出如图 3-15 所示的界面。在该界面中，可以设置项目的路径，这个路径可以自己选择。如果没有特别要求，使用默认的路径即可，单击下一页按钮。

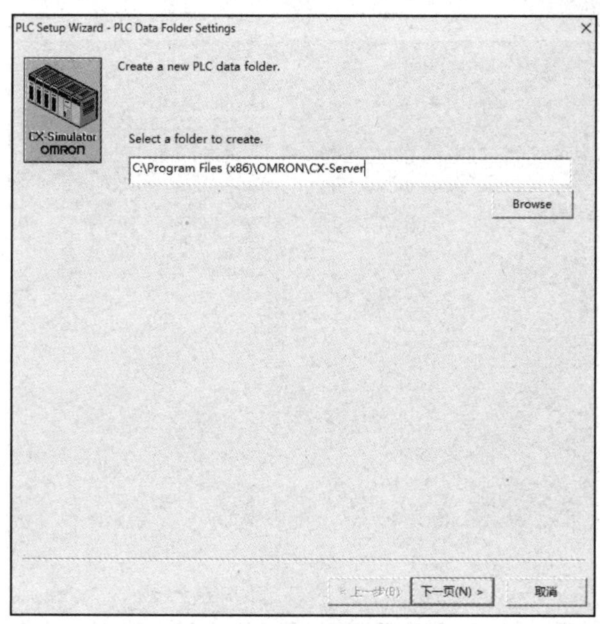

图 3-15　选择项目路径界面

（3）单击图 3-15 中的下一页按钮后，弹出如图 3-16 所示的界面。在该界面中，要求我们选择一个 PLC 型号，这里我们选择常用的 CP1H-X40DR-A PLC，选择其他的型号也可以。

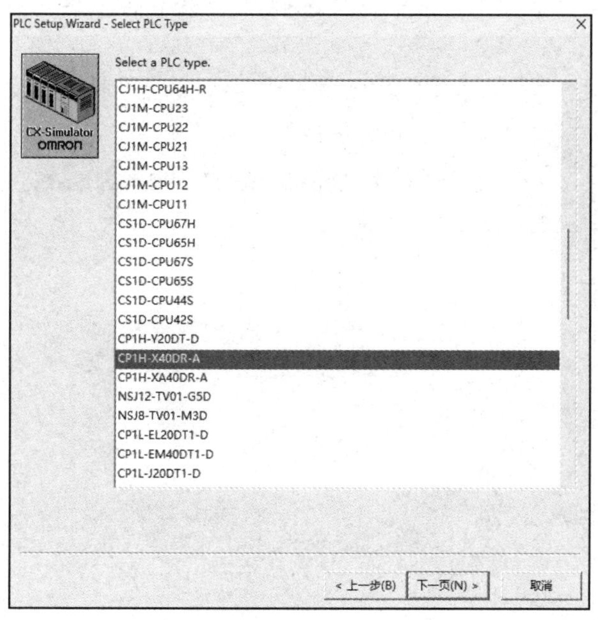

图 3-16　选择 PLC 型号

（4）选择完 PLC 型号后，单击图 3-16 中的下一页按钮，即可弹出如图 3-17 所示的界面。选择好 PLC 型号，即确定了 CPU 型号，接下来要选择 PLC 模块单元。因为我们主要是为了仿真通信，因此不需要配置其他模块单元，直接单击图 3-17 中的下一页按钮即可。

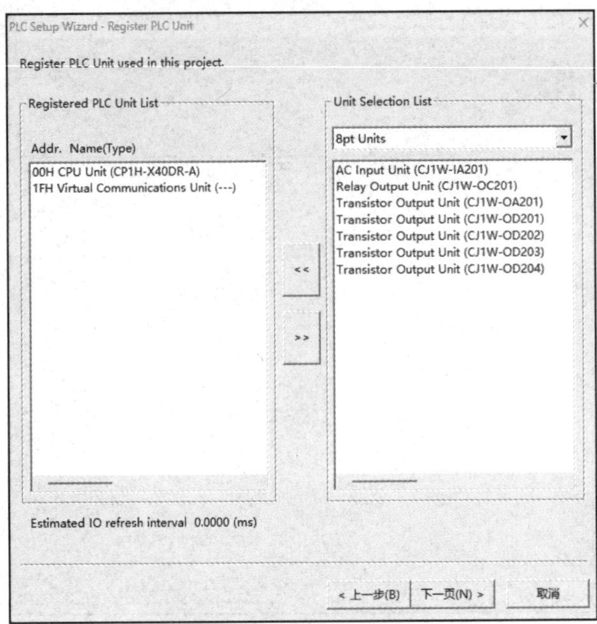

图 3-17　选择 PLC 模块单元

（5）单击图 3-17 中的下一页按钮后，在弹出的界面中开始设置网络通信单元。双击 Virtual Communications Unit，在弹出的界面中设置 Node address，即节点地址，默认是 10，可以不用修改，如图 3-18 所示。

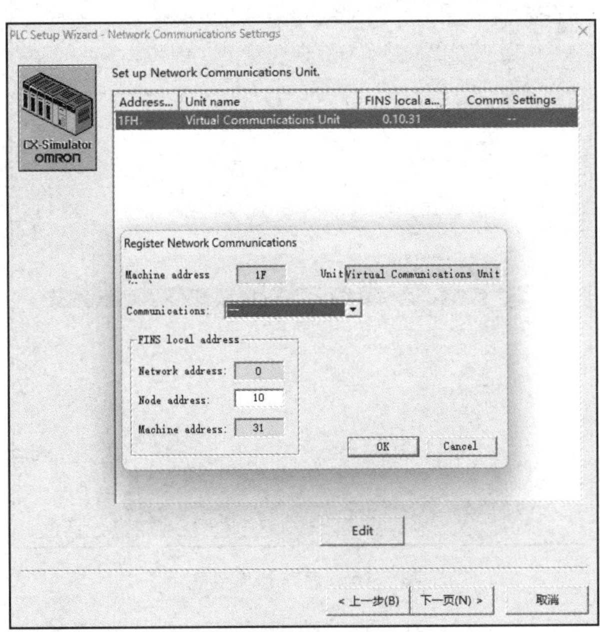

图 3-18　设置网络通信单元

（6）设置串口参数。双击设备，在弹出的界面中，设置 Communications 为真实串口（Real comms）。由于我们之前已经使用虚拟串口助手 VSPD 虚拟出一对串口（COM3 和 COM4），因此在该界面中随便选择其中一个即可，这里选择的是 COM3，如图 3-19 所示。

（7）单击 OK 按钮后，在弹出的界面中，单击最后一步按钮，会弹出如图 3-20 所示的 Work CX-Simulator 界面。选择默认的 Controller Link，单击 Connect 按钮。到此为止，即实现 PLC 仿真环境的搭建。

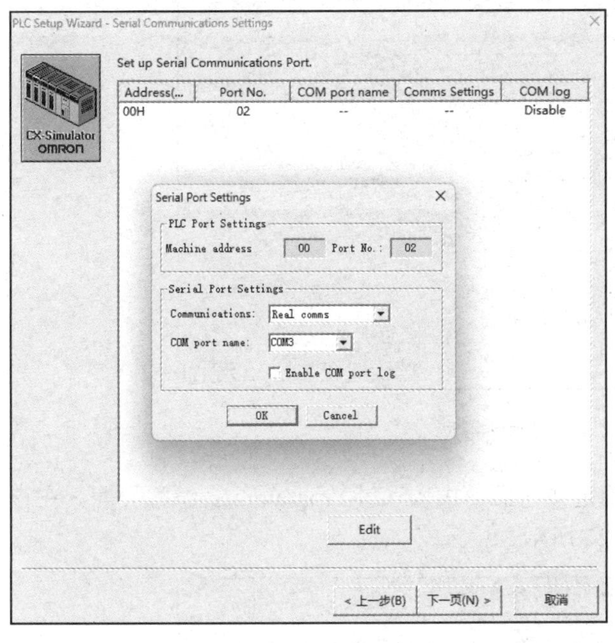

图 3-19　串口参数设置

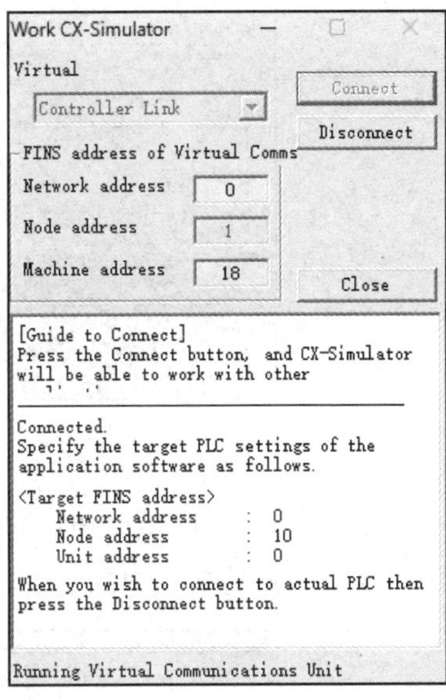

图 3-20　Work CX-Simulator 界面

（8）搭建好虚拟 PLC 之后，打开 CX-Programmer 编程软件。在弹出的界面中，单击左上角的新建按钮，新建一个新的项目。其中，设备类型选择和前面设置一样的型号，这里选择 CP1H，单击设定按钮，进入设备类型设置界面。在该界面中，选择 CPU 类型，这里为 X 系列，如图 3-21 所示。

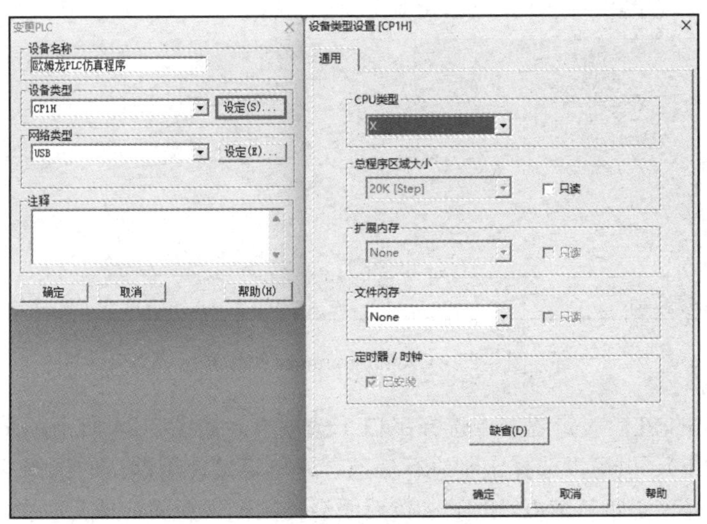

图 3-21　创建 PLC 项目

（9）如图 3-22 所示，单击图 3-21 中的确定按钮后，在弹出的界面中选择网络类型为 FinsGateway，单击右边的设定按钮，进入网络设置界面。在该界面中，设置一下 FINS 目标地址里的节点，与虚拟 PLC 前面的设置一致，设置节点为 10，然后单击确定按钮。

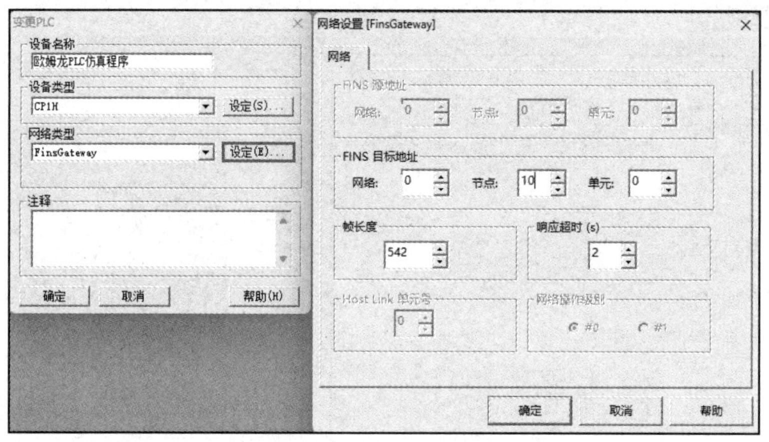

图 3-22　设置网络模型

（10）连续在两个弹出的界面中单击确定按钮后，进入 CX-Programmer 编程界面。在该界面中，单击左边节点中的设置，如图 3-22 所示。

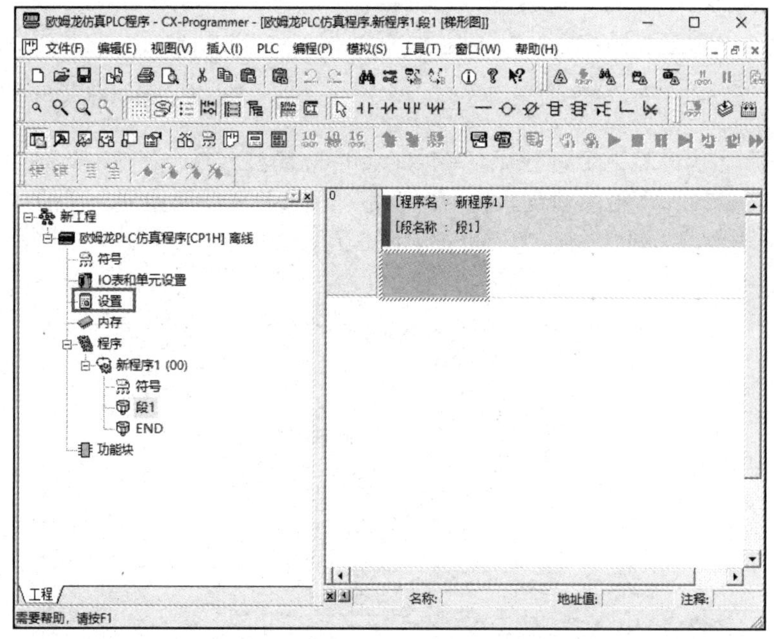

图 3-23　CX-Programmer 编程界面

（11）在弹出的 PLC 设定界面中选择串口 1 选项卡。如图 3-24 所示，通信设置默认选择标准（9600;1,7,2,E），也可以选择定制进行修改，这里直接使用默认的选择；模式使用默认值 Host Link；单元号使用默认值 0。以上参数后面会使用到。配置完成后，关闭界面即可。

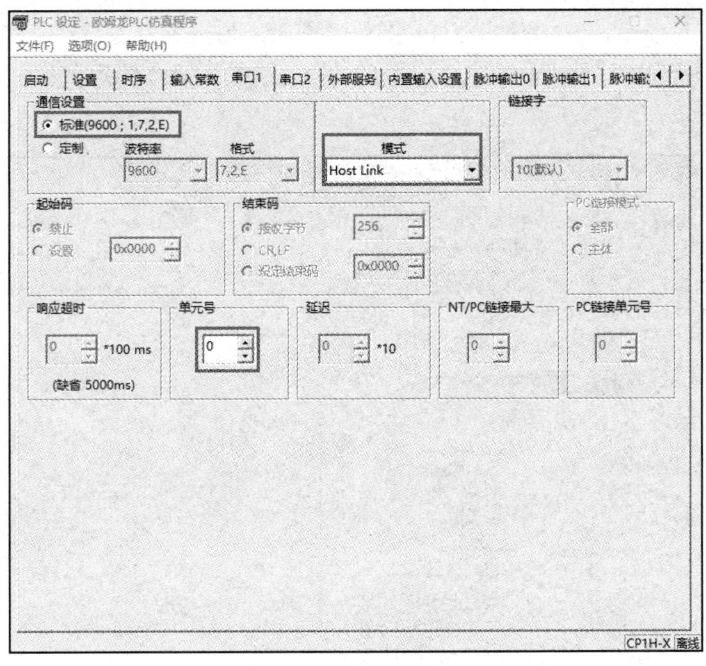

图 3-24　PLC 设定界面

（12）回到 CX-Programmer 编程界面，单击菜单栏中 PLC 下的在线工作，弹出是否连接到 PLC 的确认弹窗，单击是（Y）按钮即可，如图 3-25 所示。

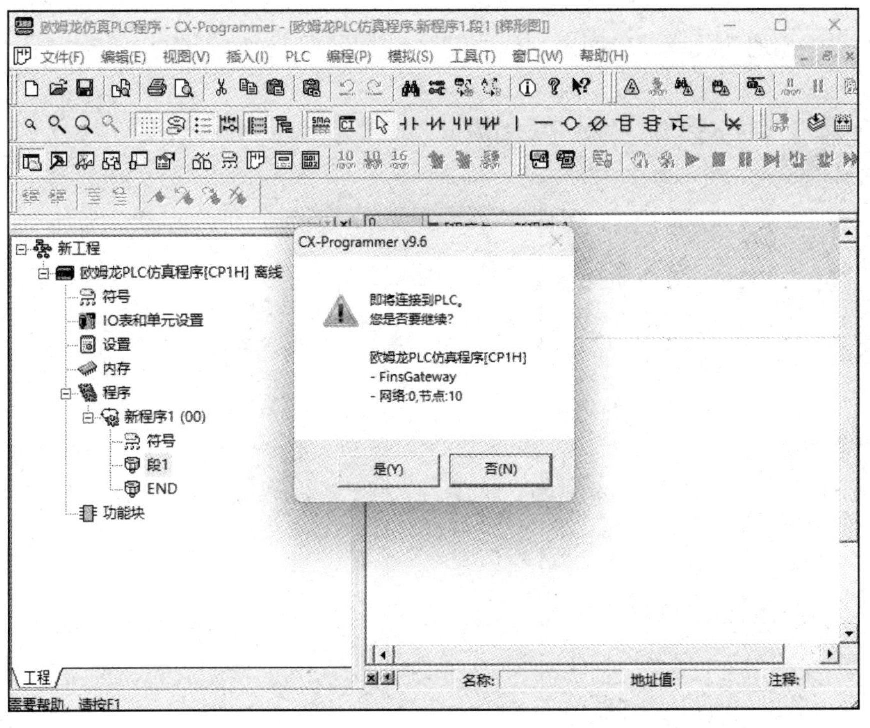

图 3-25　在线连接 PLC

（13）在节点目录中，选中欧姆龙 PLC 仿真程序，单击鼠标右键，在弹出的菜单中选择传送≫到 PLC，下载程序到 PLC 中。这里的 PLC 程序是没有编写代码的空程序，下载即可，如图 3-26 所示。

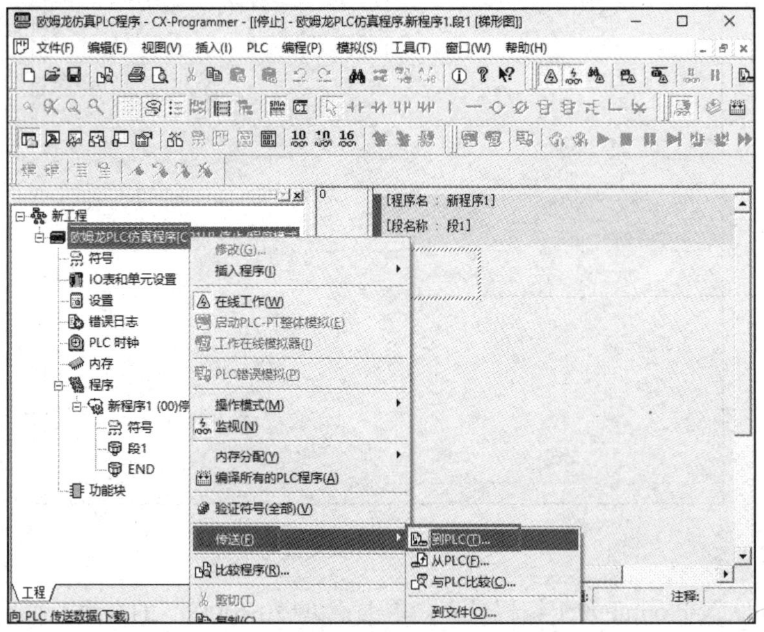

图 3-26　在线下载 PLC 程序

（14）在弹出的下载选项界面中，勾选设置和特殊单元设置，单击确定按钮，如图 3-27 所示。

（15）至此，即完成 PLC 程序下载到虚拟 PLC 中，如图 3-28 所示。

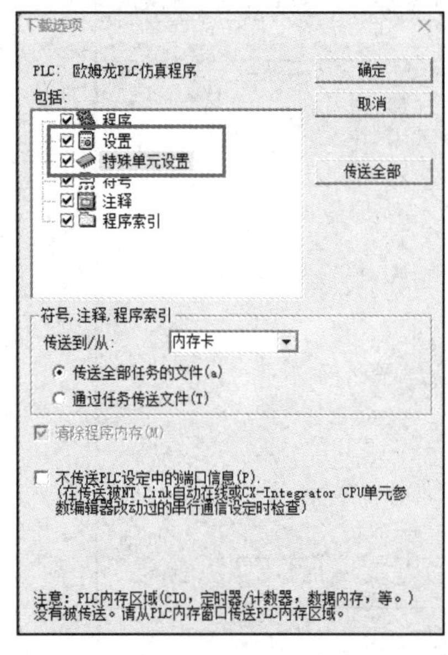

图 3-27　下载选项界面

图 3-28　完成 PLC 程序下载

（16）下载完成后，回到 CX-Simulator Debug Console 中，单击 RUN 按钮，将 PLC 状态切换到运行状态，如图 3-29 所示。

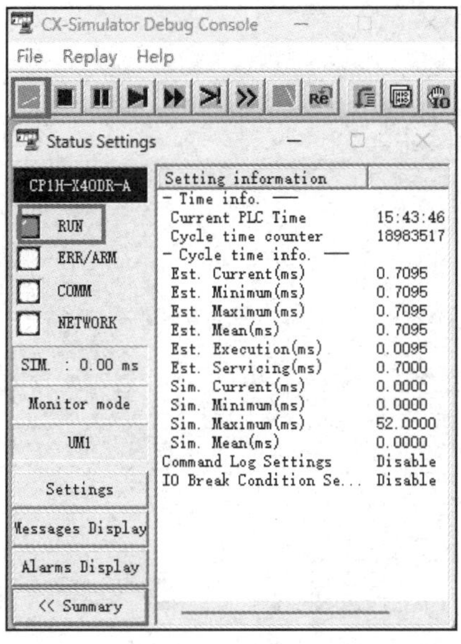

图 3-29　CX-Simulator Debug Console

（17）回到 CX-Programmer 编程界面，双击节点目录中的内存，在弹出的 PLC 内存界面中选择 D 区，单击监视图标进行实时监控，如图 3-30 所示。

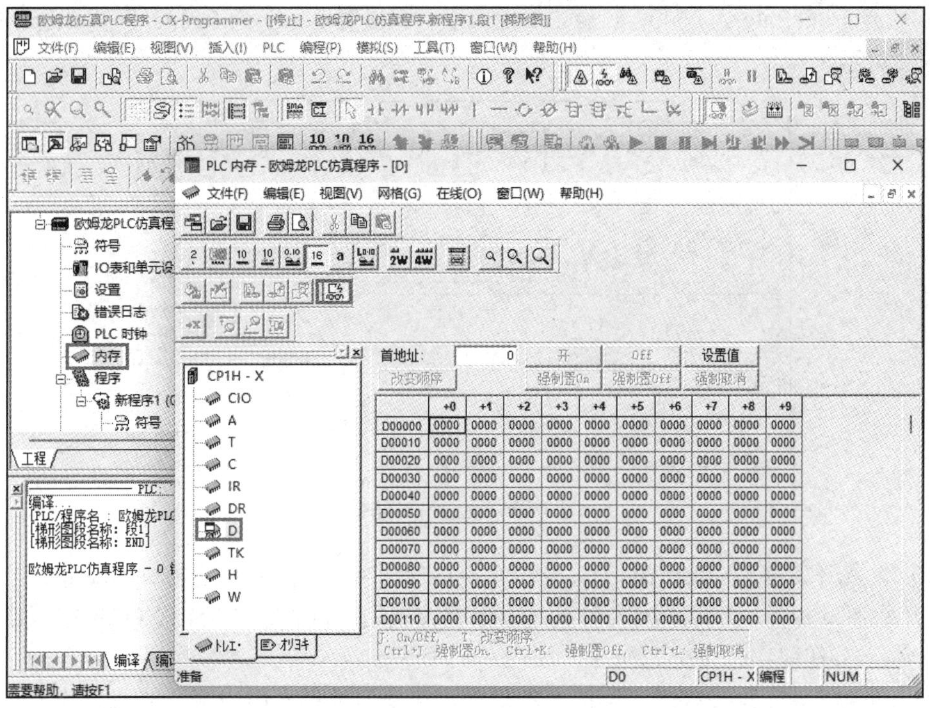

图 3-30　PLC 内存界面

（18）双击表格中的地址进行数据修改，将 D0～D4 的数据分别设置为 0001～0005，便于后续进行数据对比，如图 3-31 所示。

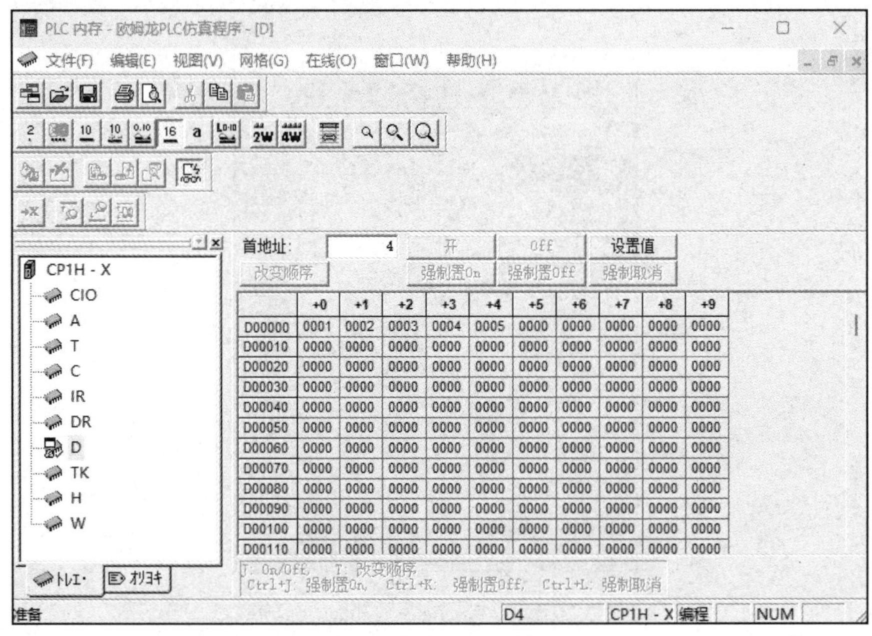

图 3-31 设置 PLC 数据

（19）使用串口助手 Commix 1.4 进行测试，该串口助手自带校验和结束符。设置 Port 为 COM4；设置 BaudRate 为 9600；设置 DataBits 为 7；设置 Parity 为 Even；设置 StopBits 为 2，如图 3-32 所示。

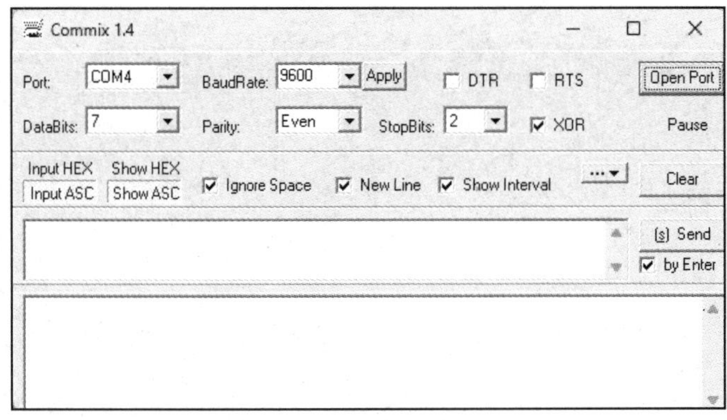

图 3-32 设置串口助手

（20）设置开始字节（Start Byte）、校验方式（CRC Type）和结束符（Terminating Symbol）。这里的开始字节要从 1 开始，因为包头是不参与校验的；校验方式选择 XOR；编码格式选择 ASCII，高字节在前；结束符为*\CR，如图 3-33 所示。

（21）单击 Open Port 按钮，连接上串口后，将串口助手界面中编码格式的输入和显示设置为 ASCII，在发送栏中输入@00RD00000005，单击 Send 按钮，如图 3-34 所示。

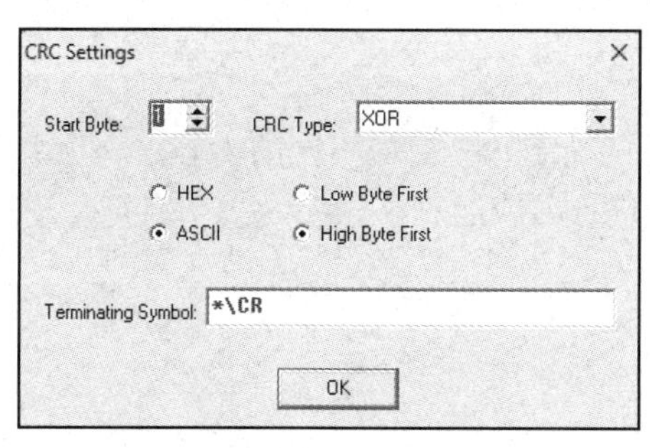

图 3-33　串口助手校验设置

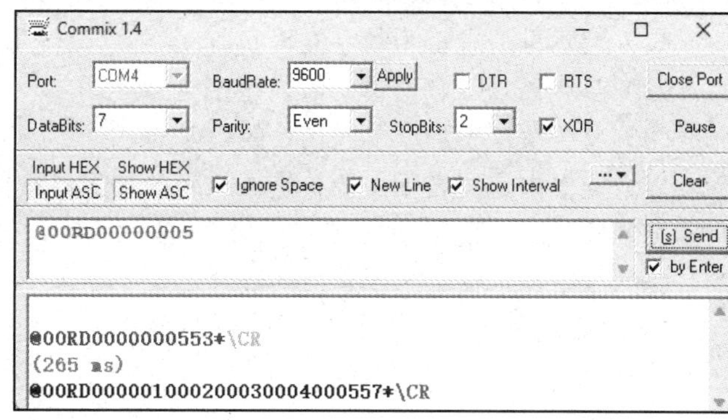

图 3-34　发送通信报文

（22）从图 3-34 中我们可以看到，发送完成后，自动有了回应，说明 PLC 仿真环境搭建成功。我们来分析一下返回的数据“@00RD000001000200030004000557*\CR”，其中的 0001、0002、0003、0004、0005 正是对应 D0～D4 的值。

3.3.2　Hostlink 协议 C-Mode 通信应用

欧姆龙 PLC 与上位机连接时一般采用的是 Hostlink 协议，它是一种简易、经济的通信方式，比较适合一台上位机和一台 PLC 或者多台 PLC 进行通信。上位机可对 PLC 进行程序传送和读写等操作。Hostlink 允许一台上位机通过上位机连接指令向 Hostlink 的 PLC 发送指令，PLC 处理来自上位机的每条指令，并将结果传回上位机。

Hostlink 协议有两种模式，分别是 C-Mode 模式和 Fins 模式。

（1）C-Mode 模式：C-Mode 模式是专门用于 Hostlink 通信的协议模式，它由主机发出，发送到目标 PLC 的 CPU 单元，PLC 收到后根据报文做出对应的响应，采用的是 ASCII 编码格式，适用于一般的欧姆龙 PLC 的串口通信。

（2）Fins 模式：Fins 指令是消息服务通信指令，不依赖于特定的传输路径，可用于各种网络通信（控制器连接、以太网等）和串行通信（主机连接），可被 CPU、I/O 模块、上位机主动发出。不同的指令分别适用于不同的信息接收单元。Fins 模式采用的二进制编码格式适用于较新开发的 PLC。

1. C-Mode 报文格式

Hostlink 协议是一种请求响应格式的协议，根据发送方和接收方，分为发送指令（请求）和接收指令（响应）。下面对 C-Mode 报文格式进行说明。

1）发送指令

C-Mode 发送指令报文格式如表 3-1 所示。

表 3-1　C-Mode 发送指令报文格式

1	2	3	4	5	6
起始符（@）	节点号	命令符	操作内容	校验码	结束符（*CR）

（1）起始符：规定为固定值“@”。
（2）节点号：PLC 的单元号，范围为 0～31。
（3）命令符：表示该发送指令的操作目的。
（4）操作内容：表示命令符操作对应的参数。不同的命令符，对应不同的内容。
（5）校验码：采用 FCS 校验，对 2～4 部分的内容进行异或运算，结果为 2 个字符。
（6）结束符：规定为固定值“*CR”。

2）接收指令

C-Mode 接收指令报文格式如表 3-2 所示。

表 3-2　C-Mode 接收指令报文格式

1	2	3	4	5	6	7
起始符（@）	节点号	命令符	状态码	操作内容	校验码	结束符（*CR）

（1）起始符：规定为固定值“@”。
（2）节点号：PLC 的单元号，范围为 0～31。
（3）命令符：表示该接收报文是哪种命令符的响应数据。
（4）状态码：表示响应报文的结果状态，具体如表 3-3 所示。
（5）操作内容：根据发送指令响应对应的数据。
（6）校验码：采用 FCS 校验，对 2～5 部分的内容进行异或运算，结果为 2 个字符。
（7）结束符：规定为固定值“*CR”。

表 3-3　状态码含义说明

状　态　码	含　　义
00	正常完成
01	PLC 在运行状态下不能执行
02	PLC 在监控状态下不能执行
04	地址超出区域
13	FCS 校验出错
14	帧格式出错
15	输入数据错误或数据超出规定范围

2. C-Mode 报文指令

C-Mode 报文指令根据功能分为读取指令、写入指令和其他指令，具体如表 3-4 所示。

表 3-4　C-Mode 报文指令

指 令 类 型	命　令　符	操 作 功 能
读取指令	RR	读取 CIO 存储区
	RL	读取 LR 存储区
	RH	读取 HR 存储区

续表

指令类型	命令符	操作功能
读取指令	RC	读取 TC 当前值
	RG	读取 TC 状态值
	RD	读取 DM 存储区
	RJ	读取 AR 存储区
写入指令	WR	写入 CIO 存储区
	WL	写入 LR 存储区
	WH	写入 HR 存储区
	WC	写入 TC 当前值
	WD	写入 DM 存储区
	WJ	写入 AR 存储区
其他指令	SC	写 PLC 运行状态
	MM	读取 PLC 类型
	KS	强制置位
	KR	强制复位

3．C-Mode 通信测试

在了解了 C-Mode 中的报文格式和相关指令后，我们可以开始对 PLC 进行读写测试。这些指令可用于上位机与 PLC 之间的通信。上位机可以利用这些指令从 PLC 中获取相关数据，并对数据进行解析；同时，也可以通过这些指令对 PLC 的数据进行修改。考虑到不同型号的欧姆龙 PLC 具有不同的存储区，在之前对 CP1H 系列 PLC 仿真的基础上，我们可以对其 D、H、CIO 及 C 区进行数据读写测试。

1）读取 D 区

（1）操作内容：读取 D 区 D0～D4 中的数据。为了便于验证测试结果，我们将 PLC 中 D 区 D0～D4 中的数值修改成 0001、0002、0003、0004、0005，如图 3-35 所示。然后对返回的报文进行解析与对比，查看是否与设定值一致。

	+0	+1	+2	+3	+4	+5	+6	+7	+8	+9
D00000	0001	0002	0003	0004	0005	0000	0000	0000	0000	0000
D00010	0000	0000	0000	0000	0000	0000	0000	0000	0000	0000
D00020	0000	0000	0000	0000	0000	0000	0000	0000	0000	0000
D00030	0000	0000	0000	0000	0000	0000	0000	0000	0000	0000
D00040	0000	0000	0000	0000	0000	0000	0000	0000	0000	0000
D00050	0000	0000	0000	0000	0000	0000	0000	0000	0000	0000

图 3-35 设置 D 区数据

（2）拼接报文：根据发送报文格式，在串口助手发送区输入“@00RD00000005”，此时串口助手会自动添加校验码和结束符。

（3）发送报文：@00RD0000000553*\CR。

（4）接收报文：@00RD00000100020003000400055 7*\CR。

（5）验证报文：RD 后面的两个数字为状态码。状态码为 00，说明报文正常。

（6）解析报文：结合报文格式，对接收报文进行分析，其中@为包头，00 为单元号，RD 为命令符，00 为状态码，00010002000300040005 为我们需要的数据，57 是校验码，*\CR 为结束符。所以返回报文中的值与实际 D0～D4 中的值是一致的，说明指令是完全正确的，如图 3-36 所示。

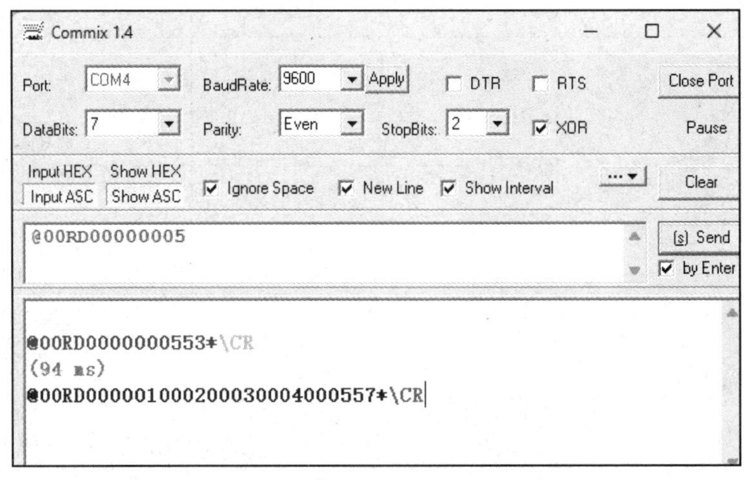

图 3-36 串口发送及接收报文（D 区）

2）读取 H 区

（1）操作内容：读取 H 区 H0～H4 中的数据，将 H0～H4 中的数值使用编程软件修改成 0011、0022、0033、0044、0055，如图 3-37 所示。通过发送指令，观察 PLC 返回的报文。

	+0	+1	+2	+3	+4	+5	+6	+7	+8	+9
H0000	0011	0022	0033	0044	0055	0000	0000	0000	0000	0000
H0010	0000	0000	0000	0000	0000	0000	0000	0000	0000	0000
H0020	0000	0000	0000	0000	0000	0000	0000	0000	0000	0000
H0030	0000	0000	0000	0000	0000	0000	0000	0000	0000	0000
H0040	0000	0000	0000	0000	0000	0000	0000	0000	0000	0000
H0050	0000	0000	0000	0000	0000	0000	0000	0000	0000	0000

图 3-37 设置 H 区数据

（2）拼接报文：根据发送报文格式，在串口助手发送区输入“@00RH00000005”，此时串口助手会自动添加校验码和结束符。

（3）发送报文：@00RH000000055F*\CR。

（4）接收报文：@00RH000011002200330044005555A*\CR。

（5）验证报文：RH 后面的两个数字为状态码。状态码为 00，说明报文正常。

（6）解析报文：结合报文格式，对接收报文进行分析，其中@为包头，00 为单元号，RH 为命令符，00 为状态码，00110022003300440055 为我们需要的数据，5A 是校验码，*\CR 为结束符。所以返回报文中的值与实际 H0～H4 中的值是一致的，说明指令是完全正确的，如图 3-38 所示。

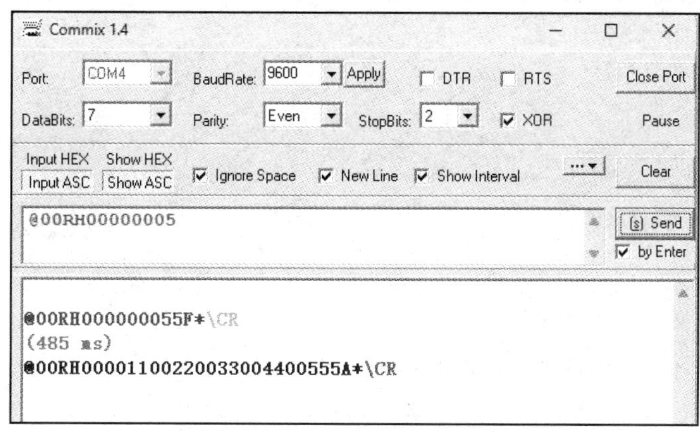

图 3-38　串口发送及接收报文（H 区）

3）读取 CIO 区

（1）操作内容：读取 CIO 区 CIO0～CIO4 中的数据，将 CIO0～CIO4 中的值修改成 0111、0222、0333、0444、0555，如图 3-39 所示。通过发送指令，观察 PLC 返回的报文。

	+0	+1	+2	+3	+4	+5	+6	+7	+8	+9
CIO0000	0111	0222	0333	0444	0555	0000	0000	0000	0000	0000
CIO0010	0000	0000	0000	0000	0000	0000	0000	0000	0000	0000
CIO0020	0000	0000	0000	0000	0000	0000	0000	0000	0000	0000
CIO0030	0000	0000	0000	0000	0000	0000	0000	0000	0000	0000
CIO0040	0000	0000	0000	0000	0000	0000	0000	0000	0000	0000
CIO0050	0000	0000	0000	0000	0000	0000	0000	0000	0000	0000

图 3-39　设置 CIO 区数据

（2）拼接报文：根据发送报文格式，在串口助手发送区输入“@00RR00000005”，此时串口助手会自动添加校验码和结束符。

（3）发送报文：@00RR0000000545*\CR。

（4）接收报文：@00RR000111022203330444055541*\CR。

（5）验证报文：RR 后面的两个数字为状态码。状态码为 00，说明报文正常。

（6）解析报文：结合报文格式，对接收报文进行分析，其中@为包头，00 为单元号，RR 为命令符，00 为状态码，01110222033304440555 为我们需要的数据，41 是校验码，*\CR 为结束符。所以返回报文中的值与实际 CIO0～CIO4 中的值是一致的，说明指令是完全正确的，如图 3-40 所示。

4）写入 D 区

（1）操作内容：写入 D 区 D0～D4 中的值为 0005、0006、0007、0008、0009。

（2）拼接报文：根据发送报文格式，在串口助手发送区输入“@00WD000000050006000700080009”，此时串口助手会自动添加校验码和结束符。

（3）发送报文：@00WD00000005000600070008000956*\CR。

（4）接收报文：@00WD0053*\CR。

（5）验证报文：WD 后面的两个数字为状态码。状态码为 00，说明报文正常。

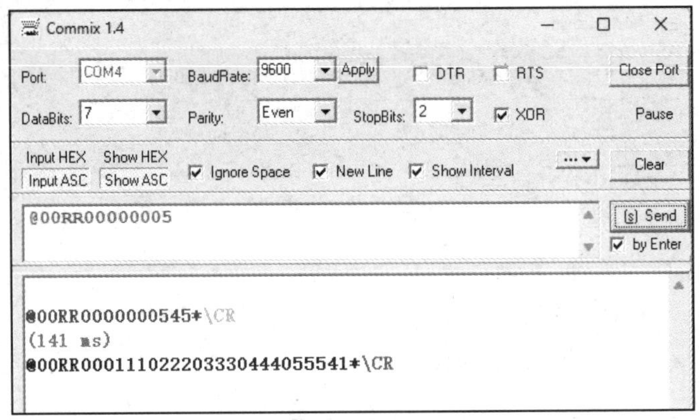

图 3-40　串口发送及接收报文（CIO 区）

（6）解析报文：@为包头，00 为单元号，WD 为命令符，00 为状态码，53 是校验码，*\CR 为结束符，如图 3-41 所示。

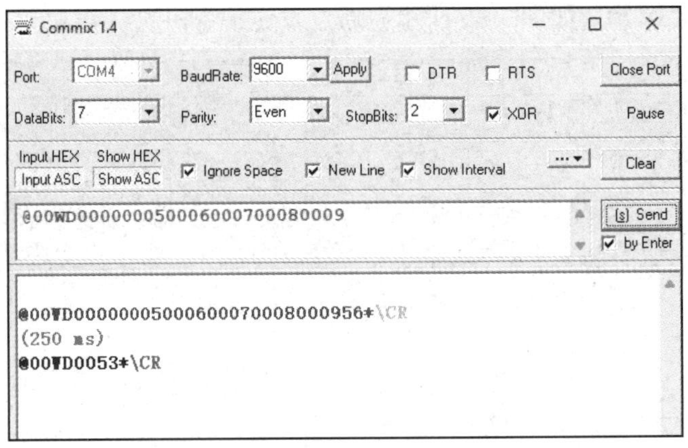

图 3-41　串口发送及接收报文（D 区）

我们通过状态码为 00 说明通信测试成功，通过编程软件观察 PLC D 区 D0～D4 中的值，确认与我们写入的数据一致，如图 3-42 所示。

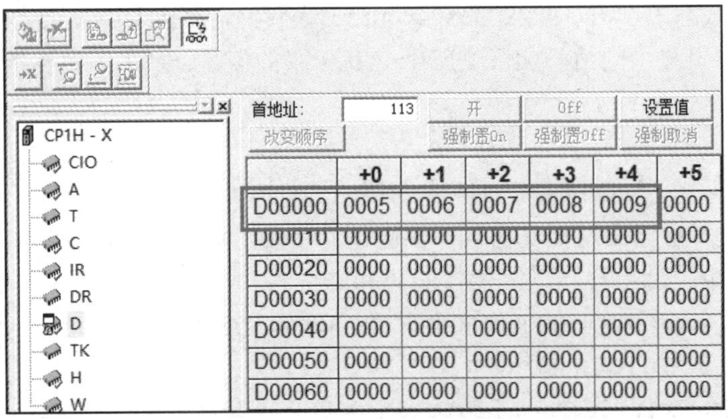

首地址: 113　开　Off　设置值
改变顺序　强制置On　强制置Off　强制取消

CP1H - X: CIO, A, T, C, IR, DR, D, TK, H, W

	+0	+1	+2	+3	+4	+5
D00000	0005	0006	0007	0008	0009	0000
D00010	0000	0000	0000	0000	0000	0000
D00020	0000	0000	0000	0000	0000	0000
D00030	0000	0000	0000	0000	0000	0000
D00040	0000	0000	0000	0000	0000	0000
D00050	0000	0000	0000	0000	0000	0000
D00060	0000	0000	0000	0000	0000	0000

图 3-42　观察 D 区数据变化

5）写入 H 区

（1）操作内容：写入 H 区 H0～H4 中的值为 0x0005、0x0006、0x0007、0x0008、0x0009。

（2）拼接报文：根据发送报文格式，在串口助手发送区输入“@00WH000000050006000700080009”，此时串口助手会自动添加校验码和结束符。

（3）发送报文：@00WH00000005000600070008000095A*\CR。

（4）接收报文：@00WH005F*\CR。

（5）验证报文：WH 后面的两个数字为状态码。状态码为 00，说明报文正常。

（6）解析报文：@为包头，00 为单元号，WD 为命令符，00 为状态码，53 是校验码，*\CR 为结束符，如图 3-43 所示。

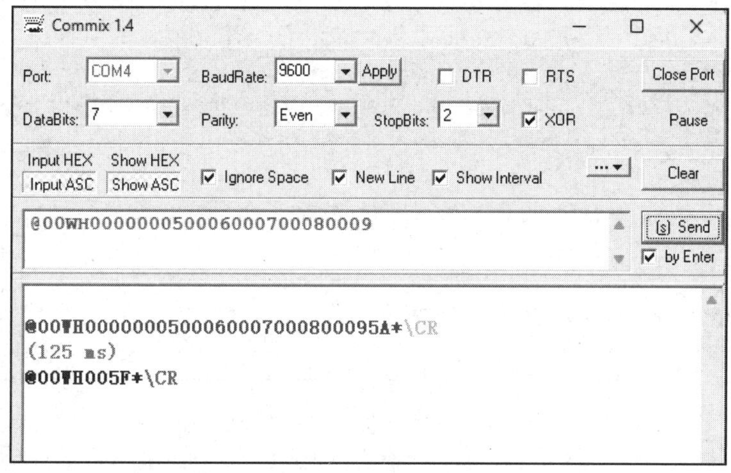

图 3-43　串口发送及接收报文（H 区）

我们通过状态码为 00 说明通信测试成功，通过编程软件观察 PLC H 区 H0～H4 中的值，确认与我们写入的数据一致，如图 3-44 所示。

CP1H - X：CIO、A、T、C、IR、DR、D、TK、H、W

首地址：127　开　Off　设置值　改变顺序　强制置On　强制置Off　强制取消

	+0	+1	+2	+3	+4	+5
H0000	0005	0006	0007	0008	0009	0000
H0010	0000	0000	0000	0000	0000	0000
H0020	0000	0000	0000	0000	0000	0000
H0030	0000	0000	0000	0000	0000	0000
H0040	0000	0000	0000	0000	0000	0000
H0050	0000	0000	0000	0000	0000	0000
H0060	0000	0000	0000	0000	0000	0000

图 3-44　观察 H 区数据变化

6）控制 PLC 停止状态

（1）操作内容：将 PLC 从运行状态切换到停止状态。

拼接报文：根据发送报文格式，在串口助手发送区输入“@00SC00”，此时串口助手会自动添加校验码和结束符。

（2）发送报文：@00SC0050*\CR。

（3）接收报文：@00SC0050*\CR。

（4）验证报文：SC 后面的两个数字为状态码。状态码为 00，说明报文正常。

（5）解析报文：@为包头，00 为单元号，SC 为命令符，00 为状态码，50 是校验码，*\CR 为结束符，如图 3-45 所示。

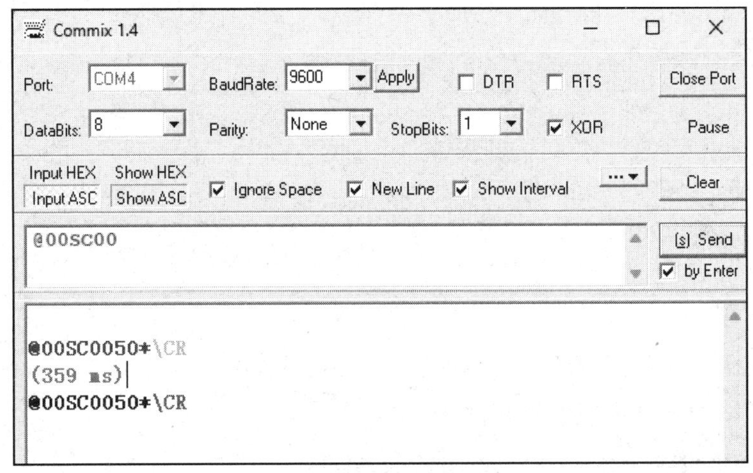

图 3-45　串口发送及接收报文（控制 PLC 停止状态）

我们通过状态码为 00 说明通信测试成功，通过编程软件观察 PLC 的实时状态，确认切换成停止状态，如图 3-46 所示。

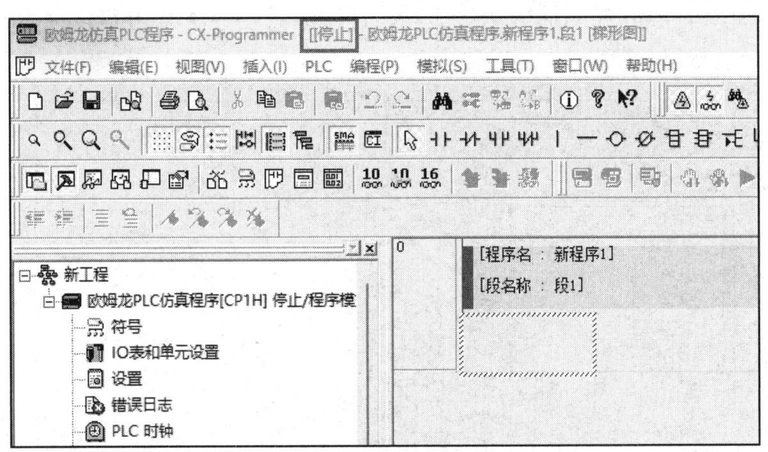

图 3-46　观察 PLC 的工作状态（1）

7）控制 PLC 运行状态

（1）操作内容：将 PLC 从停止状态切换到运行状态。

（2）拼接报文：结合通用报文格式拼接出要发送的报文。

（3）发送报文：@00SC0252*\CR。

（4）接收报文：@00SC0050*\CR。

（5）验证报文：SC 后面的两个数字为状态码。状态码为 00，说明报文正常。

（6）解析报文：@为包头，00 为单元号，SC 为命令符，00 为状态码，50 是校验码，*\CR 为结束符，如图 3-47 所示。

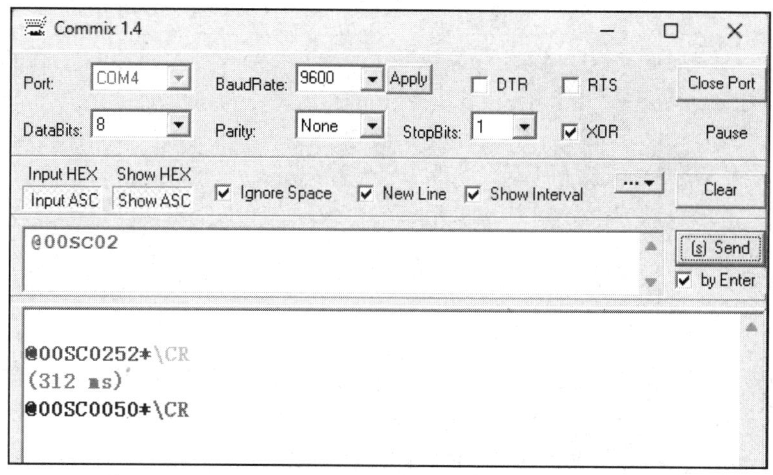

图 3-47　串口发送及接收报文（控制 PLC 运行状态）

我们通过状态码为 00 说明通信测试成功，通过编程软件观察 PLC 的实时状态，确认切换到运行状态，如图 3-48 所示。

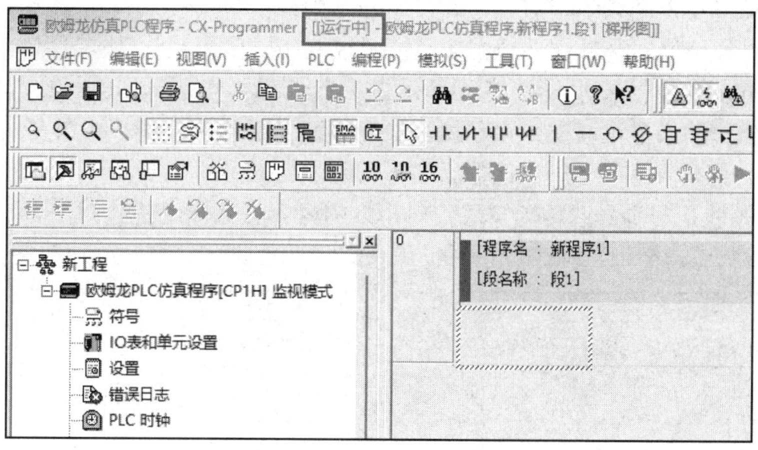

图 3-48　观察 PLC 的工作状态（2）

4．上位机通信应用

（1）当我们掌握了协议指令并初步完成测试后，下一步就可以通过 C#编程实现与 PLC 之间的通信了。我们使用 Visual Studio 2022 作为开发工具，框架选择.Net Framework 4.6，上位机界面设计如图 3-49 所示。

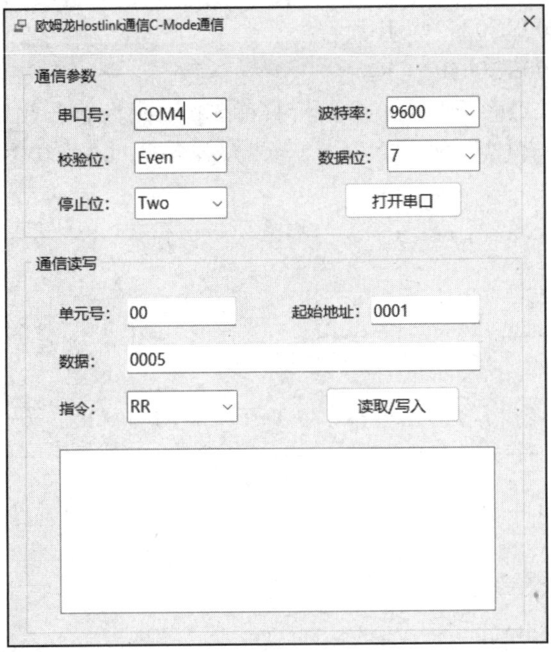

图 3-49　上位机界面设计

通信参数：通信参数区域设定串口号、波特率、校验位、数据位、停止位。默认值和 PLC 的设定值一致，即波特率的默认值为 9600、校验位的默认值为 Even、数据位的默认值为 7、停止位的默认值为 Two。单击打开串口按钮，即可实现串口的连接。连接成功后，按钮文字会变成断开串口。单击断开串口按钮，即可断开连接。

通信读写：通信读写区域主要根据实际情况设置相关参数。单元号填写实际 PLC 的单元号，占 2 个字符，不足会自动补 0；起始地址占 4 个字符，不足会自动补 0；数据要根据读取或写入进行变化，如果是读取指令，则填写长度即可，占 4 个字符，如果是写入指令，需要填写具体写入的数据内容，必须保证数据填写正确。

（2）FCS 校验是一种异或校验算法，对指定的内容进行异或校验。下面编写了一个通用的 FCS 校验方法，直接调用即可。

```
[Description("FCS 校验方法")]
private string FCS(string data)
{
    byte[] buffer = Encoding.ASCII.GetBytes(data);
    byte temp = buffer[0];
    for (int i = 1; i < buffer.Length; i++)
    {
        temp ^= buffer[i];
    }
    return Convert.ToString(temp, 16).ToUpper();
}
```

（3）通信测试：打开串口后，输入正确的单元号、起始地址、数据及指令，观察返回的报文是否正确，如图 3-50 所示。

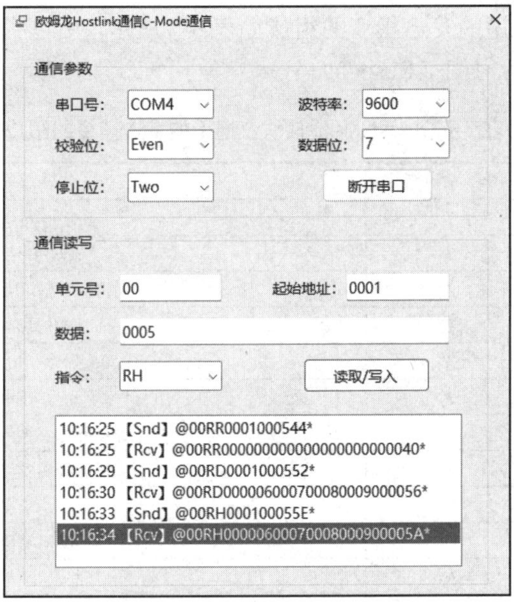

图 3-50　上位机通信测试结果

3.3.3　Hostlink 协议 Fins 通信应用

在欧姆龙 PLC 的串口通信中，支持 Fins 指令。相比于 C-Mode 指令，Fins 指令更为复杂，但功能也更为强大。Fins 指令在应用层进行传输，不依赖于物理层，因此它不仅可以访问 CPU，也可以访问各种设备，如 CPU 总线单元、个人计算机等。Fins 指令支持网络中继操作，允许通过多层网络结构，最多可访问包括本地网络在内的 3 个网络级别的设备。。

在使用 Hostlink 发送或接收 Fins 指令和响应时，需要在 Fins 报文帧的前面加上 Hostlink 头（Header），并在报文帧末尾加上 FCS 校验码及结束符。由于 Hostlink 的 Fins 指令采用二进制编码格式，因此我们后面描述的发送报文和接收报文格式都以字节形式显示。

Fins 指令的发送报文格式和接收报文格式如表 3-5 和表 3-6 所示。

表 3-5　Fins 指令的发送报文格式

1	2	3	4
起始符	指令帧	校验码	结束符

表 3-6　Fins 指令的接收报文格式

1	2	3	4
起始符	响应帧	校验码	结束符

结合 Fins 指令帧和响应帧的内容，我们综合形成了 Hostlink 通信通用指令，具体如下所示。

1. Hostlink 通信通用指令

Hostlink 通信协议通用的发送指令的组成如表 3-7 所示，由包头（Header）、单元号（Unit No.）、Header Code、响应时间（Response Wait）等多个部分组成，具体如图 3-51 所示。

表 3-7 Hostlink 通信协议通用的发送指令的组成

组　成	字 节 数	说　明
Header	1	固定值@ 0x40
Unit No.	2	PLC 单元号
Header Code	2	固定值 FA　0x46 0x41
Response Wait	1	单位 10ms
ICF	2	00 命令；40 响应
DA2	2	目标单元号（固定值 0）
SA2	2	源单元号（固定值 0）
SID	2	固定值 0
MRC	2	主请求码
SRC	2	次请求码
Parameter	*N*	占 *N* 个字节
FCS	2	校验
Terminator	2	固定值*CR　0x2A 0x0D

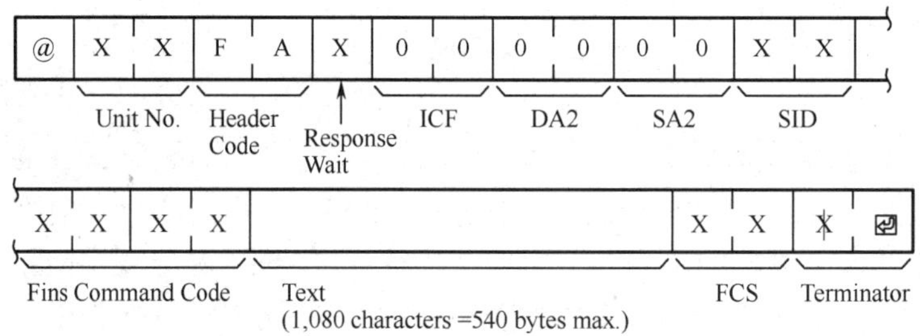

图 3-51　Hostlink 通用的发送报文格式

Hostlink 通信协议通用的接收指令的组成如表 3-8 所示，与读取相比，主要区别在于参数部分的变化，如图 3-52 所示。

表 3-8 Hostlink 通信协议通用的接收指令的组成

组　成	字 节 数	说　明
Header	1	固定值@ 0x40
Unit No.	2	PLC 单元号
Header Code	2	固定值 FA 0x46 0x41
Reserve	2	固定值 0x00 0x00
ICF	2	00 命令；40 响应
DA2	2	目标单元号（固定值 0）
SA2	2	源单元号（固定值 0）
SID	2	固定值 0

续表

组　成	字 节 数	说　明
MRC	2	主请求码
SRC	2	次请求码
Parameter	*N*	占 *N* 个字节
FCS	2	校验
Terminator	2	固定值*CR　0x2A 0x0D

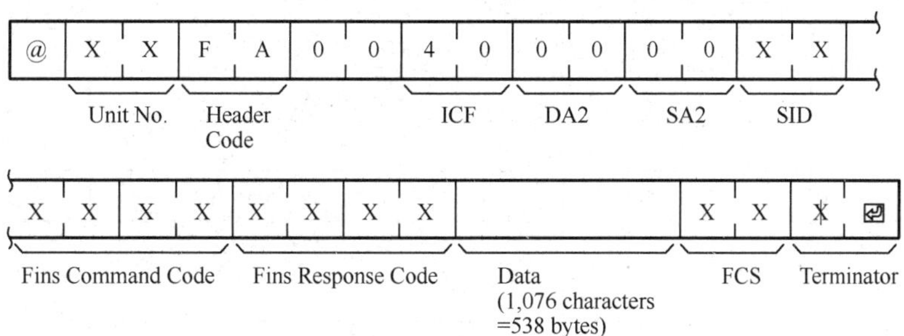

图 3-52　Hostlink 通用的接收报文格式

2．Hostlink 读取数据

Hostlink 读取数据发送指令在通用指令的基础上，将 Parameter 替换为 Area+Address+Length，因此 Hostlink 读取数据发送指令的组成如表 3-9 所示。

表 3-9　Hostlink 读取数据发送指令的组成

组　成	字 节 数	数据（Hex）	说　明
Header	1	固定值@　0x40	Beginning
Unit No.	2	PLC 单元号	Unit No.
Header Code	2	固定值 FA　0x46 0x41	Header Code
Response Wait	1	单位 10ms	Response Wait
ICF	2	00 命令；40 响应	ICF
DA2	2	目标单元号（固定值 0）	DA2
SA2	2	源单元号（固定值 0）	SA2
SID	2	固定值 0	SID
MRC	2	主请求码	MRC
SRC	2	次请求码	SRC
Area	2	1 个字节	不同存储区对应不同的值
Address	6	3 个字节	起始地址+位地址
Length	4	2 个字节	读取长度
FCS	2	校验	FCS
Terminator	2	固定值*CR　0x2A 0x0D	Terminator

Hostlink 读取数据响应指令在通用指令的基础上，将 Parameter 替换为 End Code+Value，因此 Hostlink 读取数据响应指令的组成如表 3-10 所示。

表 3-10　Hostlink 读取数据响应指令的组成

组　成	字 节 数	数据（Hex）	说　明
Header	1	固定值@　0x40	Beginning
Unit No	2	PLC 单元号	Unit No
Header Code	2	固定值 FA 0x46 0x41	Header Code
Reserve	2	固定值 0x00 0x00	Reserve
ICF	2	00 命令；40 响应	ICF
DA2	2	目标单元号（固定值 0）	DA2
SA2	2	源单元号（固定值 0）	SA2
SID	2	固定值 0	SID
MRC	2	主请求码	MRC
SRC	2	次请求码	SRC
End Code	4	2 个字节	结束符
Value	Length×2	Length×2 个字节	变量数值
FCS	2	校验	FCS
Terminator	2	固定值*CR　0x2A 0x0D	Terminator

下面是一个报文示例：读取 D0 开始的 10 个寄存器。

（1）发送报文：40 30 30 46 41 30 30 30 30 30 30 30 30 30　30 31 30 31 38 32 30 30 30 30 30 30 30 30 30 41　30 43 2A 0D

（2）返回报文：40 30 30 46 41 30 30 30 30 30 30 30 30 30　30 31 30 31　30 30 30 30　30 30 30 31　30 30 30 32　30 30 30 33　30 30 30 34　30 30 30 35　30 30 30 36　30 30 30 37　30 30 30 38　30 30 30 39　30 30 30 41　33 33 2A 0D

3．Hostlink 写入数据

Hostlink 写入数据发送指令是在通用指令的基础上，将 Parameter 替换为 Area+Address+Length+Value，因此 Hostlink 写入数据发送指令的组成如表 3-11 所示。

表 3-11　Hostlink 写入数据发送指令的组成

组　成	字 节 数	数据（Hex）	说　明
Header	1	固定值@　0x40	Beginning
Unit No	2	PLC 单元号	Unit No
Header Code	2	固定值 FA 0x46 0x41	Header Code
Response Wait	1	单位 10ms	Response Wait
ICF	2	00 命令；40 响应	ICF
DA2	2	目标单元号（固定值 0）	DA2

续表

组　　成	字　节　数	数据（Hex）	说　　明
SA2	2	源单元号（固定值 0）	SA2
SID	2	固定值 0	SID
MRC	2	主请求码	MRC
SRC	2	次请求码	SRC
Area	2	1 个字节	不同存储区对应不同的值
Address	6	3 个字节	起始地址+位地址
Length	4	2 个字节	写入长度
Value	Length×2	Length×2 个字节	写入数值
FCS	2	校验	FCS
Terminator	2	固定值*CR　0x2A 0x0D	Terminator

Hostlink 写入数据响应指令是在通用指令的基础上，将 Parameter 替换为 End Code，因此 Hostlink 写入数据响应指令的组成如表 3-12 所示。

表 3-12　Hostlink 写入数据响应指令的组成

组　　成	字　节　数	数据（Hex）	说　　明
Beginning	1	固定值@ 0x40	Beginning
Unit No	2	PLC 单元号	Unit No
Header Code	2	固定值 FA 0x46 0x41	Header Code
Reserve	2	固定值 0x00 0x00	Reserve
ICF	2	00 命令；40 响应	ICF
DA2	2	目标单元号（固定值 0）	DA2
SA2	2	源单元号（固定值 0）	SA2
SID	2	固定值 0	SID
MRC	2	主请求码	MRC
SRC	2	次请求码	SRC
End Code	4	2 个字节	结束符
FCS	2	校验	FCS
Terminator	2	固定值*CR　0x2A 0x0D	Terminator

下面是一个报文示例：写入 D0 为 100。

（1）发送报文：40 30 30 46 41 30 30 30 30 30 30 30 30 30　30 31 30 32 38 32 30 30 30 30 30 30 30 30 30 31 30 30 36 34　37 44 2A 0D

（2）返回报文：40 30 30 46 41 30 30 30 30 30 30 30 30 30 30　30 31 30 32　30 30 30 30　34 30 2A 0D

第 4 章　以太网通信与通信应用

早在 20 世纪 90 年代，以太网技术开始被引入工业自动化领域。当时，以太网作为一种成熟的局域网技术，以其高效的数据传输能力和开放性标准，迅速在工业控制领域占据了一席之地。随着工业以太网概念的提出，以太网逐渐成为工业自动化领域的主要通信方式。工业以太网通过专用的网络设备和协议，提供了更高的通信效率和更强的实时性，满足了工业自动化系统对高速、可靠和实时的通信需求。

本章主要讲解如何使用 C#/.NET 实现以太网通信。TCP/IP 协议是 OSI 网络模型中的传输层协议，本章将重点介绍这两种通信方式的实现过程。

4.1　TCP/IP 基础

从字面意义上讲，有人可能会认为 TCP/IP 指的是 TCP 和 IP 这两种协议。实际生活中确实有时候指的就是这两种协议。然而，在很多情况下，TCP/IP 只是利用 IP 进行通信时所必须使用的一组协议的总称。具体来说，IP、ICMP、TCP、UDP、TELNET、FTP 以及 HTTP 等都属于 TCP/IP 协议。它们与 TCP 或 IP 紧密相关，是互联网必不可少的组成部分。TCP/IP 一词泛指这些协议，因此有时也被称为网际协议族，如图 4-1 所示。

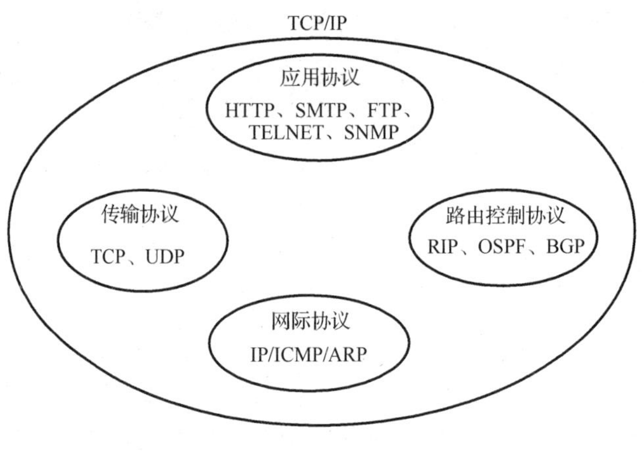

图 4-1　TCP/IP

TCP/IP 中有两个具有代表性的传输协议，分别是 TCP 和 UDP。

TCP（传输控制协议）：TCP 是一种面向连接的协议，它提供可靠的数据传输和错误检测机制。以下是 TCP 的一些主要特点。

可靠性：TCP 确保数据的可靠性传输，它使用序列号和确认机制确保数据按正确的顺序到达，并能够检测和重新传输丢失或损坏的数据包。

面向连接：TCP 建立连接、传输数据和断开连接的过程是有序的。这种连接导向的特性使它适用于需要确保数据完整性和顺序的应用，如网页浏览、文件传输等。

流控制：TCP 具有流控制机制，可以调整数据的发送速率，以防止数据的拥塞。

拥塞控制：TCP 具有拥塞控制算法，以适应网络拥塞情况，避免网络过载。

TCP 适用于对数据可靠性要求较高的应用，但由于其面向连接的性质，可能会引入一些延迟。

UDP（用户数据报协议）：UDP 是一种轻量级、不可靠的协议，它提供了一种快速的数据传输机制。以下是 UDP 的一些主要特点。

不可靠性：UDP 不确保数据的可靠性传输，不包含数据包重新传输或流量控制机制。这意味着丢失的数据包将不会被自动重新发送。

面向数据报：UDP 以数据包（数据报）的形式传输数据，每个数据包都是独立的，没有连接建立或断开的过程。

低延迟：由于没有连接建立和拥塞控制机制，UDP 通常具有较低的延迟，适用于需要快速传输数据的应用，如音频和视频流。

UDP 适用于那些对实时性要求较高、可以容忍一些数据包丢失的应用，但需要开发者自行处理数据的完整性和顺序问题。

在开发网络应用时，开发者根据应用的需求选择使用 TCP 或 UDP 协议，以满足数据传输的可靠性和实时性要求。无论是 TCP 还是 UDP，在开发时，我们都会使用 Socket 编程。

4.1.1　TCP 三次握手

TCP 三次握手过程如图 4-2 所示。

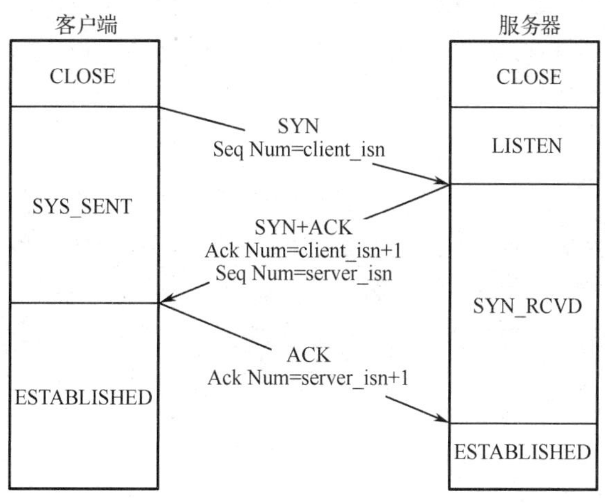

图 4-2　TCP 三次握手过程

（1）一开始的时候，客户端和服务器都处于 CLOSE 状态，服务器先创建传输控制块（TCB），监听某个端口，准备接收客户端的连接请求。此时，服务器进入了监听（LISTEN）状态。

（2）客户端创建传输控制块，向服务器发出连接请求报文。这时，报文首部中的 SYN=1，同时 Seq Num=client_isn，客户端处于 SYN_SENT（同步已发送）状态。TCP 规定，SYN 报文段（SYN=1 的报文段）不能携带数据，但需要消耗掉一个序号。

（3）服务器收到请求报文后，如果同意连接，则发出确认报文。确认报文中，ACK=1，SYN=1，确认号 Ack Num=client_isn+1，同时重新初始化一个序列号 Seq Num=server_isn，此时服务器处于 SYN_RCVD（同步已接收）状态，这个报文中仍然不能携带数据，同时会消耗掉一个序号。

（4）客户端收到服务器的确认报文后，需要向服务器给出确认。确认报文中，ACK=1，Ack Num=server_isn+1。同时，自己的序列号 Seq Num=client_isn+1。这个时候，TCP 已经建立连接，客户端进入 ESTABLISHED（已建立连接）状态。

（5）当服务器收到客户端的确认后，进入 ESTABLISHED（已建立连接）状态，这个时候双方就可以开始通信了。

上面步骤中的（2）、（3）、（4）即我们常说的三次握手。三次握手是为了保证服务器与客户端之间在正式传输数据前建立好连接。

那么大家思考一个问题，为什么客户端最后还要发送一次确认呢？

这里主要是防止已经失效的连接请求报文突然又传送到了服务器，从而产生错误。如果使用的是两次握手建立连接，假设有这样一种场景：客户端发送了第一个请求连接并且没有丢失，只是因为在网络节点中滞留的时间太长了。由于客户端迟迟没有收到确认报文，以为服务器没有收到，此时重新向服务器发送这条报文。此后客户端和服务器经过两次握手完成连接，传输数据，然后关闭连接。此时，之前滞留的那一次请求连接，在网络通畅后到达了服务器。这个报文本该是失效的，但由于两次握手的机制，客户端和服务器再次建立连接，造成了不必要的错误和资源浪费。

如果采用的是三次握手，即使是那一次失效的报文传送过来了，服务器接收到了那条失效报文并且回复了确认报文，但是客户端不会再次发出确认。由于服务器收不到确认，就知道客户端并没有请求连接。

4.1.2 TCP 四次挥手

TCP 四次挥手过程如图 4-3 所示。数据传输完毕后，双方可释放连接。起初，客户端和服务器处于 ESTABLISHED 状态，然后客户端主动关闭，服务器被动关闭。

（1）客户端发出连接释放报文，并停止发送数据。释放报文首部中，FIN=1，其序列号为 Seq Num=u（等于传输数据的最后一个字节的序号加 1）。此时，客户端进入 FIN_WAIT_1（终止等待 1）状态。TCP 规定，即使 FIN 报文段不携带数据，也要消耗一个序号。

（2）服务器收到连接释放报文后，发出确认报文，ACK=1，Ack Num=u+1，并且带上自己的序列号 Seq Num=v。此时，服务器就进入了 CLOSED_WAIT（关闭等待）状态。服务器通知高层应用进程，客户端向服务器方向释放了连接。此时处于半关闭状态，即客户端不再发送数据，但若服务器发送数据，客户端仍接收。该状态持续一段时间，即整个 CLOSED_WAIT 状态的持续时间。

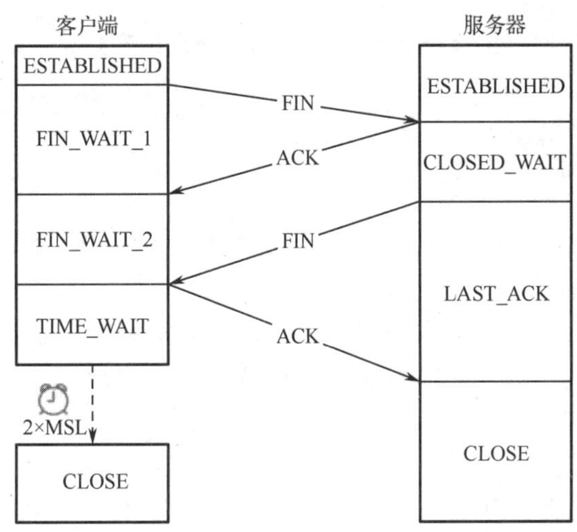

图 4-3　TCP 四次挥手过程

（3）客户端收到服务器的确认请求后，进入 FIN_WAIT_2（终止等待 2）状态，等待服务器发送连接释放报文（在此之前需接收服务器发送的最后的数据）。

（4）服务器将最后的数据发送完毕后，向客户端发送连接释放报文，FIN=1，Ack Num=u+1。由于在半关闭状态，服务器可能再发送一些数据，假定此时序列号为 Seq Num=w。此时，服务器进入 LAST_ACK（最后确认）状态，等待客户端确认。

（5）客户端收到服务器的连接释放报文后，必须发出确认报文，ACK=1，Ack Num=w+1，自己的序列号是 Seq Num=u+1。此时，客户端进入 TIME_WAIT（时间等待）状态。注意，此时 TCP 连接仍未释放，必须经过 2 倍最长报文段寿命（Maximum Segment Lifetime，MSL）的时间后，客户端撤销相应的 TCB 后才进入 CLOSE 状态。

（6）服务器只要收到客户端的确认报文，立即进入 CLOSE 状态。同样，撤销 TCB 后，结束此次 TCP 连接。可见，服务器结束 TCP 连接的时间要比客户端早一些。

我们在了解完三次握手和四次挥手过程后，下面 2 个问题需要大家注意一下。

1）为什么客户端最后还要等待 2×MSL?

TCP 允许不同的实现设置不同的 MSL。

首先，确保客户端发送的最后一个 ACK 报文能够到达服务器。由于网络的不确定性，可能会丢失 ACK 报文。在服务器收到客户端的 FIN+ACK 报文后，服务器会认为连接已经关闭并发送确认，但如果这个确认丢失了，服务器会重传断开连接的请求。客户端需要等待一段时间，以确保在这段时间内收到服务器的重传请求，并给出响应。

其次，等待 2×MSL 可以防止已失效的连接请求报文对新连接产生影响。在客户端发送完最后一个确认报文后，等待 2×MSL 可以确保之前连接中的所有报文都已经在网络中消失。这样，新的连接就不会受到之前连接中的任何干扰。

2）为什么建立连接是三次握手，关闭连接却是四次挥手？

建立连接时，服务器在 LISTEN 状态下收到建立连接请求的 SYN 报文后，会回复一个带有 ACK 和 SYN 标志的报文给客户端。在关闭连接时，服务器收到对方的 FIN 报文时，表示对方不再发送数据，但仍然可以接收数据。此时，服务器可以立即关闭连接，也可以先发送一些数据给对方，再发送自己的 FIN 报文，从而完成连接的关闭。这样做可能会导致多一次通信往返，但可以确保连接的正常关闭，避免数据丢失或连接异常的情况发生。

4.1.3 Socket 编程基础

前面给大家介绍了 TCP/IP 的相关知识，但是在实际开发中，我们经常听到 Socket 编程，那么 TCP/IP 与 Socket 之间是什么关系呢？

TCP/IP 是一个网络协议栈，类似于操作系统的运行机制，它需要具体的实现和对外的操作接口。就像操作系统提供标准的编程接口（如 Win32 编程接口），TCP/IP 也需要提供给程序员进行网络开发的接口，这就是 Socket 编程接口。

在设计 Socket 编程接口时，考虑到可能会存在其他网络协议，希望它能够适应不同的网络环境。Socket 的出现使得使用 TCP/IP 协议栈变得更加方便，它对 TCP/IP 进行了抽象，提供了一些最基本的方法，如 Connect、Listen、Accept、Send、Receive、Close 等。Socket 准确来说是位于应用层和传输层之间的抽象层，主要用于简化开发人员的工作。例如，对于前面提到的三次握手和四次挥手，实际的开发过程中并无须逐步实现这些复杂的过程，只需要调用 Socket 的 Connect 方法即可实现三次握手，调用 Close 方法即可实现四次挥手。

总体而言，Socket 实际上是操作系统提供给程序员的操作网络协议栈的接口。通过 Socket，程序员可以控制协议的工作，实现跨主机的网络通信。如图 4-4 所示为 TCP 通信的基本过程。

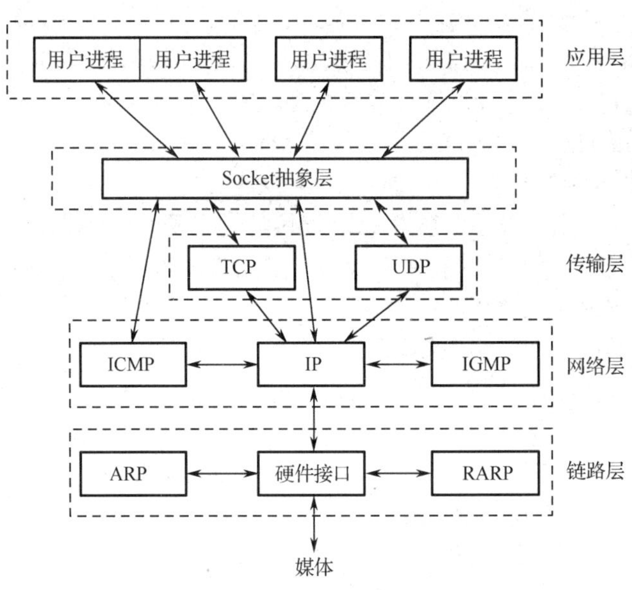

图 4-4 TCP 通信的基本过程

Socket 不是 C#或 JAVA 中独有的概念，而是一个与语言无关的标准。任何一种可以实现网络编程的语言都有自己的 Socket。对于 C#来说，通过 Socket 编程实现服务器及客户端程序的编写相对简单。

Socket 在.Net 框架中是一个类，隶属于命名空间 System.Net.Sockets。

```
//Socket 所属命名空间
using System.Net.Sockets;
```

下面从构造方法、实例方法、服务器及客户端编程对 Socket 进行说明。

1．构造方法

Socket 有两种构造方法，具体如下所示。

```
public Socket(SocketType socketType, ProtocolType protocolType);
public Socket(AddressFamily addressFamily, SocketType socketType, ProtocolType
protocolType);
```

从以上代码中可以看出，两者的区别在于是否有 addressFamily。如果采用第一种构造方法，默认的是 AddressFamily.InterNetworkV6。

```
public Socket(SocketType socketType, ProtocolType protocolType)
    : this(AddressFamily.InterNetworkV6, socketType, protocolType)
{
    DualMode = true;
}
```

addressFamily：指定 Socket 用来解析地址的寻址方案。
socketType：定义要打开的 Socket 类型。
protocolType：向 Windows Sockets API 通知所请求的协议。
示例 1：初始化 TCP 服务器、客户端。

```
Socket ServerSocket = new Socket(AddressFamily.InterNetwork, SocketType.Stream,
ProtocolType.Tcp);
Socket ClientSocket = new Socket(AddressFamily.InterNetwork, SocketType.Stream,
ProtocolType.Tcp);
```

示例 2：初始化 UDP 服务器、客户端。

```
Socket ServerUdpSocket = new Socket(AddressFamily.InterNetwork, SocketType.
Dgram, ProtocolType.Udp);
Socket ClientUdpSocket = new Socket(AddressFamily.InterNetwork, SocketType.
Dgram, ProtocolType.Udp);
```

2．实例方法

（1）Bind 方法：绑定一个本地的 IP 和端口号，参数是一个绑定了 IP 和端口号的 IPEndPoint 对象。

```
IPEndPoint ipEndPoint=new IPEndPoint(ip,port)
ServerSocket.Bind(ipEndPoint);
```

（2）Listen 方法：让 Socket 侦听传入的连接，参数为指定侦听队列的容量。

```
ServerSocket.Listen(10);
```

（3）Accept 方法：接收连接并返回一个新的 Socket，Accept 会中断程序，直到有客户端连接。

```
Socket socket = ServerSocket .Accept();
```

（4）Connect 方法：建立与远程主机的连接。

```
ClientSocket.Connect(ipEndPoint);
```

（5）Send 方法：发送消息。

```
byte[] data = new byte[3]{0x01,0x02,0x03};
ServerSocket.Send(data,SocketFlags.None);
```

（6）Receive 方法：接收消息。

```
byte[] buffer = new byte[1024];
int rcvCount = ServerSocket.Receive(buffer,SocketFlags.None) ;
```

（7）Close 方法：关闭连接。

```
ServerSocket.Close();
```

3. 服务器及客户端编程

服务器及客户端的编程流程如图 4-5 所示。

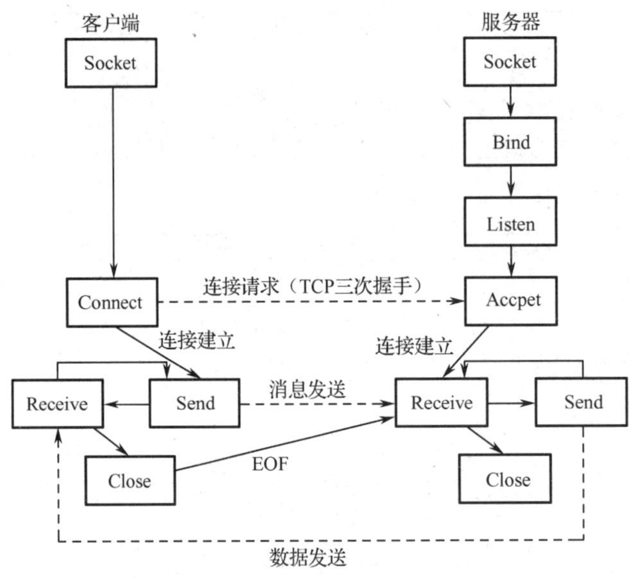

图 4-5　服务器及客户端的编程流程

（1）服务器编程步骤：

- 服务器初始化 Socket，得到文件描述符；

- 服务器调用 Bind 方法，绑定 IP 和端口；
- 服务器调用 Listen 方法，进行监听；
- 服务器调用 Accept 方法，建立客户端连接；
- 通过 Send 方法向客户端发送消息；
- 通过 Receive 方法接收客户端消息；
- 通过 Close 方法关闭服务器连接。

（2）客户端编程步骤：

- 客户端初始化 Socket，得到文件描述符；
- 客户端调用 Connect 方法，连接服务器；
- 连接成功，调用 Send 方法，向服务器发送消息；
- 通过 Receive 方法接收服务器消息；
- 通过 Close 方法断开客户端连接。

4.2　TCP 服务器及客户端程序编写

前面我们已对 Socket 编程的相关知识进行了说明，本节将主要介绍如何使用 C#语言，基于 Socket 实现服务器和客户端程序的编写，让大家对 Socket 编程有更直观的理解。

4.2.1　服务器程序编写

（1）界面设计：根据服务器的相关功能，设计服务器界面如图 4-6 所示。

图 4-6　服务器界面

服务器界面说明如下。

① 服务器 IP：这里要填写本地计算机网卡的真实 IP 或者回环地址 127.0.0.1，不可以随意填写其他的 IP。

② 服务器端口：这里表示开放的端口号，除一些特殊的端口号不能使用外，这个值是可以自己定义的。

③ 在线列表：连接上客户端之后，服务器会显示客户端的连接信息。主要显示是的 IP 和端口号。客户端的端口是服务器随机分配的。

④ 接收区：这里显示接收自客户端的数据，一些日志信息也是显示在这里的。

⑤ 发送区：如果需要给客户端发送数据，提前将数据写在这里。

⑥ 启动服务：填写好正确的服务器 IP 和服务器端口，单击该按钮即可启动服务。

⑦ 关闭服务：当需要关闭服务器的时候，单击该按钮即可关闭服务。

⑧ 发送数据：准备好要发送的数据后，单击该按钮即可发送数据，可以同时给某个客户端发送，也可以同时选择多个客户端发送。

⑨ 客户端：需要打开客户端进行测试时，每单击一次该按钮，会弹出一个客户端窗口，便于测试。

（2）启动服务：创建好一个服务器的 Socket 对象，然后进行绑定和监听，并开启多线程进行连接。同时创建包含所有客户端信息的字典集合，当有客户端连接时，将该客户端信息加到字典中；当有客户端断开连接时，将该客户端信息从字典中移除。具体实现如下所示。

```
//【1】创建 Socket
socketServer = new Socket(AddressFamily.InterNetwork, SocketType.Stream,
ProtocolType.Tcp);
IPEndPoint ipe = new IPEndPoint(IPAddress.Parse(this.txt_IP.Text), int.Parse
(this.txt_Port.Text));
try
{
    //【2】绑定 IPEndPoint
    socketServer.Bind(ipe);
}
catch (Exception ex)
{
    AddLog(2, "服务器开启失败：" + ex.Message);
    return;
}
//【3】侦听 Socket
socketServer.Listen(10);
//【4】开启监听线程
Task.Run(new Action(() =>
{
    CheckListening();
}));
```

（3）监听线程：当接收到一个新连接时，处理好客户端信息后，再开启一个接收线程接收该连接的数据。具体实现如下所示。

```
//【5】阻塞接收连接
Socket socketClient = socketServer.Accept();
//【6】客户端信息处理
string client = socketClient.RemoteEndPoint.ToString();
AddLog(0, client + "上线了");
CurrentClientlist.Add(client, socketClient);
UpdateOnline(client, true);
//【7】开启接收线程
Task.Run(new Action(() =>
{
    ReceiveMessage(socketClient);
}));
```

（4）关闭服务：当需要关闭服务器时，按顺序先将所有的客户端连接关闭掉，然后将服务器的 Socket 关闭。具体实现如下所示。

```
//关闭所有的客户端连接
foreach (var item in CurrentClientlist.Values)
{
    item.Close();
}
//关闭服务器 Socket
socketServer.Close();
```

（5）接收数据：采用多线程实现，当检测到数据时，接收并显示数据到界面中。具体实现如下所示。

```
private void AddLog(int index, string info)
{
    if (this.lst_Rcv.InvokeRequired)
    {
        this.lst_Rcv.Invoke(new Action<int, string>(AddLog), index, info);
    }
    else
    {
        ListViewItem lst = new ListViewItem(" " + DateTime.Now.ToString("HH:
mm:ss"), index);
        lst.SubItems.Add(info);
        lst_Rcv.Items.Insert(lst_Rcv.Items.Count, lst);
    }
}
```

（6）发送数据：调用 Send 方法实现数据的发送。具体实现如下所示。

```
private void btn_Send_Click(object sender, EventArgs e)
{
    if (this.lst_Online.SelectedItems.Count > 0)
    {
```

```
        AddLog(0, "发送内容：" + this.txt_Send.Text.Trim());
        byte[] send = Encoding.Default.GetBytes(this.txt_Send.Text.Trim());
        foreach (var item in this.lst_Online.SelectedItems)
        {
            string client = item.ToString();//获取 Socket 对象
            CurrentClientlist[client]?.Send(send);
        }
    }
    else
    {
        MessageBox.Show("请选择你要发送的客户端对象！", "发送消息");
    }
}
```

（7）打开新的客户端：通过创建一个新的窗体来打开一个新的客户端。具体实现代码如下所示。

```
private void btn_Client_Click(object sender, EventArgs e)
{
    new FrmClient().Show();
}
```

4.2.2　TCP 客户端程序编写

（1）界面设计：根据服务器的相关功能，设计客户端界面如图 4-7 所示。

图 4-7　客户端界面

客户端界面说明如下。

① 服务器 IP：这里要填写目标服务器的 IP，不可以随意填写其他的 IP。

② 服务器端口：这里表示服务器的端口号，服务器的 IP 和端口号一般是服务器提供的。

③ 连接服务器：填写好服务器 IP 和服务器端口后，单击该按钮即可建立与服务器之间

的连接。

④ 断开连接：当不需要和服务器连接时，单击该按钮即可断开与服务器之间的连接。

⑤接收区：这里主要显示服务器返回的一些数据和一些相关的日志信息。

⑥发送区：将需要发送给服务器的数据填写在发送区中。

⑦发送数据：单击该按钮即可将发送区中的数据发送给服务器。

（2）建立连接：具体实现如下所示。

```
//【1】创建 Socket
socketClient = new Socket(AddressFamily.InterNetwork, SocketType.Stream,
ProtocolType.Tcp);
//【2】创建 IPEndPoint 对象
IPEndPoint ipe = new IPEndPoint(IPAddress.Parse(this.txt_IP.Text.Trim()),
int.Parse(this.txt_Port.Text.Trim()));
try
{
    //【3】调用 Connect
    socketClient.Connect(ipe);
}
catch (Exception ex)
{
    AddLog(2, "连接服务器失败：" + ex.Message);
    return;
}
//【4】开启接收线程
Task.Run(new Action(() =>
{
    CheckReceiveMsg();
}));
```

（3）断开连接：具体实现如下所示。

```
private void btn_DisConn_Click(object sender, EventArgs e)
{
    if (socketClient!=null)
    {
        socketClient.Close();
    }
}
```

（4）接收数据：具体实现如下所示。

```
private void CheckReceiveMsg()
{
    while (true)
    {
        byte[] buffer = new byte[1024 * 1024 * 10]; // 创建一个缓冲区
        int length = -1;
        try
        {
            length = socketClient.Receive(buffer);
```

```
        }
        catch (Exception ex)
        {
            AddLog(0, "服务器断开连接: " + ex.Message);
            break;
        }
        if (length > 0)
        {
            string msg = Encoding.Default.GetString(buffer, 0, length);
            AddLog(0, "服务器: " + msg);
        }
    }
}
```

（5）发送数据：具体实现如下所示。

```
private void btn_Send_Click(object sender, EventArgs e)
{
    AddLog(0, "发送内容: " + this.txt_Send.Text.Trim());
    byte[] send = Encoding.Default.GetBytes(this.txt_Send.Text.Trim());
    if (socketClient!=null)
    {
        socketClient.Send(send, SocketFlags.None);
    }
}
```

4.2.3 服务器与客户端通信测试

当我们开发好服务器及客户端之后，我们来测试一下服务器与客户端之间的通信。首先打开服务器界面，服务器 IP 可以填写回环地址 127.0.0.1，服务器端口填写 8001，单击启动服务按钮，提示服务器开启成功。此时，计算机的 8001 端口就打开了，如图 4-8 所示。

图 4-8　启动 TCP 服务

单击客户端按钮，弹出一个客户端界面。在该客户端界面中，输入服务器 IP 和服务器端口，单击连接服务器按钮，提示成功连接至服务器。此时，就建立了客户端与服务器之间的连接，如图 4-9 所示。

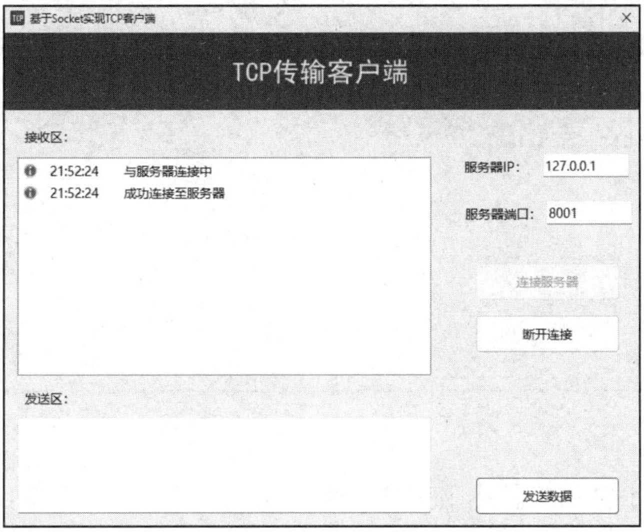

图 4-9　建立 TCP 连接

此时，服务器界面中的在线列表中会自动多出一个客户端的连接信息，该信息以 IP +端口号的形式呈现。其中，端口号是自动分配的。我们可以选择这个连接信息，然后给这个客户端发送一条信息，如“Hello，欢迎学习上位机”，单击发送数据按钮，观察客户端是否收到此信息。同时，也可以在客户端界面中给服务器发送一条信息，如“好的，收到你的信息了”，观察服务器是否收到该信息，这样就实现了客户端与服务器之间的相互通信，如图 4-10 和图 4-11 所示。

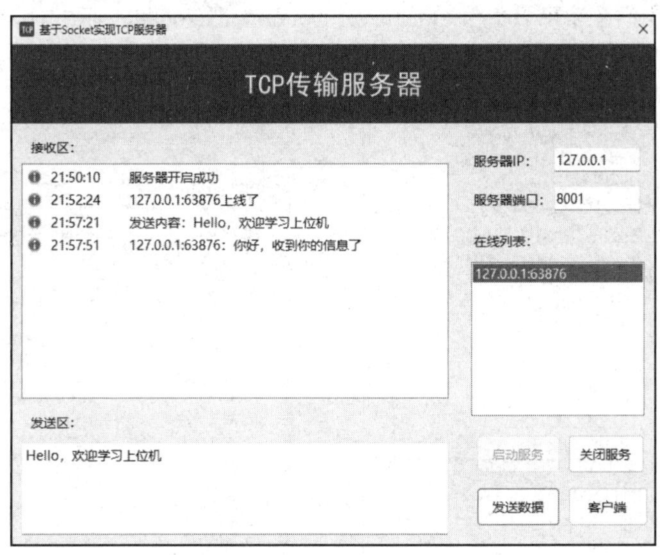

图 4-10　服务器接收客户端数据

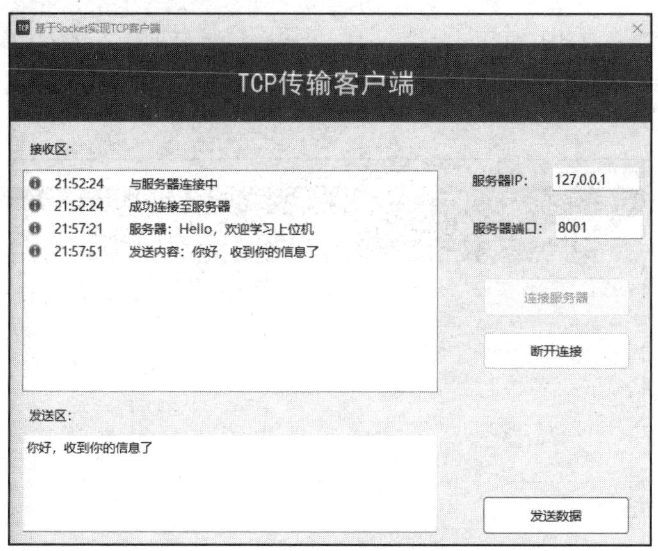

图 4-11　客户端接收服务器数据

我们测试了一个客户端与一个服务器之间的通信之后，可以继续测试一个服务器与多个客户端通信。一个服务器是可以被多个客户端连接的，所以我们可以在服务器界面中多次单击客户端按钮，打开多个客户端界面，同时连接服务器，这样就可以通过一个服务器与多个客户端同时通信了。

4.3　西门子 PLC 以太网通信案例

西门子是工控领域中 PLC 应用非常广泛的品牌之一，支持多种通信协议，如 S7 协议、Modbus 协议以及 OPC UA 等。此外，西门子 PLC 还支持开放式用户通信。在西门子各种编程软件的通信库中，我们经常可以见到 Open User Communication 和开放式用户通信（见图 4-12）。借助西门子提供的通信库，我们可以便捷地实现上位机与西门子 PLC 之间的以太网通信。

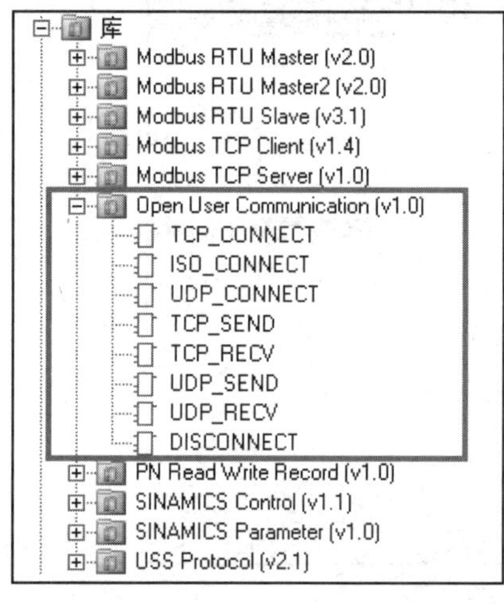

图 4-12　Open User Communication 和开放式用户通信

开放式用户通信主要包括 TCP 和 UDP 两种通信方式。在 TCP 通信中，根据通信角色的不同，可以分为 PLC 作为服务器和上位机作为服务器两种形式。一般情况下，较为常见的是 PLC 作为服务器的情况。因此，本节以西门子 S7-1200 PLC 作为 TCP 服务器、上位机作为 TCP 客户端，介绍如何实现上位机与 PLC 之间的通信。

4.3.1　西门子 PLC 仿真环境

西门子 PLC 要实现开放式 TCP 仿真通信，需要使用 PLCSIM-Advanced 软件来搭建一个 PLC 仿真环境。PLCSIM-Advanced 是 SIEMENS 推出的高级仿真模拟工具，其显著特点在于除了能够仿真一般的逻辑控制程序，还能够仿真多种通信协议，这使得它在工控领域中的应用非常强大和灵活。

本小节将主要介绍如何结合 PLCSIM-Advanced V4.0-SP1 和博图软件 TIA-V17 搭建一个西门子 PLC 仿真环境。这里对以上两个软件的安装不做过多阐述。在安装完 PLCSIM-Advanced 软件后，你的计算机中会额外多出一个虚拟网卡，如图 4-13 所示。

结合 PLCSIM-Advanced V4.0-SP1 和 TIA-V17 软件搭建一个西门子 PLC 仿真环境的具体步骤如下所述。

步骤 1：设置虚拟网卡的 IP 地址。尽量不要和计算机自带网卡的 IP 地址一致。一般情况下，我们的计算机默认的网卡是 0 段或 1 段等，为了避免重复，这里使用 10 段，即设置 IP 地址为 192.168.10.200，如图 4-14 所示。

以太网 2
未识别的网络
Siemens PLCSIM Virtual Ethern...

图 4-13　西门子虚拟网卡

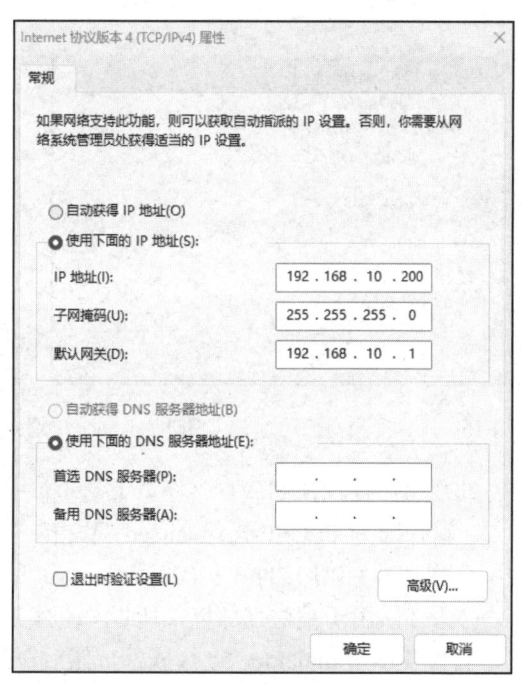

图 4-14　设置 IP 地址

步骤 2：以管理员身份运行 PLCSIM-Advanced 软件。可以每次直接右键单击 PLCSIM-Advanced 软件，以管理员身份运行。如果想一劳永逸，可以右击 PLCSIM-Advanced 软件图标，选择属性，然后在弹出的界面中选择兼容性，勾选“以管理员身份运行此程序”，如图 4-15 所示。

步骤 3：打开 PLCSIM-Advanced 软件，按照图 4-16 中所示的步骤进行设置。这里要注意 IP 地址必须与虚拟网卡同一网段，但是不能相同，比如虚拟网卡设置的是 192.168.10.200，这里设置为 192.168.10.100。

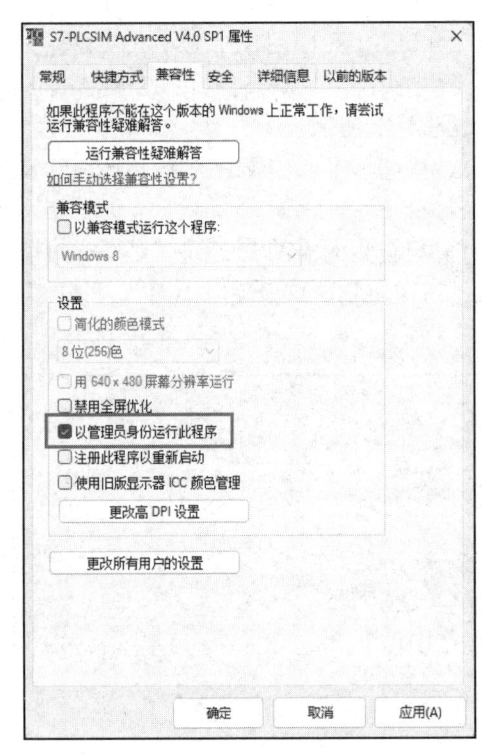

图 4-15　以管理员身份运行 PLCSIM-Advanced 软件

图 4-16　PLCSIM-Advanced 软件说明

步骤 4：使用博图软件 TIA-V17 创建一个项目。这里的控制器必须要选择 1500 系列的 PLC，这是因为 PLCSIM-Advanced 只支持 S7-1500 PLC。如图 4-17 所示，我们选择的 PLC 控制器型号为 CPU 1511-1 PN。

步骤 5：由于是仿真环境，所以与真实 PLC 还是有一点区别的，这里我们要提前设置一下。右击 PLCSimulator，选择属性，然后在弹出的界面中选择保护，勾选“块编译时支持仿真。”，如图 4-18 所示。

步骤 6：设置 PLC 的 IP 地址，即 192.168.10.100，与 PLCSIM-Advanced 一致，如图 4-19 所示。

图 4-17　添加新设备

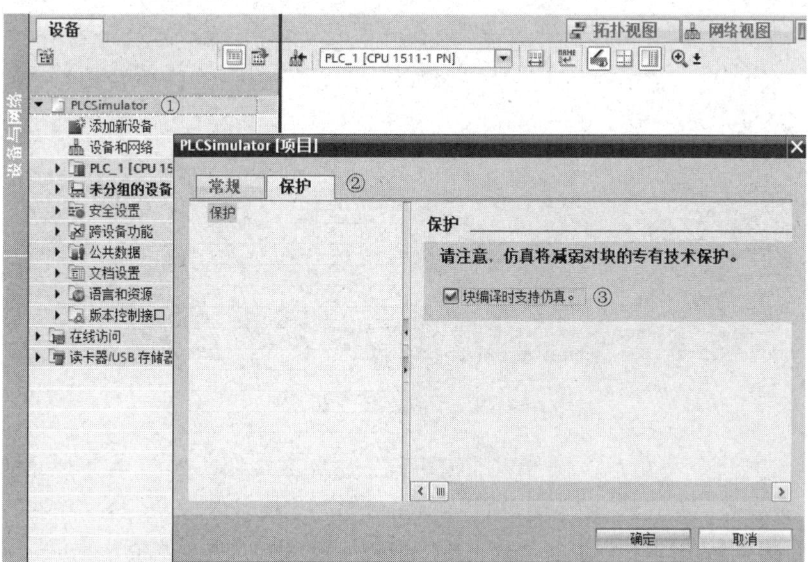

图 4-18　设置仿真环境

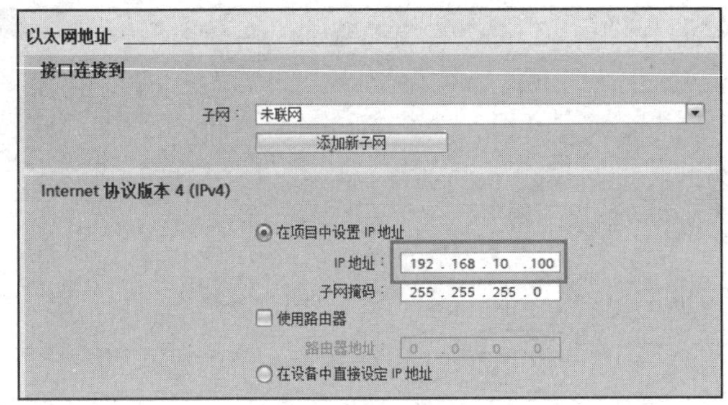

图 4-19　设置 PLC 的 IP 地址

步骤 7：下载程序到 PLC 中。将 PG/PC 接口选择成 Siemens PLCSIM Virtual Ethernet Adapter；单击开始搜索按钮，确定可以搜索到仿真 PLC；选择搜索到的 PLC，单击下载按钮，如图 4-20 所示。

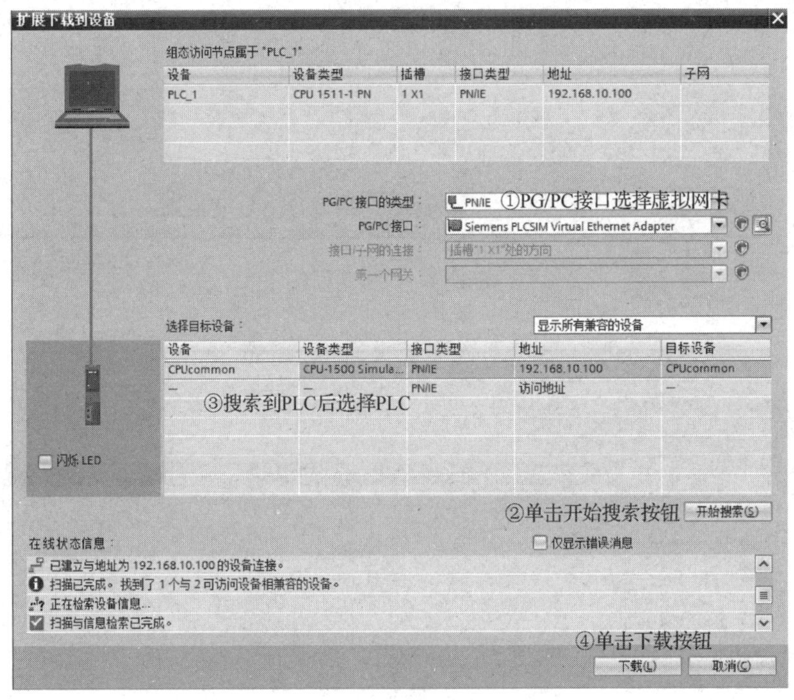

图 4-20　下载程序到 PLC 中

步骤 8：完成程序下载后，选择启动模块，单击完成按钮，如图 4-21 所示。

步骤 9：这时候，我们观察 PLCSIM-Advanced 软件，指示灯由黄色转换成绿色，表示 PLC 运行正常，如图 4-22 所示。至此，一个仿真的 S7-1500 PLC 环境就搭建完成了，接下来可以编写通信程序了。

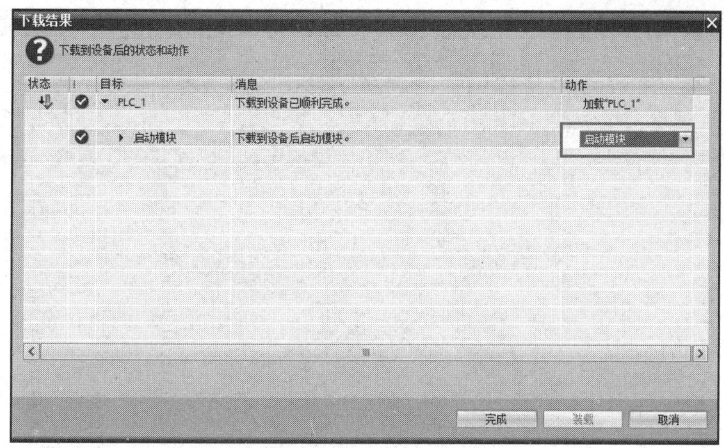

图 4-21　启动模块

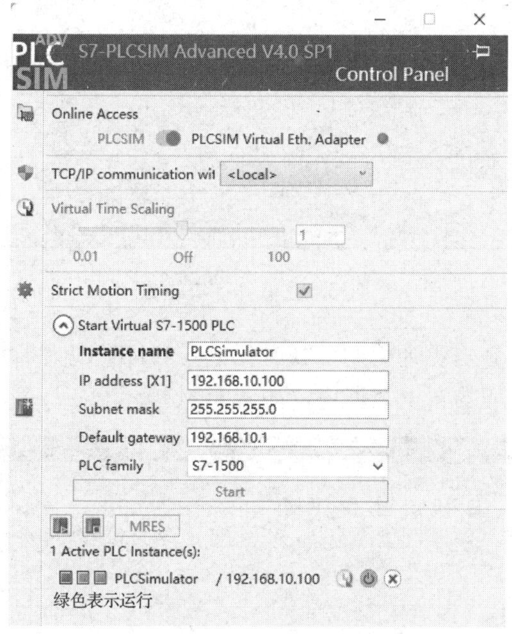

图 4-22　PLCSIM-Advanced 运行

4.3.2　PLC 程序编写

西门子 PLC 实现开放式 TCP 通信是需要编写程序的，其中 PLC 作为服务器，上位机作为客户端。下面对程序的编写步骤进行说明。

步骤 1：创建一个新的 DB，将 DB 的编号定义为 DB100，用于与上位机通信；在 DB 中创建变量用于通信测试，读取和写入各创建 5 个布尔型、5 个整型和 5 个浮点型的数据；右击 DB 块，选择属性，去除优化块的访问，此时每个变量后面会有一个偏移量，这个对于我们后续解析数据是有用的，如图 4-23 所示。

PLCSimulator ▸ PLC_1 [CPU 1511-1 PN] ▸ 程序块 ▸ 通信DB [DB100]

保持实际值　快照　将快照值复制到起始值中　将起始值加载为实际值

通信DB

	名称	数据类型	偏移量	起始值	保持	从 HMI/OPC..	从 H...	在 HMI ...	设定值
1	▼ Static								
2	Read_B0	Bool	0.0	false	☐	☑	☑	☑	☐
3	Read_B1	Bool	0.1	false	☐	☑	☑	☑	☐
4	Read_B2	Bool	0.2	false	☐	☑	☑	☑	☐
5	Read_B3	Bool	0.3	false	☐	☑	☑	☑	☐
6	Read_B4	Bool	0.4	false	☐	☑	☑	☑	☐
7	Read_I0	Int	2.0	0	☐	☑	☑	☑	☐
8	Read_I1	Int	4.0	0	☐	☑	☑	☑	☐
9	Read_I2	Int	6.0	0	☐	☑	☑	☑	☐
10	Read_I3	Int	8.0	0	☐	☑	☑	☑	☐
11	Read_I4	Int	10.0	0	☐	☑	☑	☑	☐
12	Read_R0	Real	12.0	0.0	☐	☑	☑	☑	☐
13	Read_R1	Real	16.0	0.0	☐	☑	☑	☑	☐
14	Read_R2	Real	20.0	0.0	☐	☑	☑	☑	☐
15	Read_R3	Real	24.0	0.0	☐	☑	☑	☑	☐
16	Read_R4	Real	28.0	0.0	☐	☑	☑	☑	☐
17	Write_B0	Bool	32.0	false	☐	☑	☑	☑	☐
18	Write_B1	Bool	32.1	false	☐	☑	☑	☑	☐
19	Write_B2	Bool	32.2	false	☐	☑	☑	☑	☐
20	Write_B3	Bool	32.3	false	☐	☑	☑	☑	☐
21	Write_B4	Bool	32.4	false	☐	☑	☑	☑	☐
22	Write_I0	Int	34.0	0	☐	☑	☑	☑	☐
23	Write_I1	Int	36.0	0	☐	☑	☑	☑	☐
24	Write_I2	Int	38.0	0	☐	☑	☑	☑	☐
25	Write_I3	Int	40.0	0	☐	☑	☑	☑	☐
26	Write_I4	Int	42.0	0	☐	☑	☑	☑	☐
27	Write_R0	Real	44.0	0.0	☐	☑	☑	☑	☐
28	Write_R1	Real	48.0	0.0	☐	☑	☑	☑	☐
29	Write_R2	Real	52.0	0.0	☐	☑	☑	☑	☐
30	Write_R3	Real	56.0	0.0	☐	☑	☑	☑	☐
31	Write_R4	Real	60.0	0.0	☐	☑	☑	☑	☐

图 4-23　去除优化块的访问

步骤 2：打开 DB1，在右侧通信中，找到指令 TSEND_C，将其拖曳至 DB1 的程序段 1 中，根据操作提示添加对应的背景数据块，如图 4-24 所示。

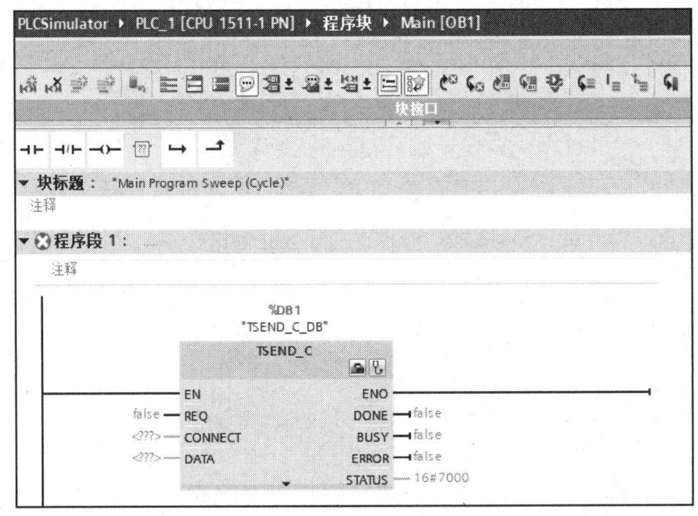

图 4-24　拖放 TSEND_C 指令

步骤 3：右击 TSEND_C 块，选择属性，在弹出的界面中选择组态>连接参数，具体的参数设置如图 4-25 所示。

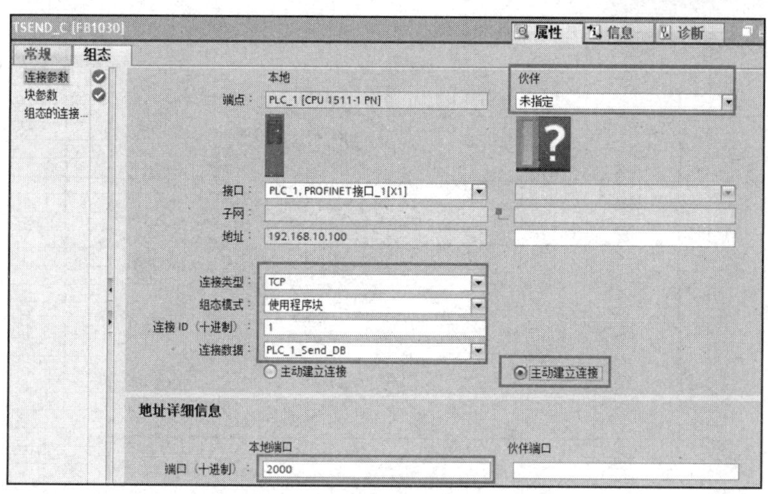

图 4-25　TSEND_C 组态的参数设置

步骤 4：启用系统存储区和时钟存储区字节，右击 CPU，选择属性，在弹出的界面中选择常规>系统和时钟存储器，勾选“启用系统存储器字节”和“启用时钟存储器字节”，系统存储器字节的地址（MBx）和时钟存储器字节的地址（MBx）使用默认值 1 和 0 即可，如图 4-26 所示。

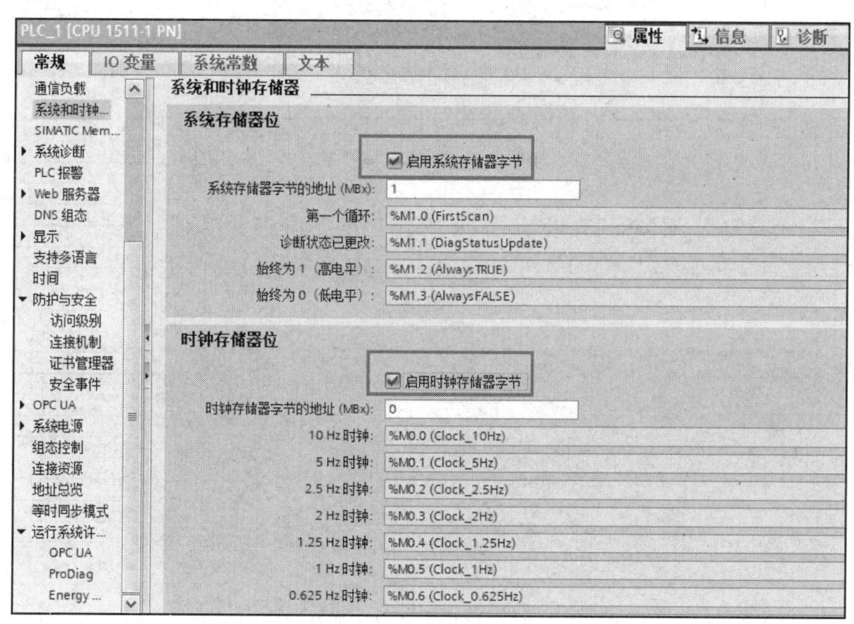

图 4-26　启用系统存储器和时钟存储器

步骤 5：回到 DB1，填写 REQ 和 DATA，REQ 采用 1 秒钟的脉冲，DATA 为 Read 部分和 Write 部分，一共是 64 个字节，如图 4-27 所示。

步骤 6：从通信库中找到指令 TRCV_C，将其拖曳至 DB1 的程序段 2 中，根据操作提示添加背景数据块，如图 4-28 所示。

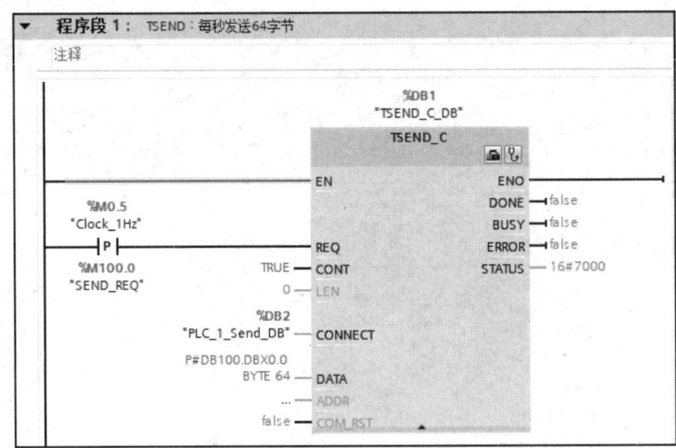

图 4-27　TSEND_C 参数填写

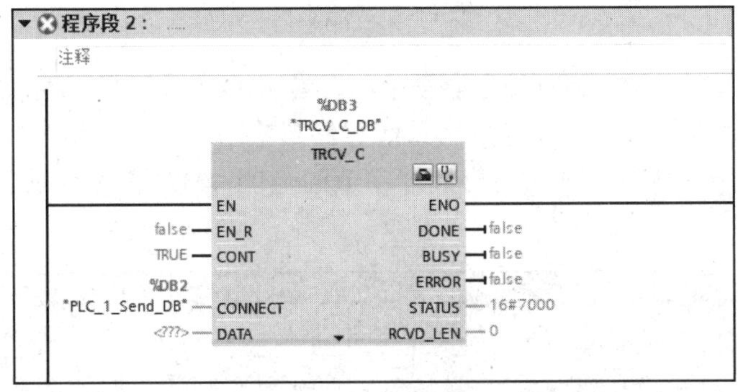

图 4-28　TRCV_C 指令及其参数

步骤 7：右击 TRCV_C 块，选择属性，在弹出的界面中选择组态>连接参数。在连接参数中，连接数据直接选择下拉菜单中的 PLC_1_Send_DB，其他相关参数会自动填充，如图 4-29 所示。

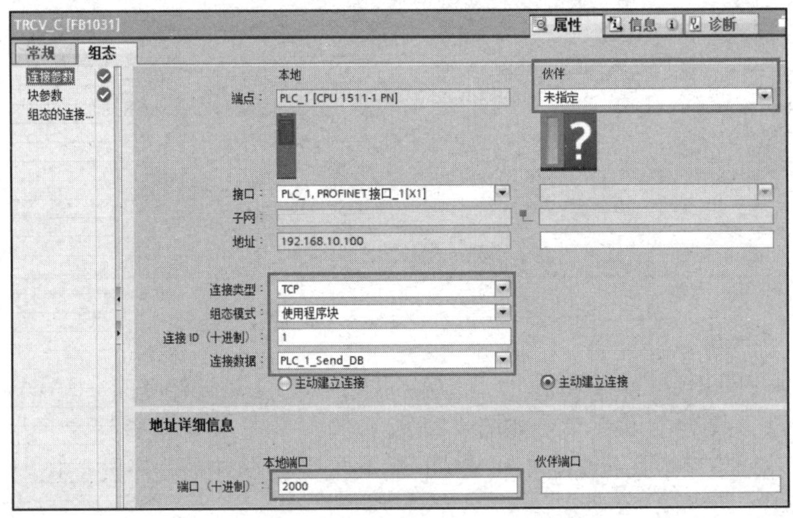

图 4-29　TRCV_C 组态连接参数的设置

步骤 8：回到程序段 2 中，填写 EN_R 和 DATA 引脚。EN_R 填写 true，表示持续接收数据；DATA 为 Write 部分，即 P#DB100.DBX32.0 BYTE 32，如图 4-30 所示。

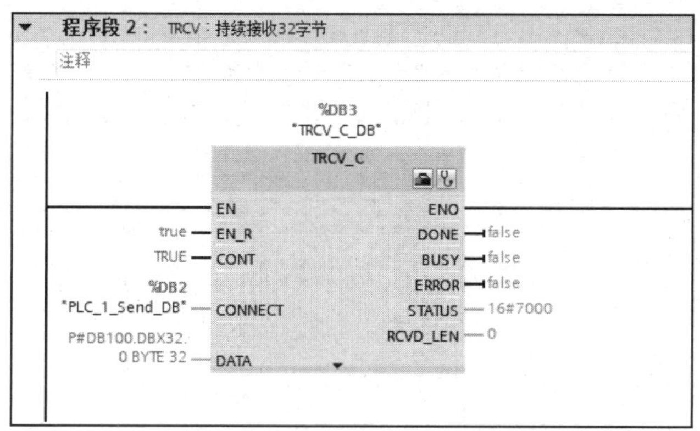

图 4-30　设置 TRCV_C 引脚参数

步骤 9：编译并下载程序。下载完成后，选择启动模块，单击完成按钮，如图 4-31 所示。

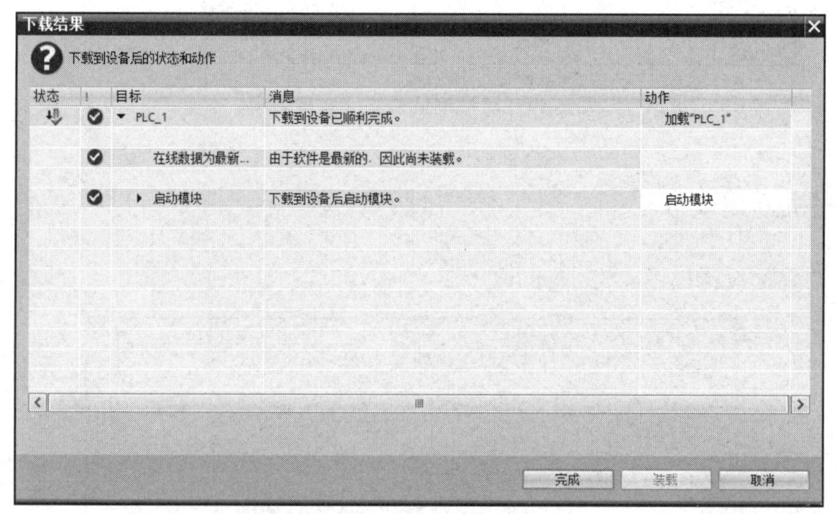

图 4-31　下载完成后启动模块

步骤 10：打开网络调试助手 NetAssist，连接上 PLC，进行通信测试，具体步骤如下。

① 设置协议类型为 TCP Client。

② 设置远程主机的 IP 为 192.168.10.100，与 PLC 的 IP 一致。

③ 远程主机端口为 2000。

④ 选择 HEX。

⑤ 单击连接按钮。

⑥ 观察返回的数据及其长度。

通信测试最终的实现效果如图 4-32 所示。

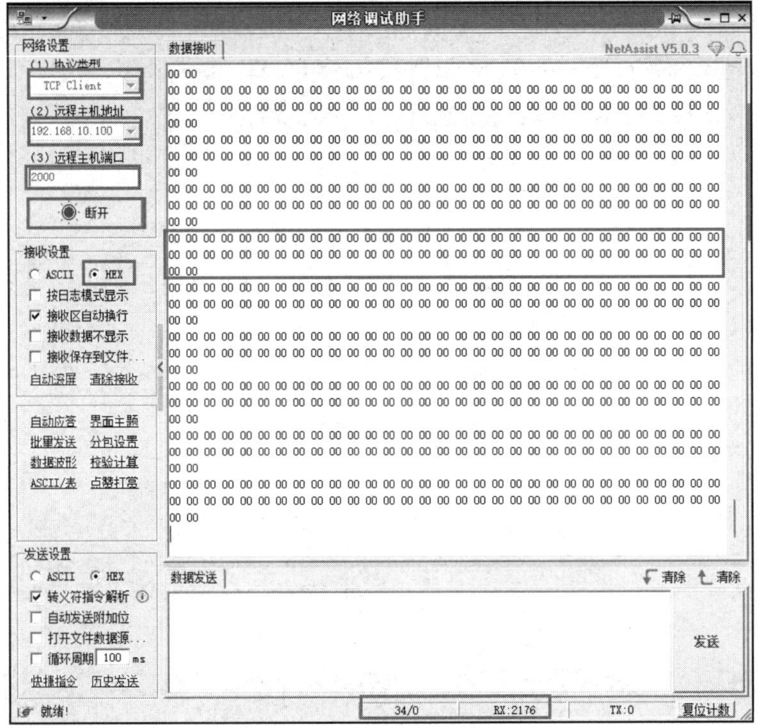

图 4-32　通信测试最终的实现效果

4.3.3　上位机通用读取

上位机的界面设计如图 4-33 所示。

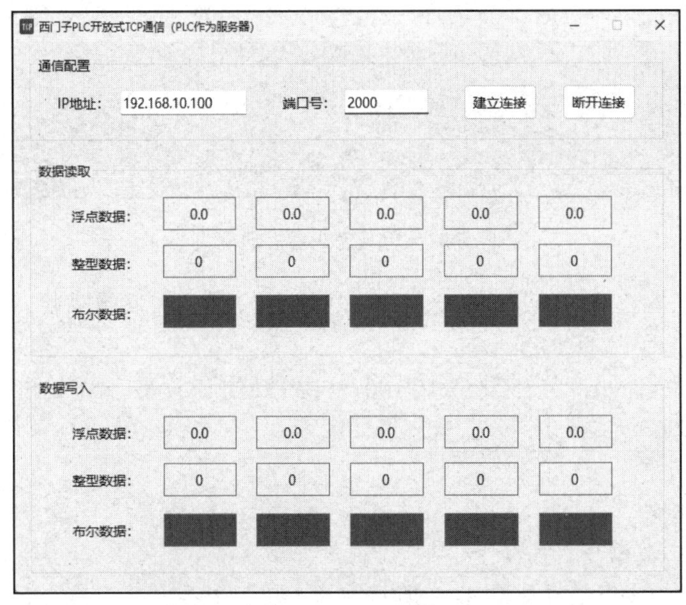

图 4-33　上位机的界面设计

从图 4-33 中可以看出，上位机需要完成以下功能。

（1）建立 PLC 连接与断开连接。

（2）多线程接收 PLC 数据。

（3）各种数据类型的通用数据解析。

（4）各种数据类型的通用写入。

接下来我们将按照功能顺序逐个完成，具体步骤如下所述。

步骤 1：建立 PLC 连接。PLC 连接主要通过调用 Socket 的 Connnect 方法来实现；建立好连接后，开启一个单独的线程接收 PLC 的数据。具体实现如下所示。

```
private Socket tcpClient;
private void btn_Connect_Click(object sender, EventArgs e)
{
    tcpClient = new Socket(AddressFamily.InterNetwork, SocketType.Stream, 
ProtocolType.Tcp);
    try
    {
       tcpClient.Connect(IPAddress.Parse(this.txt_IP.Text), int.Parse(this.txt_
Port.Text));
    }
    catch (Exception ex)
    {
        MessageBox.Show("PLC 连接失败：" + ex.Message, "建立连接");
        return;
    }
    //开启多线程
    cts = new CancellationTokenSource();
    Task.Run(new Action(() =>
    {
        ReceiveFromPLC();
    }), cts.Token);
    MessageBox.Show("PLC 连接成功", "建立连接");
}
```

步骤 2：多线程接收 PLC 数据。上位机连接上 PLC 后，PLC 会定时（每隔 1 秒）向上位机发送一次数据，上位机需要持续接收数据。因此，在连接成功后，开启一个线程接收 PLC 数据。具体实现如下所示。

```
private static readonly object objLock = new object();//多线程锁
private const int receiveCount = 64;        //接收数据的长度固定值为 64
private void ReceiveFromPLC()
{
    while (!cts.IsCancellationRequested)
    {
        byte[] buffer = new byte[1024];     //定义一个缓冲区
        int length = -1;                    //实际接收的数据的长度
        lock (objLock)
```

```
    {
        try
        {
            length = tcpClient.Receive(buffer, SocketFlags.None);
        }
        catch (Exception ex)
        {
            MessageBox.Show("PLC 数据接收失败: " + ex.Message);
            break;
        }
    }
    if (length == receiveCount)
    {
        //数据解析与显示
        ReceiveAndUpdate(buffer.Take(length).ToArray());
    }
}
```

步骤 3：各种数据类型的通用数据解析。我们获取到的原始数据是一个字节数组，如果想要显示实际的数据，需要对字节数组进行解析。如果要实现各类型数据的通用数据解析，我们分析后会知道，至少需要 2 个元素，分别为偏移量和数据类型。对于布尔型的数据来说，还要进一步将偏移量拆解成字节索引和位偏移。因此，我们创建了一个实体类，包含数据类型、字节索引和位偏移三个属性。具体实现如下所示。

```
/// <summary>
/// 变量实体类
/// </summary>
public class Variable
{
    public int Start { get; set; }                   // 字节索引
    public int Offset { get; set; }                  // 位偏移
    public DataType DataType { get; set; }           // 数据类型
}
```

由于我们使用的是数据转换库中的 DataType 枚举类型，所以我们需要提前添加好数据转换库。后续的数据解析也会使用到数据转换库中的各种方法。我们回顾一下数据类型枚举类，如下所示。

```
public enum DataType
{
    Bool,         // 布尔型
    Byte,         // 字节类型
    Short,        // 有符号短整型
    UShort,       // 无符号短整型
    Int,          // 有符号整型
    UInt,         // 无符号整型
```

```
    Float,          // 单精度浮点型
    Double,         // 双精度浮点型
    Long,           // 有符号长整型
    ULong,          // 无符号长整型
    String,         // 字符串
    ByteArray,      // 字节数组
}
```

步骤 4：数据显示。如果我们需要让界面上的控件显示对应的数据，那么需要对控件进行绑定以区分不同的变量。我们可以通过控件的 Tag 属性来实现。由于需要输入 Tag 的值，所以只能按照字符串格式填写。我们规定好一种格式，按照指定的格式填写进去，再按照指定的格式进行解析，即可获取到我们想要的结果。

这里我们规定格式为 DataType;Start，两者之间用分号分割。这里的 DataType 是一种枚举，枚举也是一种值类型，所以直接填写数值即可；这里的 Start 指的是偏移量，对于西门子 PLC 来说，偏移量是 X.Y 的格式。因此，对于读取变量的格式，具体如表 4-1 所示。

表 4-1　读取变量的格式

变 量 名 称	PLC 变量地址	数 据 类 型	控件绑定地址
Read_B0	DB100.DBX0.0	布尔型	0;0.0
Read_B1	DB100.DBX0.1	布尔型	0;0.1
Read_B2	DB100.DBX0.2	布尔型	0;0.2
Read_B3	DB100.DBX0.3	布尔型	0;0.3
Read_B4	DB100.DBX0.4	布尔型	0;0.4
Read_I0	DB100.DBW2	有符号短整型	2;2.0
Read_I1	DB100.DBW4	有符号短整型	2;4.0
Read_I2	DB100.DBW6	有符号短整型	2;6.0
Read_I3	DB100.DBW8	有符号短整型	2;8.0
Read_I4	DB100.DBW10	有符号短整型	2;10.0
Read_R0	DB100.DBD12	浮点型	6;12.0
Read_R1	DB100.DBD16	浮点型	6;16.0
Read_R2	DB100.DBD20	浮点型	6;20.0
Read_R3	DB100.DBD24	浮点型	6;24.0
Read_R4	DB100.DBD28	浮点型	6;28.0

对于写入变量的格式，具体如表 4-2 所示。

表 4-2　写入变量的格式

变 量 名 称	PLC 变量地址	数 据 类 型	控件绑定地址
Write_B0	DB100.DBX32.0	布尔型	0;32.0
Write _B1	DB100.DBX32.1	布尔型	0;32.1

续表

变 量 名 称	PLC 变量地址	数 据 类 型	控件绑定地址
Write _B2	DB100.DBX32.2	布尔型	0;32.2
Write _B3	DB100.DBX32.3	布尔型	0;32.3
Write _B4	DB100.DBX32.4	布尔型	0;32.4
Write _I0	DB100.DBW34	有符号短整型	2;34.0
Write _I1	DB100.DBW36	有符号短整型	2;36.0
Write _I2	DB100.DBW38	有符号短整型	2;38.0
Write _I3	DB100.DBW40	有符号短整型	2;40.0
Write _I4	DB100.DBW42	有符号短整型	2;42.0
Write _R0	DB100.DBD44	浮点型	6;44.0
Write _R1	DB100.DBD48	浮点型	6;48.0
Write _R2	DB100.DBD52	浮点型	6;52.0
Write _R3	DB100.DBD56	浮点型	6;56.0
Write _R4	DB100.DBD60	浮点型	6;60.0

步骤 5：我们打开界面，找到需要更新的 Label 标签控件，在属性栏中找到 Tag，填写对应的绑定地址，如图 4-34 所示。

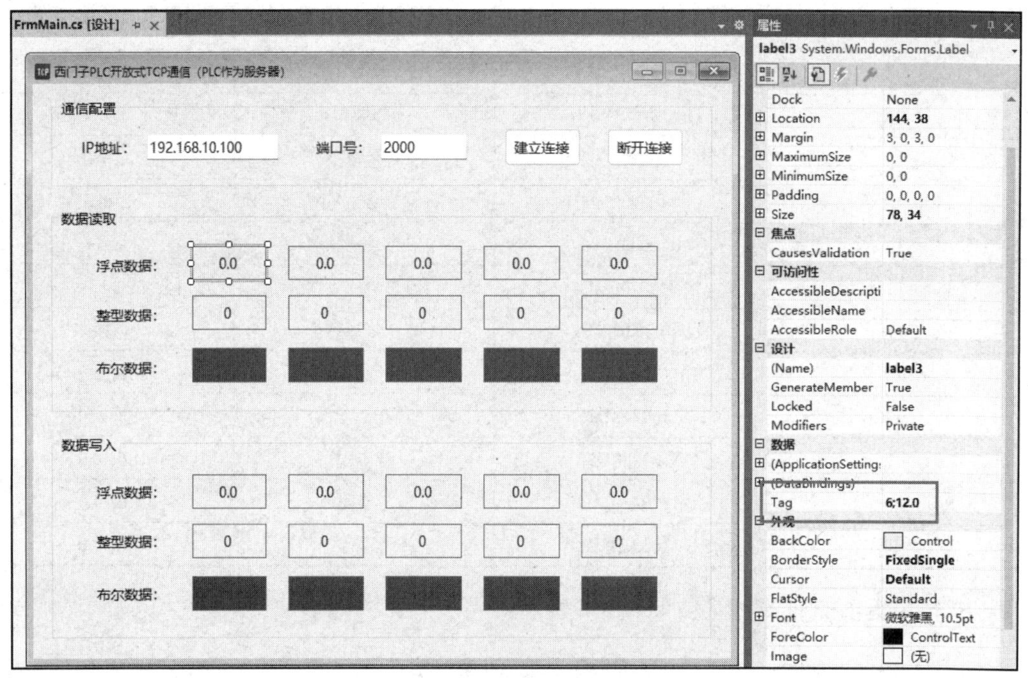

图 4-34　控件绑定 Tag

步骤 6：获取到控件绑定的 Tag 后，我们得到的是一个字符串，因此我们需要再编写一个方法，实现字符串和实体对象 Variable 之间的转换。具体实现如下所示。

```
private OperateResult<Variable> GetBindVariableFromTag(string tag)
{
    if (tag.Contains(";"))
    {
        string[] info = tag.Split(';');
        if (info.Length == 2)
        {
            if (info[1].Contains("."))
            {
                string[] str = info[1].Split('.');
                if (str.Length == 2)
                {
                    Variable bindVariable = new Variable();
                    bindVariable.DataType = (DataType)Convert.ToInt32(info[0]);
                    bindVariable.Start = Convert.ToInt32(str[0]);
                    bindVariable.Offset = Convert.ToInt32(str[1]);
                    return OperateResult.CreateSuccessResult(bindVariable);
                }
            }
        }
    }
    return OperateResult.CreateFailResult<Variable>("Tag 格式不正确：" + tag);
}
```

步骤 7：控件更新是通过遍历实现的。遍历所有的控件，如果 Tag 中有值，则尝试将 Tag 中的值转换为 Variable 对象。如果转换成功，则根据 Variable 对象进行数据解析。这里将以上操作单独封装成了一个方法，这个方法需要在多线程里进行调用，因此使用了委托更新。具体实现如下所示。

```
private const int sendCount = 32;
private byte[] sendBuffer;
private void ReceiveAndUpdate(byte[] data)
{
    //发送的字节保存起来，用于修改
    sendBuffer = data.Skip(receiveCount - sendCount).Take(sendCount).ToArray();
    this.Invoke(new Action(() =>
    {
        Label[] labels = this.gb_Read.Controls.OfType<Label>().Concat(this.gb_
Write.Controls.OfType<Label>()).ToArray();
        foreach (var label in labels)
        {
            if (label.Tag != null && label.Tag.ToString().Length > 0)
            {
                var tagResult = GetBindVariableFromTag(label.Tag.ToString());
                if (tagResult.IsSuccess)
                {
```

```
                UpdateLabel(label, tagResult.Content, data);
            }
        }
    }
}));
}
```

步骤 8：界面的更新操作被封装成了一个方法，根据传入的 Label 标签控件、解析后的 Variable 对象和数据源字节数组进行数据解析及展示。具体实现如下所示。

```
private void UpdateLabel(Label label, Variable variable, byte[] data)
{
    switch (variable.DataType)
    {
        case DataType.Bool:
            label.BackColor = BitLib.GetBitFromByteArray(data, variable.Start, 
variable.Offset) ? Color.LimeGreen : Color.Red;
            break;
        case DataType.Byte:
            label.Text = ByteLib.GetByteFromByteArray(data, variable.Start).
ToString();
            break;
        case DataType.Short:
            label.Text = ShortLib.GetShortFromByteArray(data, variable.Start).
ToString();
            break;
        case DataType.UShort:
            label.Text = UShortLib.GetUShortFromByteArray(data, variable.Start).
ToString();
            break;
        case DataType.Int:
            label.Text = IntLib.GetIntFromByteArray(data, variable.Start).
ToString();
            break;
        case DataType.UInt:
            label.Text = UIntLib.GetUIntFromByteArray(data, variable.Start).
ToString();
            break;
        case DataType.Float:
            label.Text = FloatLib.GetFloatFromByteArray(data, variable.Start).
ToString();
            break;
        case DataType.Double:
            label.Text = DoubleLib.GetDoubleFromByteArray(data, variable.Start).
ToString();
            break;
        case DataType.Long:
```

```
            label.Text = LongLib.GetLongFromByteArray(data, variable.Start).ToString();
            break;
        case DataType.ULong:
            label.Text = ULongLib.GetULongFromByteArray(data, variable.Start).ToString();
            break;
        case DataType.String:
            label.Text = StringLib.GetSiemensStringFromByteArray(data, variable.Start);
            break;
        default:
            break;
    }
}
```

说明：上述代码中使用了各类型数据的转换方法，如 FloatLib.GetFloatFromByteArray，这块的数据解析方法在第 2 章中有介绍。

步骤 9：完成上述步骤后，可以直接运行上位机软件，进行读取功能的测试。先在博途软件中创建一个监控表，填入一些随机数，然后通过上位机进行读取对比。监控表如图 4-35 所示。

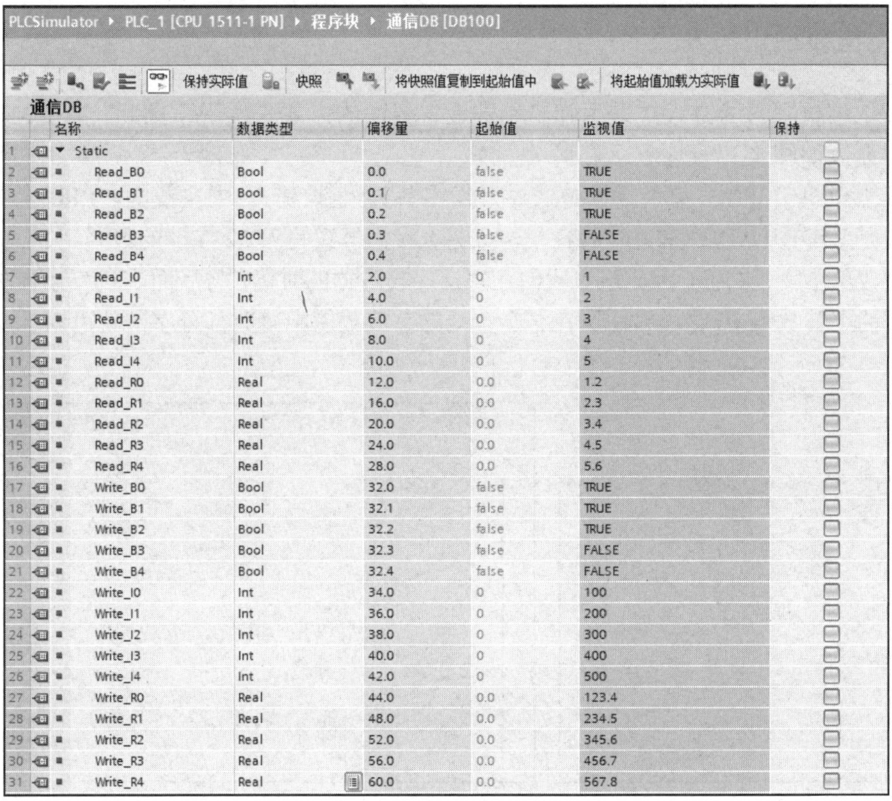

PLCSimulator ▸ PLC_1 [CPU 1511-1 PN] ▸ 程序块 ▸ 通信DB [DB100]

保持实际值　快照　将快照值复制到起始值中　将起始值加载为实际值

通信DB

	名称	数据类型	偏移量	起始值	监视值	保持
1	▼ Static					
2	Read_B0	Bool	0.0	false	TRUE	
3	Read_B1	Bool	0.1	false	TRUE	
4	Read_B2	Bool	0.2	false	TRUE	
5	Read_B3	Bool	0.3	false	FALSE	
6	Read_B4	Bool	0.4	false	FALSE	
7	Read_I0	Int	2.0	0	1	
8	Read_I1	Int	4.0	0	2	
9	Read_I2	Int	6.0	0	3	
10	Read_I3	Int	8.0	0	4	
11	Read_I4	Int	10.0	0	5	
12	Read_R0	Real	12.0	0.0	1.2	
13	Read_R1	Real	16.0	0.0	2.3	
14	Read_R2	Real	20.0	0.0	3.4	
15	Read_R3	Real	24.0	0.0	4.5	
16	Read_R4	Real	28.0	0.0	5.6	
17	Write_B0	Bool	32.0	false	TRUE	
18	Write_B1	Bool	32.1	false	TRUE	
19	Write_B2	Bool	32.2	false	TRUE	
20	Write_B3	Bool	32.3	false	FALSE	
21	Write_B4	Bool	32.4	false	FALSE	
22	Write_I0	Int	34.0	0	100	
23	Write_I1	Int	36.0	0	200	
24	Write_I2	Int	38.0	0	300	
25	Write_I3	Int	40.0	0	400	
26	Write_I4	Int	42.0	0	500	
27	Write_R0	Real	44.0	0.0	123.4	
28	Write_R1	Real	48.0	0.0	234.5	
29	Write_R2	Real	52.0	0.0	345.6	
30	Write_R3	Real	56.0	0.0	456.7	
31	Write_R4	Real	60.0	0.0	567.8	

图 4-35　监控表

步骤 10：运行上位机，单击建立连接按钮。连接成功后，上位机会自动读取数据。观察上位机中的数据，可以看到上位机正确读取到了 PLC 的数据，如图 4-36 所示。

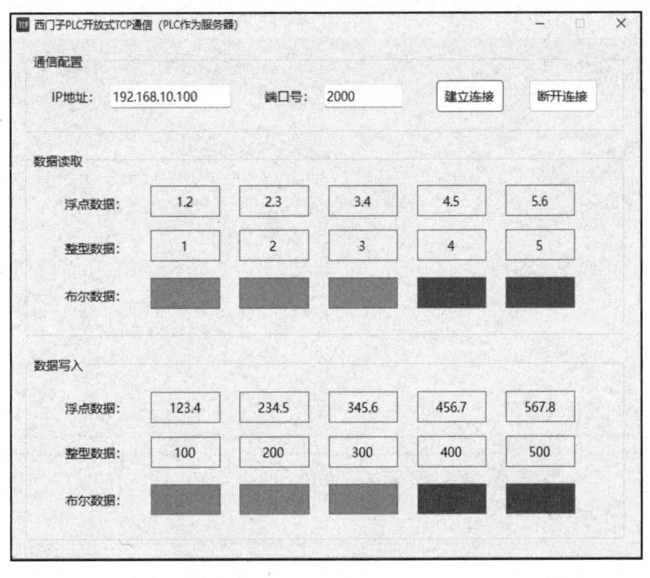

图 4-36　上位机的数据读取

4.3.4　上位机通用写入

（1）上位机写入的方式，采用弹出参数设置界面的方式来实现。因此，首先创建一个参数设置界面，如图 4-37 所示。

（2）上位机给 PLC 写入数据是通过发送字节数组到 PLC 中实现的。PLC 接收的数据（DATA）是 P#DB100.DBX32.0 BYTE 32，意味着我们每次写入 32 字节的数据到 PLC。但实际我们只修改单个变量的值，因此这里我们在每次接收数据的时候，将后面 32 字节的数据存储到一个全局的字节数组中，这样只需要在这个全局的字节数值中修改部分字节就可以了，如图 4-38 所示。

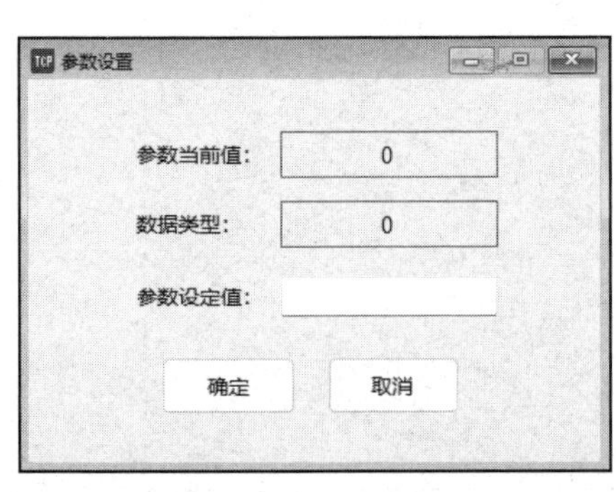

图 4-37　参数设置界面

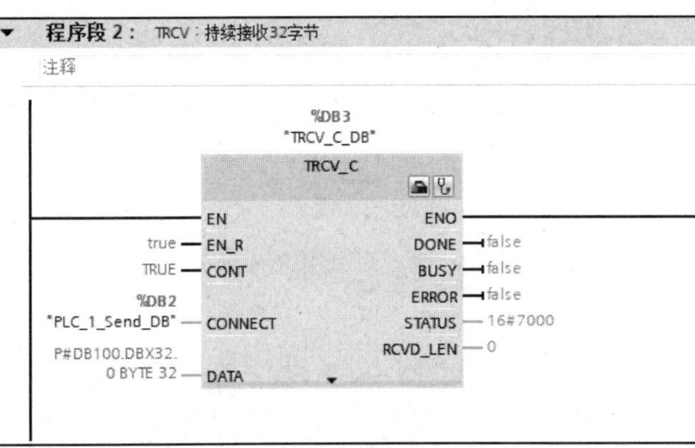

图 4-38　PLC 持续接收数据

（3）由于我们采用的是弹出界面实现参数修改的方式，因此调用 tcpclient.send 方法既可以在子界面中实现，也可以在主界面中实现，这是两种不同的思路。如果在子界面中实现，那么必须将 Socket 对象、SendBuffer 对象以及 BindVariable 对象通过构造方法传递到子界面中，这样比较麻烦。如果在主界面中实现，就要通过 ShowDialog 显示子界面。当 ShowDialog 的返回值为 OK 时，我们就获取要修改的值，然后使用这个值进行后续逻辑处理。因此，这里采用的是第二种方式，在主界面中调用 tcpclient.send 方法。

（4）事件绑定。通过双击事件对参数进行修改，要修改的参数可能会有很多，但是我们不需要给每个控件产生一个事件，只需要产生一个事件，然后使用通用事件绑定就可以了。通用事件绑定方法如下所示。

```
private void BindEvent()
{
    foreach (var item in this.gb_Write.Controls.OfType<Label>())
    {
        if (item.Tag != null && item.Tag.ToString().Length > 0)
        {
            if (GetBindVariableFromTag(item.Tag.ToString()).IsSuccess)
            {
                item.DoubleClick += CommonModify_DoubleClick;
            }
        }
    }
}
```

（5）双击事件。双击事件里将打开参数设置界面，并将当前值、数据类型通过构造方法传入（这里传入数据类型的目的是希望参数设置界面可以直接返回指定类型的数据），这里为了防止读写冲突，做了锁处理。具体实现如下所示。

```
private void CommonModify_DoubleClick(object sender, EventArgs e)
{
    if (sender is Label label)
    {
        var variable = GetBindVariableFromTag(label.Tag.ToString()).Content;
        string current = variable.DataType == DataType.Bool ? label.BackColor ==
Color.LimeGreen ? "True" : "False" : label.Text;
        FrmParamSet frmParamSet = new FrmParamSet(current, variable.DataType);
        DialogResult dialogResult = frmParamSet.ShowDialog();
        if (dialogResult == DialogResult.OK)
        {
            object setValue = frmParamSet.SetValue;
            lock (objLock)
            {
                try
                {
                    int start = receiveCount - sendCount;
```

```
                    byte[] data = ByteArrayLib.SetByteArray(sendBuffer, setValue,
variable.Start - start, variable.Offset);
                    tcpClient.Send(data);
                }
                catch (Exception ex)
                {
                    MessageBox.Show("参数修改失败：" + ex.Message, "参数修改");
                }
            }
        }
    }
}
```

（6）参数设置界面。参数设置界面中的逻辑比较简单，主要是设置完参数后，做一些简单的判断和转换，然后通过 DialogResult 返回。具体实现如下所示。

```
private void btn_Sure_Click(object sender, EventArgs e)
{
    string set = this.txt_Set.Text.Trim();
    try
    {
        //这里只展示了目前使用的类型，其他类型自行添加
        switch (dataType)
        {
            case DataType.Bool:
                SetValue = set.ToUpper() == "TRUE";
                break;
            case DataType.Short:
                SetValue = Convert.ToInt16(set);
                break;
            case DataType.Float:
                SetValue = Convert.ToSingle(set);
                break;
            case DataType.String:
                SetValue = set;
                break;
            default:
                break;
        }
    }
    catch (Exception)
    {
        MessageBox.Show("参数设定值与类型不匹配","参数设置");
        return;
    }
    this.DialogResult = DialogResult.OK;
}
```

（7）参数设置。这里以修改第一个浮点型数据为例，双击 Label 控件，弹出参数设置界

面，我们输入要设置的值，这里是 23.4，单击确定按钮，这样数据就写入 PLC 中了。同时，我们软件界面中的数据也在同步更新，如图 4-39～图 4-41 所示。

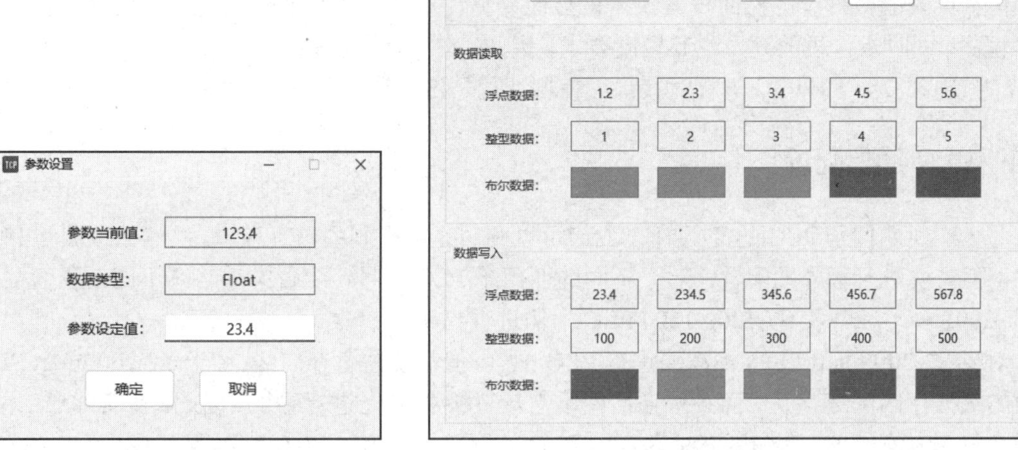

图 4-39　修改参数界面　　　　图 4-40　修改完成后观察上位机变化

PLCSimulator ▸ PLC_1 [CPU 1511-1 PN] ▸ 程序块 ▸ 通信DB [DB100]

保持实际值　快照　将快照值复制到起始值中　将起始值加载为实际值

通信DB

	名称	数据类型	偏移量	起始值	监视值	保持
1	▼ Static					
2	Read_B0	Bool	0.0	false	TRUE	
3	Read_B1	Bool	0.1	false	TRUE	
4	Read_B2	Bool	0.2	false	TRUE	
5	Read_B3	Bool	0.3	false	FALSE	
6	Read_B4	Bool	0.4	false	FALSE	
7	Read_I0	Int	2.0	0	1	
8	Read_I1	Int	4.0	0	2	
9	Read_I2	Int	6.0	0	3	
10	Read_I3	Int	8.0	0	4	
11	Read_I4	Int	10.0	0	5	
12	Read_R0	Real	12.0	0.0	1.2	
13	Read_R1	Real	16.0	0.0	2.3	
14	Read_R2	Real	20.0	0.0	3.4	
15	Read_R3	Real	24.0	0.0	4.5	
16	Read_R4	Real	28.0	0.0	5.6	
17	Write_B0	Bool	32.0	false	FALSE	
18	Write_B1	Bool	32.1	false	TRUE	
19	Write_B2	Bool	32.2	false	TRUE	
20	Write_B3	Bool	32.3	false	FALSE	
21	Write_B4	Bool	32.4	false	FALSE	
22	Write_I0	Int	34.0	0	100	
23	Write_I1	Int	36.0	0	200	
24	Write_I2	Int	38.0	0	300	
25	Write_I3	Int	40.0	0	400	
26	Write_I4	Int	42.0	0	500	
27	Write_R0	Real	44.0	0.0	23.4	
28	Write_R1	Real	48.0	0.0	234.5	
29	Write_R2	Real	52.0	0.0	345.6	
30	Write_R3	Real	56.0	0.0	456.7	
31	Write_R4	Real	60.0	0.0	567.8	

图 4-41　观察 PLC 数据变化

4.4 西门子 S7 通信应用

前面给大家介绍了西门子 PLC 的开放式 TCP 通信。开放式 TCP 的优点是灵活，能够一次性传输更大的数据量。然而，其缺点也显而易见，对开发人员要求较高，需要编写自己的 PLC 程序，同时上位机的开发也有较高要求。因此，在实际应用中，我们经常使用西门子 PLC 的 S7 协议来与西门子 PLC 进行对接。在使用西门子 S7 通信时，无须编写 PLC 程序。

4.4.1 PLC 通信配置

对于实现西门子 PLC 的 S7 通信，我们可以利用之前提到的仿真环境。虽然无须编写 PLC 程序，但需要进行额外的配置。对于不同的西门子 PLC 型号，配置方法略有不同，我们主要以 S7-200Smart PLC 及 S7-1200/1500 PLC 为例进行说明。

对于 S7-200Smart PLC，不需要进行 PLC 配置，但需要注意存储区。由于 S7-200Smart PLC 常用的数据存储区是 V 区，而某些通信库不支持直接对 V 区进行寻址。因此，在实际通信中，我们会将 V 视为 DB1 存储区来处理。以 PLC 实际地址为例，V0.0 就相当于 DB1.DBX0.0，VD100 相当于 DB1.DBD100，以此类推。

对于 S7-1200/1500 PLC，我们使用的编程软件是 TIA 博图，需要做一些额外的配置，具体如下所示。

（1）勾选“允许来自远程对象的 PUT/GET 通信访问”：右击 CPU，选择属性，在弹出的界面中选择常规，找到防护与安全>连接机制，勾选“允许来自远程对象的 PUT/GET 通信访问”，如图 4-42 所示。

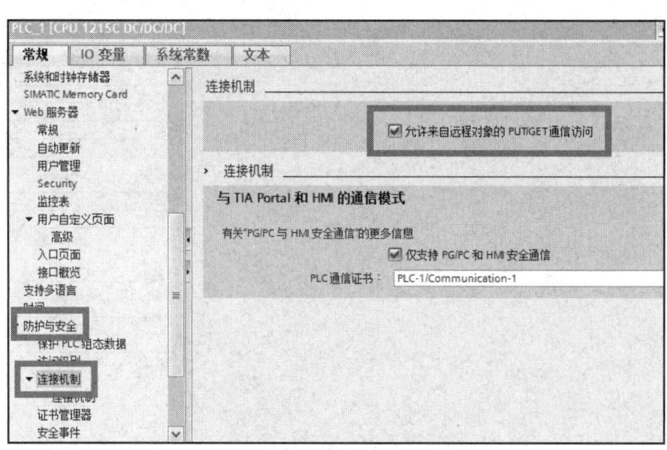

图 4-42　勾选“允许来自远程对象的 PUT/GET 通信访问”

（2）取消 DB 优化的块访问：对于西门子 S7-1200/1500PLC，存储数据主要使用 DB 存储区。默认情况下，DB 是经过优化的块访问，因此在配置中需要手动取消勾选。右击 DB，选择属性，在弹出的界面中将默认的“优化的块访问”的勾选去掉，如图 4-43 所示。

（3）必要时增加通信负载：如果我们做好了以上配置，但是仍然无法实现通信，可能需要增加通信负载。右击 CPU，选择属性，在弹出的界面中选择常规，找到通信负载，默认通信产生的循环负载是 20%，可以适当调整一下，再重新下载程序测试，如图 4-44 所示。

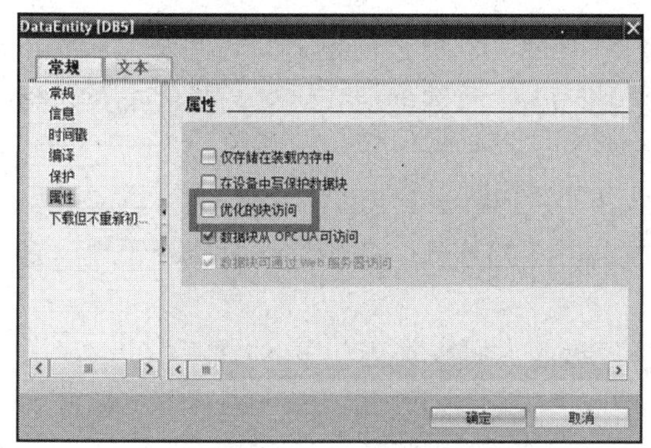

图 4-43　取消勾选“优化的块访问”

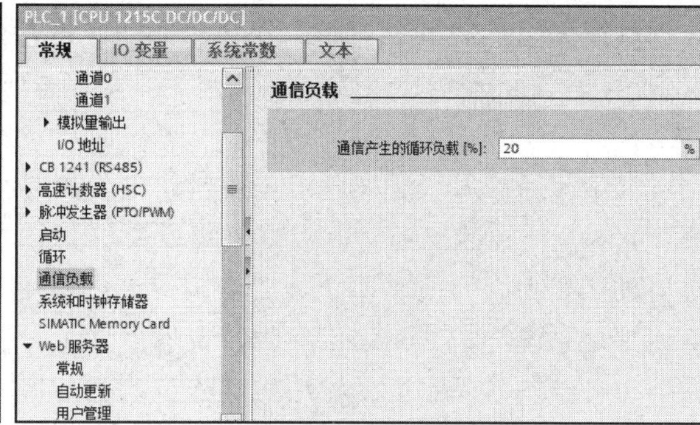

图 4-44　设置通信负载

（4）保证上位机读取的是有效的存储区地址或范围：有效的存储区地址或范围就是说读取的地址必须是一个有效地址，以下两点需要大家注意。

① 如果我们没有手动创建 DB，那么 DB 存储区将不存在，因此无法读取。

② 即使我们创建了 DB，其中包含一定数量的变量，但其地址范围是有限的。如果我们尝试读取超出这个范围的数据，将无法成功。

比如 DB100，如图 4-45 所示，它的存储范围是 64 个字节，如果读取长度超过 64，就肯定读不到数据了。

PLCSimulator ▸ PLC_1 [CPU 1511-1 PN] ▸ 程序块 ▸ 通信DB [DB100]

保持实际值　快照　将快照值复制到起始值中　将起始值加载为

通信DB

	名称	数据类型	偏移量	起始值	保持
1	▼ Static				
2	Read_B0	Bool	0.0	false	
3	Read_B1	Bool	0.1	false	
4	Read_B2	Bool	0.2	false	
5	Read_B3	Bool	0.3	false	
6	Read_B4	Bool	0.4	false	
7	Read_I0	Int	2.0	0	
8	Read_I1	Int	4.0	0	
9	Read_I2	Int	6.0	0	
10	Read_I3	Int	8.0	0	
11	Read_I4	Int	10.0	0	
12	Read_R0	Real	12.0	0.0	
13	Read_R1	Real	16.0	0.0	
14	Read_R2	Real	20.0	0.0	
15	Read_R3	Real	24.0	0.0	
16	Read_R4	Real	28.0	0.0	
17	Write_B0	Bool	32.0	false	
18	Write_B1	Bool	32.1	false	
19	Write_B2	Bool	32.2	false	
20	Write_B3	Bool	32.3	false	
21	Write_B4	Bool	32.4	false	
22	Write_I0	Int	34.0	0	
23	Write_I1	Int	36.0	0	
24	Write_I2	Int	38.0	0	
25	Write_I3	Int	40.0	0	
26	Write_I4	Int	42.0	0	
27	Write_R0	Real	44.0	0.0	
28	Write_R1	Real	48.0	0.0	
29	Write_R2	Real	52.0	0.0	
30	Write_R3	Real	56.0	0.0	
31	Write_R4	Real	60.0	0.0	

图 4-45　PLC 存储区说明

4.4.2 S7.NET 通信库封装

众所周知，S7 协议是西门子的专有协议，不对外开放。然而，通过一些开源的通信库，如 S7.Net、Sharp7、Snap7 等，我们可以实现与西门子 PLC 的通信。在这里，我们主要介绍 S7.Net 通信库。

S7.Net 通信库广泛应用于工业自动化和控制领域，用于开发与 PLC 通信的上位机应用程序。它可用于监控、控制、数据采集以及与 PLC 相关的各种任务。在制造业、能源管理、建筑自动化和物流等领域 S7.Net 都有着重要的应用。

总地来说，S7.Net 通信库为开发者提供了一种便捷的方式来与西门子 S7 系列 PLC 进行通信，使开发者能够更轻松地构建先进的工业自动化应用程序。它在提高生产效率、降低成本和改善工业流程控制方面发挥了重要作用。

我们可以通过 NuGet 搜索 S7NetPlus 来获取 S7.Net 通信库。

我们在前面创建的项目的基础上添加通信库相关内容。首先右击引用，选择管理 NuGet 程序包，在弹出的界面中选择浏览，在搜索栏中输入 S7NetPlus，然后搜索，搜索结果如图 4-46 所示。

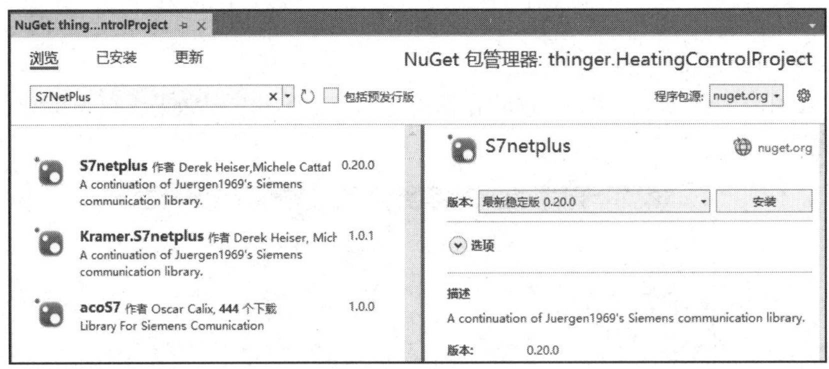

图 4-46 搜索结果

选择第一个 S7netplus，版本选择最新稳定的版本，单击安装按钮，即可将其添加到项目的引用中。

注意： S7netplus 是一个开源免费的通信库，当前最新版本是 0.20.0。在实际使用中，可能会有更新版本发布。该通信库从 0.16.0 版本开始开发，因此在使用时需要注意版本兼容性。另外，S7netplus 通信库会有第三方库的依赖。因此在复制动态链接库（DLL）文件的时候，必须注意版本和依赖项。

安装好 S7netplus 通信库引用后，接下来我们对这个通信库进行二次封装，具体步骤如下所示。

步骤 1：引入命名空间。首先我们要弄清楚 S7netplus 这个通信库的命名空间名称是 S7.Net，然后我们添加命名空间。具体实现如下所示。

```
//添加命名空间
```

```
using S7.Net;
```

步骤 2：创建 PLC 通信对象。我们手动创建一个类，类名为 S7NetLib，基于 S7.Net 库中的 Plc 类创建一个私有字段 s7NetPlc——西门子 PLC 通信类对象。具体实现如下所示。

```
public class S7NetLib
    {
        /// <summary>
        /// 【私有字段】：西门子 S7 协议 PLC 通信类对象
        /// </summary>
        private Plc s7NetPlc = null;
    }
```

步骤 3：创建通信参数。S7 通信需要传递 4 个参数，分别为 CPU 类型、IP 地址、机架号和插槽号，因此创建 4 个数据属性。具体实现如下所示。

```
        /// <summary>
 /// 【公有属性】：PLC 的 CPU 类型
 /// </summary>
 public CpuType CPUType { get; set; }
 /// <summary>
 /// 【公有属性】：PLC 的 IP 地址
 /// </summary>
 public string IPAddress { get; set; }
 /// <summary>
 /// 【公有属性】：PLC 的机架号
 /// </summary>
 public short Rack { get; set; }
 /// <summary>
 /// 【公有属性】：PLC 的插槽号
 /// </summary>
 public short Slot { get; set; }
```

步骤 4：创建构造方法。可以通过创建一个构造方法，用于给 S7 通信的 4 个参数传递初始值。具体实现如下所示。

```
/// <summary>
/// 构造方法：初始化对象数据（在 UI 中演示对象创建）
/// </summary>
/// <param name="type">PLC 的 CPU 类型</param>
/// <param name="ip">PLC 的 IP 地址</param>
/// <param name="rack">机架号</param>
/// <param name="slot">插槽号</param>
public S7NetLib(CpuType type, string ip, short rack, short slot)
{
   CPUType = type;
```

```
    IPAddress = ip;
    Rack = rack;
    Slot = slot;
}
```

步骤 5：打开 PLC 连接。打开 PLC 连接前，先判断通信对象是否为 Null。如果不为 Null，则重新实例化，然后判断通信对象是否连接；如果没有连接，则调用 Open 方法打开连接。具体实现如下所示。

```
[Description("建立 PLC 连接")]
public void Connect()
{
    s7NetPlc = new Plc(CPUType, IPAddress, Rack, Slot);
    s7NetPlc.ReadTimeout = 2000;
    s7NetPlc.WriteTimeout = 2000;
    s7NetPlc.Open();
}
```

步骤 6：断开 PLC 连接。断开 PLC 连接时，先判断通信对象是否为 Null，再判断是否连接。如果满足条件，调用 Close 方法断开连接。具体实现如下所示。

```
[Description("断开 PLC 连接")]
public void DisConnect()
{
    if (s7NetPlc != null && s7NetPlc.IsConnected)
    {
        s7NetPlc.Close();
    }
}
```

步骤 7：单个变量读取。单个变量的读取，直接填写 PLC 地址就行，但是地址格式一定要正确，否则无法解析出来。考虑到可能会出现读写冲突，我们加了锁处理。关于锁处理，大家这里作为一个了解即可。具体实现如下所示。

```
[Description("单个变量读取")]
public object ReadSingle(string address)
{
    lock (this)
    {
        return this.s7NetPlc.Read(address);
    }
}
```

步骤 8：变量读取封装。单个变量读取方法的封装是在 ReadSingle 方法的基础上进行封装应用的，这里着重对 ReadFloat 进行说明。ReadSingle 方法中只有一个 PLC 地址参数。对于浮点型和整型数据来说，通过地址格式是无法区分的，且 ReadSingle 方法只能读取整型数据，需要再手动转换成浮点型数据，这个转换方法在库中已经提供。具体实现如下所示。

```
public bool ReadBool(string address)
{
    return Convert.ToBoolean(ReadSingle(address));
}
public short ReadShort(string address)
{
    return Convert.ToInt16(ReadSingle(address));
}
public ushort ReadUShort(string address)
{
    return Convert.ToUInt16(ReadSingle(address));
}
public int ReadInt(string address)
{
    return Convert.ToInt32(ReadSingle(address));
}
public uint ReadUInt(string address)
{
    return Convert.ToUInt32(ReadSingle(address));
}
public float ReadFloat(string address)
{
    return Convert.ToUInt32(ReadSingle(address)).ConvertToFloat();
}
```

步骤 9：从 PLC 中批量读取数据。具体实现如下所示。

```
[Description("从 PLC 中批量读取数据")]
public byte[] ReadBytes(DataType dataType, int db, int startByteAdr, int count)
{
    lock (this)
    {
        return this.s7NetPlc.ReadBytes(dataType, db, startByteAdr, count);
    }
}
```

步骤 10：单个变量写入。对于数据写入，上位机一般是针对某个变量修改数据的。因此，下面这个方法主要实现单个变量的写入。第一个参数填写的是变量的地址，西门子 PLC 变量地址的一般格式为 M0.0/MW0/MD0/DB1.DBX0.0/DB1.DBW0/DB1.DBD0 等；第二个参数填写的是具体的值，这里可能涉及多种数据类型，因此第二个参数的数据类型是 object，实际应用时，必须传入一个具体并正确的数据类型的值。具体实现如下所示。

```
[Description("单个变量写入")]
public void WriteSingle(string varAddress, object varValue)
{
    lock (this)
```

```
    {
        this.s7NetPlc.Write(varAddress, varValue);
    }
}
```

步骤 11：向 PLC 中批量写入数据。具体实现如下所示。

```
[Description("向 PLC 中批量写入数据")]
public void WriteBytes(DataType dataType, int db, int startByteAdd, byte[]
varValue)
{
    lock (this)
    {
        this.s7NetPlc.WriteBytes(dataType, db, startByteAdd, varValue);
    }
}
```

4.4.3 PLC 通信通用读取思路

在实际项目中，我们很少使用单个变量读取方法，特别是当数据量比较大时，其效率相对较低。因此，通常会采用批量读取方法来提高效率。以下是两种常见的批量读取方法。

1. ReadClass 方法

S7.Net 通信库中提供了一个读取泛型类的方法，方法原型如下所示。

```
public T? ReadClass<T>(int db, int startByteAdr = 0) where T : class
{
    return ReadClass(() => Activator.CreateInstance<T>(), db, startByteAdr);
}
```

我们在这个方法的基础上稍微对其封装了一下，写在 S7NetLib 中。具体实现如下所示。

```
public T ReadClass<T>(int db, int startByteAdd) where T : class
{
    lock (this)
    {
        return this.s7NetPlc.ReadClass<T>(db, startByteAdd);
    }
}
```

下面以一个实际案例进行说明。

这里创建了一个 DB，里面包含 9 个变量，如果用单个变量读取方法，需要读取 9 次才能完成一次读取。如果是 90 甚至 900 个变量，耗时可能会达到几秒甚至几十秒，显然这种通信效率是不能够满足我们的更新要求的，如图 4-47 所示。

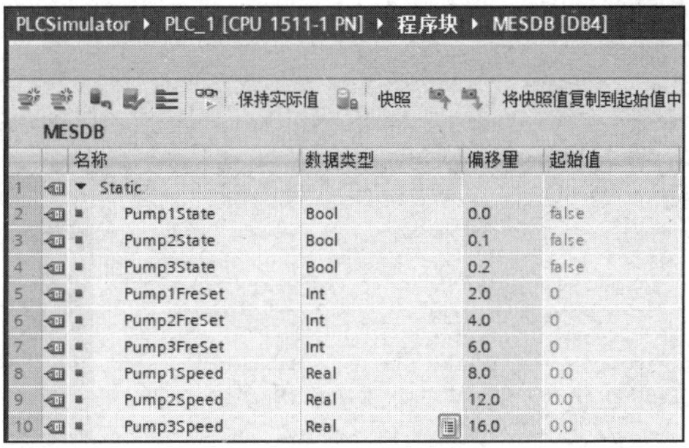

PLCSimulator ▸ PLC_1 [CPU 1511-1 PN] ▸ 程序块 ▸ MESDB [DB4]

保持实际值　快照　将快照值复制到起始值中

MESDB

	名称	数据类型	偏移量	起始值
1	▼ Static			
2	Pump1State	Bool	0.0	false
3	Pump2State	Bool	0.1	false
4	Pump3State	Bool	0.2	false
5	Pump1FreSet	Int	2.0	0
6	Pump2FreSet	Int	4.0	0
7	Pump3FreSet	Int	6.0	0
8	Pump1Speed	Real	8.0	0.0
9	Pump2Speed	Real	12.0	0.0
10	Pump3Speed	Real	16.0	0.0

图 4-47　PLC 存储区说明

如果采用 ReadClass 方法，则首先创建一个对应的实体类，具体实现如下所示。

```
public class PlcData
{
    public bool Pump1State { get; set; }
    public bool Pump2State { get; set; }
    public bool Pump3State { get; set; }
    public short Pump1FreSet { get; set; }
    public short Pump2FreSet { get; set; }
    public short Pump3FreSet { get; set; }
    public float Pump1Speed { get; set; }
    public float Pump2Speed { get; set; }
    public float Pump3Speed { get; set; }
}
```

当我们调用 ReadClass 方法时，参数有 2 个，第一个参数是 DB 号，第二个参数是开始字节。我们传入 4 和 0，读取完成后更新界面。具体实现如下所示。

```
    s7Net = new S7NetLib(CpuType.S71500, "192.168.10.100", 0, 0);
s7Net.Connect();
    PlcData data = s7Net.ReadClass<PlcData>(4, 0);
    if (data != null)
    {
        this.lbl_Pump1State.Text = data.Pump1State.ToString();
        this.lbl_Pump2State.Text = data.Pump2State.ToString();
        this.lbl_Pump3State.Text = data.Pump3State.ToString();
        this.lbl_Pump1FreSet.Text = data.Pump1FreSet.ToString();
        this.lbl_Pump2FreSet.Text = data.Pump2FreSet.ToString();
        this.lbl_Pump3FreSet.Text = data.Pump3FreSet.ToString();
        this.lbl_Pump1Speed.Text = data.Pump1Speed.ToString();
        this.lbl_Pump2Speed.Text = data.Pump2Speed.ToString();
        this.lbl_Pump3Speed.Text = data.Pump3Speed.ToString();
    }
```

为了验证结果，我们手动修改下 PLC 中的各个变量的值，如图 4-48 所示。

PLCSimulator ▸ PLC_1 [CPU 1511-1 PN] ▸ 程序块 ▸ MESDB [DB4]

保持实际值 快照 将快照值复制到起始值中 将起始值

MESDB

	名称	数据类型	偏移量	起始值	监视值
1	▼ Static				
2	Pump1State	Bool	0.0	false	TRUE
3	Pump2State	Bool	0.1	false	TRUE
4	Pump3State	Bool	0.2	false	TRUE
5	Pump1FreSet	Int	2.0	0	1
6	Pump2FreSet	Int	4.0	0	2
7	Pump3FreSet	Int	6.0	0	3
8	Pump1Speed	Real	8.0	0.0	1200.3
9	Pump2Speed	Real	12.0	0.0	2100.3
10	Pump3Speed	Real	16.0	0.0	1800.3

图 4-48　修改 PLC 存储区数据

我们可以很轻松地读取到 PLC 中的数据。ReadClass 方法的原理与我们接下来讲的 ReadBytes 方法是一致，首先根据类的模型计算出要读取数据的长度，然后调用 ReadBytes 方法读取到字节数组，最后按照属性的顺序和类型进行解析。上位机最终的运行结果如图 4-49 所示。

西门子PLC通信案例

MESDB数据读取

1号泵状态:	True
2号泵状态:	True
3号泵状态:	True
1号泵设定:	1
2号泵设定:	2
3号泵设定:	3
1号泵转速:	1200.3
2号泵转速:	2100.3
3号泵转速:	1800.3

图 4-49　上位机最终的运行结果

注意： 实体类中的属性顺序必须完全和 PLC 中 DB 中的一致，不能颠倒或增减。此外，实体类中属性的数据类型也必须与 PLC 中 DB 中的数据类型保持一致，否则所有的数据值都会产生错误。

---

2. ReadBytes 方法

ReadBytes 方法与 ReadClass 方法的原理相似，都是从 PLC 中读取数据。然而，它们在应用和特点上略有不同。ReadBytes 方法更加侧重于通用性，即使换成其他协议也适用。在使用 ReadBytes 方法时，需要手动指定要读取数据的长度，并且需要自行解析这些字节来获取所需的数据。由于 ReadBytes 方法读取的是原始字节流，而不涉及特定的数据结构，因此实体类属性的顺序必须与数据源中的顺序完全一致。此外，即使单个变量的数据类型出现问题，也不会影响其他变量的读取。具体实现如下所示。

```
s7Net = new S7NetLib(CpuType.S71500, "192.168.10.100", 0, 0);
s7Net.Connect();
byte[] data= s7Net.ReadBytes(DataType.DataBlock, 4, 0, 20);
if (data!=null&&data.Length==20)
{
    PlcData plcData = new PlcData();
    plcData.Pump1State = BitLib.GetBitFromByteArray(data, 0, 0);
    plcData.Pump2State = BitLib.GetBitFromByteArray(data, 0, 1);
    plcData.Pump3State = BitLib.GetBitFromByteArray(data, 0, 2);
    plcData.Pump1FreSet = ShortLib.GetShortFromByteArray(data, 2);
    plcData.Pump2FreSet = ShortLib.GetShortFromByteArray(data, 4);
    plcData.Pump3FreSet = ShortLib.GetShortFromByteArray(data, 6);
    plcData.Pump1Speed = FloatLib.GetFloatFromByteArray(data, 8);
    plcData.Pump2Speed = FloatLib.GetFloatFromByteArray(data, 12);
    plcData.Pump3Speed = FloatLib.GetFloatFromByteArray(data, 16);
}
```

4.4.4　PLC 通信解决方案

当初学者在学习上位机与西门子 PLC 通信时遇到连接问题时，可以按照以下步骤进行检查和解决。

第一步：首先确保以太网网络连接正常。可以通过使用 Ping 指令测试网络连接。PLC 的 IP 地址执行 Ping 操作，若网络连接异常，需检查 IP 地址的设置或者网络设备是否正常。

第二步：确认 IP 地址可 Ping 通后，进一步测试端口是否开放。西门子 PLC 的默认端口号是 102，PLC 作为服务器，我们可利用网络调试助手作为客户端，连接 PLC 的 IP 地址，端口号设为 102。若无法连接，需检查 PLC 端的设置。

第三步：若 102 端口连接成功，可先深度读取 M 区数据，如读取 MW0 中的值。M 区是西门子 PLC 的内置存储区，几乎所有的 PLC 都有 M 区。若 M 区数据读取失败，需检查是否启用 PUT/GET 访问权限，如仍有问题，可尝试调整通信负载。

第四步：若 M 区数据读取正常，基本排除通信问题。若上位机仍无法读取数据，可能是读取地址或格式有误，需进一步检查。

第 5 章　Modbus 通信协议说明

5.1　Modbus 基础知识说明

Modbus 通信协议由 Modicon 公司（现施耐德电气 Schneider Electric）于 1979 年发布，旨在为可编程逻辑控制通信提供标准。如今，Modbus 已成为工业领域通信协议的业界标准，被广泛应用于工业电子设备之间的连接。相对于其他协议，Modbus 具有以下特点。

（1）Modbus 协议标准开放、公开发表且无版权要求。

（2）Modbus 协议支持多种电气接口，包括 RS232、RS485、TCP/IP 等，可在各种介质上传输，如双绞线、光纤、红外、无线等。

（3）Modbus 协议消息帧格式简单、紧凑、通俗易懂，用户理解和使用简单，有利于厂商开发和集成，促进工业控制网络的形成。

Modbus 协议是一种应用层报文传输协议，包括 ASCII、RTU、TCP 三种报文类型。协议本身并未定义物理层，而是定义了控制器能认知和使用的消息结构。

串口传输通常选择 RTU 或 ASCII 模式。这两种模式规定了消息、数据结构、命令和应答方式，并对数据进行校验。ASCII 模式采用 LRC 校验，RTU 模式采用 16 位 CRC 校验，以确保数据的完整性和准确性。以太网传输一般使用 TCP 模式，因 TCP 协议是一种面向连接的可靠协议，不需要额外的数据校验。

5.1.1　Modbus 存储区

Modbus 协议主要用于实现不同设备间的数据交互和通信。为了管理数据，引入了存储区的概念，类似于可编程逻辑控制器（PLC）中的存储区。不同品牌的 PLC 定义了各自特有的存储区，比如西门子 PLC 的 M、Q、V、DB 存储区，三菱 PLC 的 X、Y、M 和 D 存储区等。

Modbus 协议的存储区根据数据类型分为两种主要类型：布尔类型和字类型。布尔类型用于存储布尔变量，被称为线圈。字类型用于存储一般数据，被称为寄存器。

根据存储区的读写属性，存储区分为只读和可读可写两种类型：只读存储区仅允许读取数据，不能写入；可读可写存储区允许读取和写入数据。例如，在三菱 PLC 中，X 存储区是只读的，Y 存储区是可读可写的；在 Modbus 协议中，只读存储区被称为输入，可读可写存储区被称为输出。

根据数据类型和读写特性，Modbus 协议规定了四种存储区，具体如表 5-1 所示。

表 5-1　Modbus 协议存储区分类

存储区名称	数 据 类 型	读 写 特 性
输出线圈	布尔/线圈	可读可写
输入线圈	布尔/线圈	只读
输入寄存器	字/寄存器	只读
输出寄存器	字/寄存器	可读可写

注意：这里的输出寄存器，在 Modbus 协议规范中一般被称为保持型寄存器。

根据 Modbus 协议的规定，每个存储区都有一个特定的代号，用数字形式表示，具体如表 5-2 所示。

表 5-2　Modbus 存储区代号

存储区名称	存储区代号
输出线圈	0 区
输入线圈	1 区
输入寄存器	3 区
保持型寄存器	4 区

5.1.2　Modbus 地址模型

PLC 的每个存储区都有一定的范围，不是无限扩展的。举例来说，三菱 PLC 的 D 区一般只能存储 8000 个字，最大的地址是 D7999。类似的，Modbus 协议规定每个存储区最多只能存储 65536 个变量。

在分析 Modbus 地址格式之前，我们先了解一下 PLC 地址格式。比如，三菱 PLC 的地址通常以字母开头，如 X10、D100、M200。通过这样的地址，我们能轻松地确定该变量所在的存储区，并且知道对应的偏移量地址是多少。因此，在 PLC 的地址中，第一个字母代表存储区代号，后面的数字表示地址偏移量。以下是 PLC 地址格式的示例：

PLC 地址=存储区代号 + 地址偏移量

对于 Modbus 协议来说，地址格式虽遵循类似的规则，但也有一些区别需要注意。

（1）Modbus 协议的存储区代号为数字 0、1、3、4。为了确保地址格式的一致性，通常采用 0XXXXX、1XXXXX 格式。

（2）Modbus 地址存在+1 的偏移规则。举例来说，对于保持型寄存器存储区（区号为 4），第一个寄存器的偏移量为 0，对应的 Modbus 地址为 400001，这是协议规定的。

Modbus 的地址范围及格式如表 5-3 所示。

表 5-3　Modbus 的地址范围及格式

存储区名称	存储区代号	Modbus 地址范围	Modbus 协议地址
输出线圈	0x	000001～065536	0～65535
输入线圈	1x	100001～165536	0～65535

续表

存储区名称	存储区代号	Modbus 地址范围	Modbus 协议地址
输入寄存器	3x	300001～365536	0～65535
保持型寄存器	4x	400001～465536	0～65535

在实际应用中，我们通常不会使用那么多的存储区。为了方便起见，Modbus 引入了一种被称为短地址模型的地址格式。在这种模型下，Modbus 的地址格式由原来的 6 位变为 5 位，具体如表 5-4 所示。

表 5-4　Modbus 短地址模型范围

存储区名称	存储区代号	Modbus 地址范围	Modbus 协议地址
输出线圈	0x	00001～09999	0～9998
输入线圈	1x	10001～19999	0～9998
输入寄存器	3x	30001～39999	0～9998
保持型寄存器	4x	40001～49999	0～9998

5.1.3　Modbus 功能码

Modbus 协议主要用于设备间的通信，核心在于实现数据的交互。在此过程中，数据的读取和写入是至关重要的操作。我们通过与 Modbus 的四个存储区结合，形成了一系列具体的行为，并通过功能码对这些行为进行编号，功能码代表 Modbus 通信中的不同操作。

首先，针对读取操作，具体包括以下四种行为：读取输入线圈、读取输出线圈、读取输入寄存器、读取保持型寄存器。

其次，对于写入操作，需要注意输入线圈和输入寄存器是不能写入的，可以进行写入操作的存储区包括输出线圈和保持型寄存器。Modbus 规定了两种写入方式，即单个写入和多个写入。写入操作最终分为四种行为，即写入单个线圈、写入多个线圈、写入单个寄存器和写入多个寄存器。

我们给以上 8 种行为编号，形成 Modbus 的 8 大功能码，具体如表 5-5 所示。

表 5-5　Modbus 的功能码说明

功　能　码	说　　明
0x 01	读取输出线圈
0x 02	读取输入线圈
0x 03	读取保持型寄存器
0x 04	读取输入寄存器
0x 05	写入单个线圈
0x 06	写入单个寄存器
0x 0F	写入多个线圈
0x 10	写入多个寄存器

Modbus 协议的功能码不仅包括常见的功能码，还包含异常功能码。当通信发生异常时，设备会返回一段异常响应报文，包括从站地址、功能码和异常码。在异常响应报文中，为了区别于正常响应的功能码，功能码的最高位（MSB）会被设置为 1。

异常功能码通常以 8 开头，如 0x81、0x83 等，用于表示不同类型的通信异常情况。这些异常功能码提供了在通信错误或其他异常情况下更详细的错误诊断信息，帮助设备和系统能够更有效地处理和响应问题。异常功能码与正常功能码之间的关系为

$$异常功能码=正常功能码+0x80$$

举个例子，假设我们在 Modbus Slave 中开辟了一个保持型寄存器存储区，从地址 0 开始，共包含 10 个寄存器。然而，当主站使用 Modbus Poll 进行读取时，起始地址却设置为 100，超出了从站实际存在的寄存器范围。从站将无法提供主站所需要的数据，导致读取操作失败。在这种情况下，主站会报错，错误信息如图 5-1 所示。

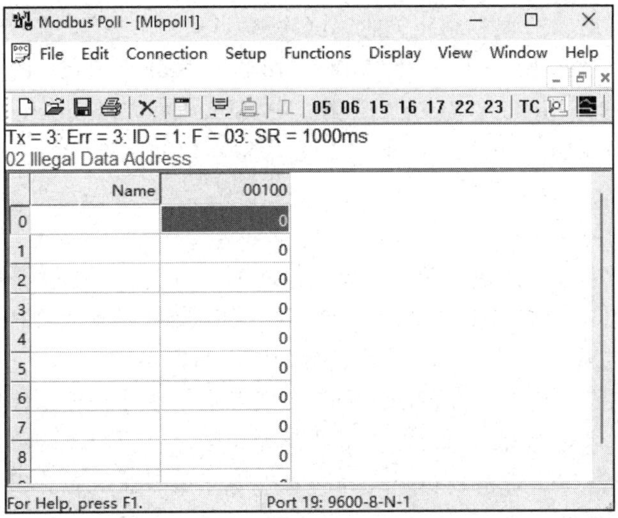
Modbus Poll - [Mbpoll1]
File Edit Connection Setup Functions Display View Window Help
05 06 15 16 17 22 23 TC
Tx = 3: Err = 3: ID = 1: F = 03: SR = 1000ms
02 Illegal Data Address
Name
00100
0 1 2 3 4 5 6 7 8
0
0
0
0
0
0
0
0
0
For Help, press F1.
Port 19: 9600-8-N-1

图 5-1　Modbus Poll 读取异常

我们通过 Display 菜单下的 Communication 子菜单观察发送与接收的报文，如图 5-2 所示。

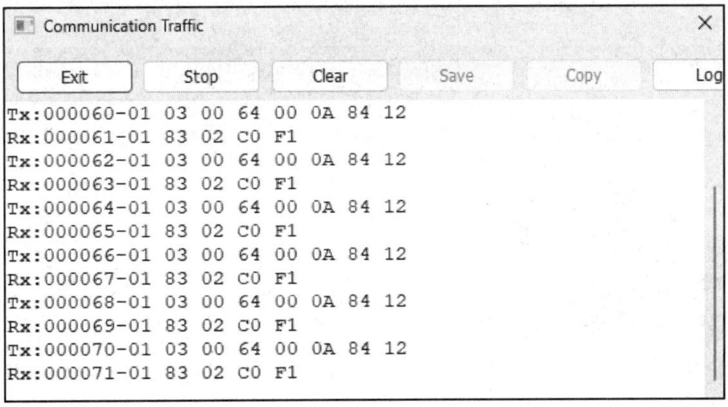
Communication Traffic
Exit
Stop
Clear
Save
Copy
Log
Tx:000060-01 03 00 64 00 0A 84 12
Rx:000061-01 83 02 C0 F1
Tx:000062-01 03 00 64 00 0A 84 12
Rx:000063-01 83 02 C0 F1
Tx:000064-01 03 00 64 00 0A 84 12
Rx:000065-01 83 02 C0 F1
Tx:000066-01 03 00 64 00 0A 84 12
Rx:000067-01 83 02 C0 F1
Tx:000068-01 03 00 64 00 0A 84 12
Rx:000069-01 83 02 C0 F1
Tx:000070-01 03 00 64 00 0A 84 12
Rx:000071-01 83 02 C0 F1

图 5-2　Modbus Poll 观察报文

在图 5-2 中，我们可以看到功能码为 0x83，0x83 为异常功能码，0x83 后面的 0x02 表示异常码。通过这个异常码，我们可以知道产生错误的具体原因。常见的异常码说明如表 5-6 所示。

表 5-6　常见的异常码说明

异常码	名　称	说　明
0x01	非法功能码	从站设备不支持此功能码
0x02	非法数据地址	指定的数据地址在从站设备中不存在
0x03	非法数据值	指定的数据超过范围或者不允许使用
0x04	从站设备故障	在从站设备处理响应过程中出现未知错误等

5.1.4　Modbus 仿真软件

在学习 Modbus 时，合理利用相关的调试软件可以事半功倍。在这个过程中，三大必备工具是 Modbus Poll、Modbus Slave 及 VSPD。其中，Modbus Poll 用于模拟 Modbus 主站或 Modbus 客户端的功能；Modbus Slave 用于模拟 Modbus 从站或 Modbus 服务器工具；VSPD（Configure Virtual Serial Port Driver）是用于创建虚拟串口的工具。

1. 虚拟串口软件

由于大多数笔记本电脑通常不带有串口，因此为了方便学习和实际的硬件调试工作，我们经常会购买 USB 转串口 RS485/RS232 的转接器，如图 5-3 所示。这种转接器可以在笔记本电脑上通过 USB 接口提供串口功能，用于连接和操作串口设备。另外，对于纯软件测试，如果不需要连接实际的串口设备，则可以选择安装虚拟串口软件。虚拟串口软件能够在电脑中生成一对虚拟串口。这对虚拟串口可以在软件开发和调试过程中模拟串口通信的环境，使用非常方便。在一般情况下，虚拟串口软件会成对出现，每一对对应一组虚拟串口。当我们需要进行两个软件之间的通信时，一个软件需要连接到第一个虚拟串口，另一个软件需要连接到另一个虚拟串口，从而实现数据的传输和交换。在虚拟串口软件安装完成之后，打开软件界面通常会呈现类似图 5-4 所示的界面。

图 5-3　USB 转串口 RS485/RS232 的转换器

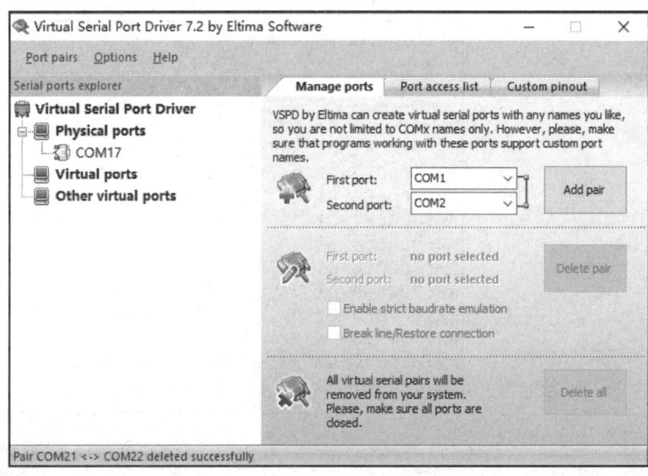

图 5-4　虚拟串口软件界面

注意：在实际工作中，我们通常会使用两个版本的虚拟串口软件，一个是 7.2 版本的，另一个是 9.0 版本的。如果在使用过程中遇到问题，建议先卸载当前版本的软件，再安装另一个版本的软件进行尝试。

打开虚拟串口软件后，就可以添加虚拟串口了。由于虚拟串口需要成对出现，因此我们需要选择合适的串口号。为了避免与计算机 VGA 硬件串口（通常是 COM1）冲突，不建议使用默认的 COM1 和 COM2。相反，我们应该选择 20 以后的串口号。尽量选择奇数和偶数交替的串口号，更方便使用。举例来说，我们可以选择添加 COM21 和 COM22 两个虚拟串口，如图 5-5 所示。

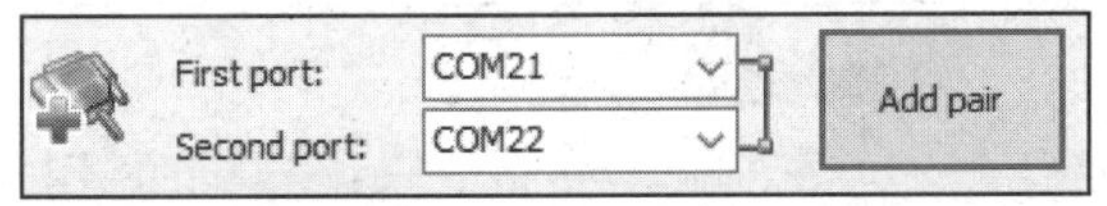

图 5-5 添加虚拟串口

生成的虚拟串口如图 5-6 所示，显示在 Virtual ports 下。其中，Physical ports 表示物理串口，即真实存在的串口。

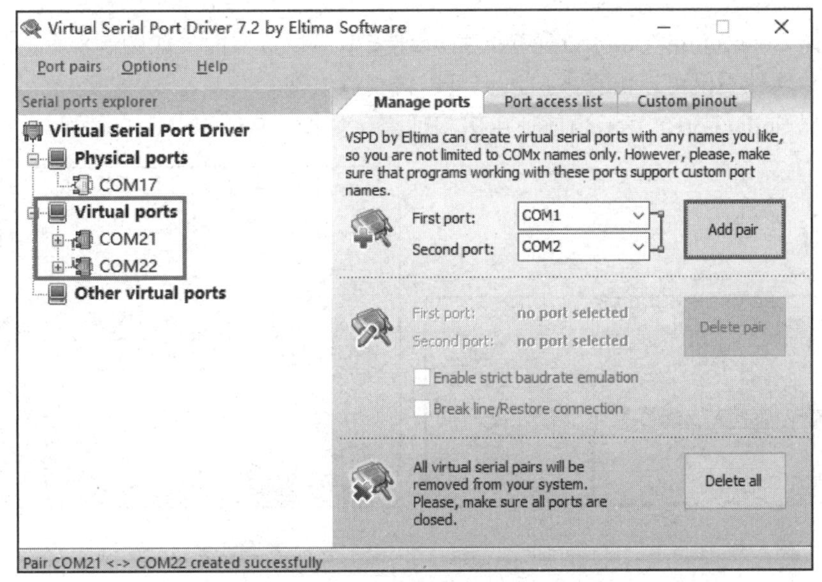

图 5-6 生成的虚拟串口

图 5-6 中，COM17 是指电脑插入了一个 USB 转 RS485 转换器后所产生的物理串口。不同的硬件连接到电脑时，串口号会有所不同。一般情况下，这个串口号是不需要修改的。如果确定需要修改串口号，则可以通过设备管理器进行手动修改。

2. 从站模拟软件

从站通常指的是实际的硬件设备，用于在工业自动化和控制系统中作为从属设备与主站进行通信。然而，在开发过程中，有时候暂时无法使用实际的硬件设备进行测试和调试。这时候，我们可以使用从站模拟软件来模拟硬件设备的行为，以便进行上位机与从站的通信测试。如果模拟测试结果正常，那么在将来使用实际的硬件设备时，也能够预期获得相同的通信效果，这极大地简化了开发过程并提高了效率。在学习过程中，从站模拟软件同样非常有用，能够帮助学生和工程师理解与学习通信协议的运作原理，加深对控制系统和自动化技术的理解。在本例中，我们使用 Modbus Slave 作为从站模拟软件。安装完成后，打开软件，通常会看到类似于图 5-7 所示的界面。

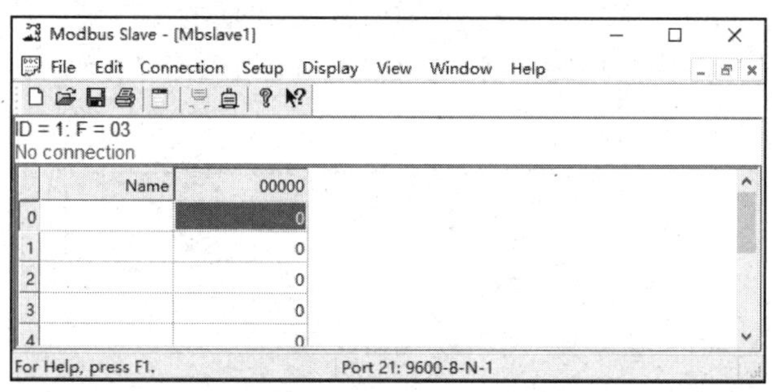

图 5-7 Modbus Slave 界面

Modbus Slave 软件的配置如下。

（1）选择 Connection>Connect 菜单，打开连接串口设置界面，如图 5-8 所示。由图可知，Modbus Slave 软件不仅可以仿真串口，也可以仿真以太网。

（2）选择 Serial Port，表示当前使用串口通信，如图 5-9 所示。

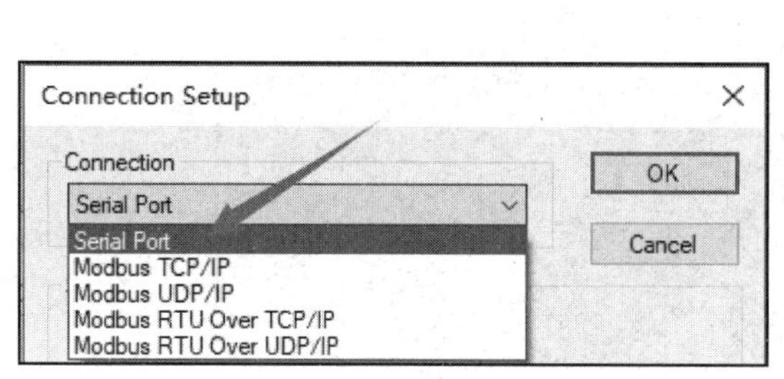

图 5-8 连接串口设备界面

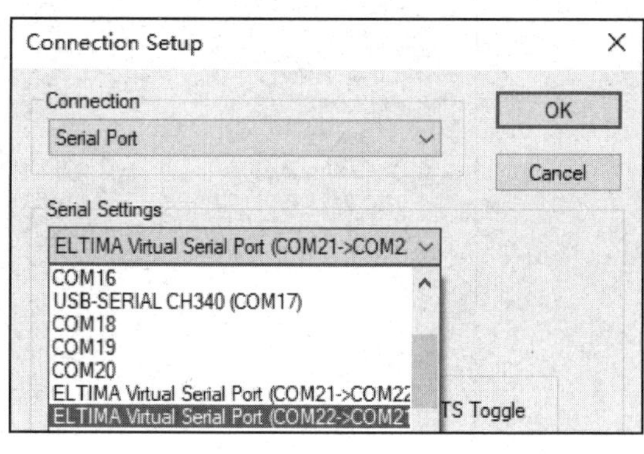

图 5-9 选择 Serial Port

（3）由于我们是进行仿真测试，因此在下面的 Serial Settings 中，可以选择 ELTIMA Virtual Serial Port（COM21->COM22）。这两个串口代表一对虚拟串口。在 Modbus Slave 中选择 ELTIMA Virtual Serial Port（COM21->COM22）后，在后续的 Modbus Poll 中就要选择 ELTIMA Virtual Serial Port（COM22->COM21）。这是因为虚拟串口就好比一个导线的两端，数据需要从一端传递到另一端。

（4）其他串口通信参数的设置可以随便定义，如果没有特殊要求，一般会将其设置为 9600 Baud、8 Data bits、None Parity、1 Stop Bit，选择 RTU，如图 5-10 所示。

（5）单击图 5-10 中的 OK 按钮后，一般情况下，Slave 不会出现错误，表示服务器或者从站开启成功。开启成功的结果如图 5-11 所示。

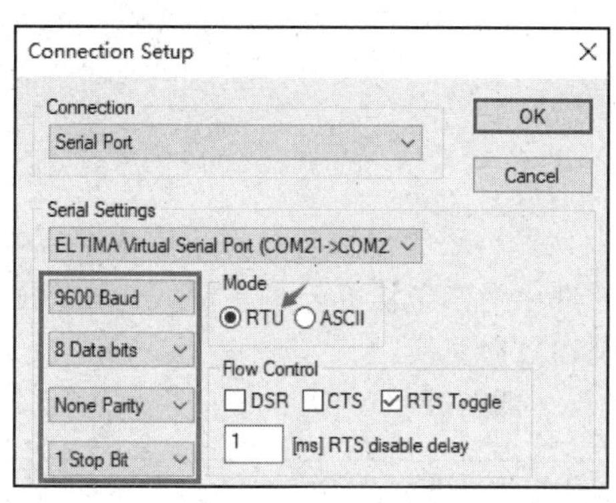

图 5-10　其他串口通信参数的设置

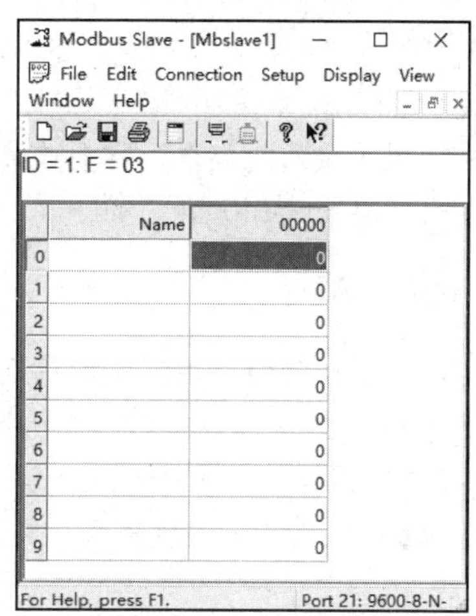

图 5-11　开启成功的结果

上面的设置指示实现了从站设备和串口的模拟连接。接下来，在从站模拟软件中，需要开辟对应的存储区，并存放一定的数据。这样，主站上位机才能读取从站的数据，从而实现完整的模拟。具体操作步骤如下。

（1）选择 Setup>Slave Definition 菜单，打开 Slave Definition 界面。在该界面中，具体的参数设置如图 5-12 所示。

① Slave ID：设备的地址，一般为 1～254，这里设置为 10。

② Function：功能码，这里选择 03 Holding Register（4x），表示读取输出寄存器。

③ Address mode：地址模式，这里选择 Dec，表示十进制模式。Hex 表示十六进制。

④ Address：表示寄存器的开始地址，也就是模拟设备的地址。

⑤ Quantity：表示寄存器数量，也就是要模拟几个寄存器。一个寄存器相当于 2 个字节。

其他按照默认设置即可。单击 OK 按钮，弹出如图 5-13 所示的界面。

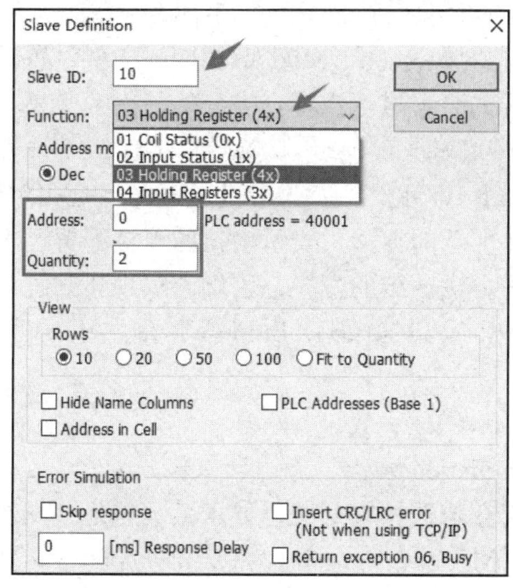

图 5-12　Slave Definition 界面

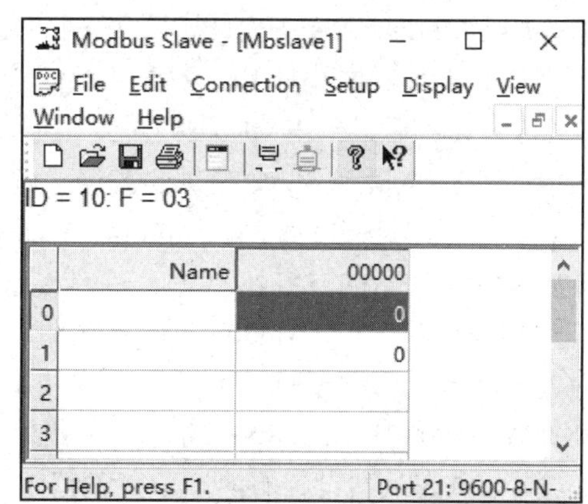

图 5-13　Modbus Slave 界面

（2）单击 0 寄存器，双击其后的 0，修改为 368；同样的操作，将 1 寄存器后的 0 修改为 552，表示当前这两个寄存器的数据为 368 和 552，如图 5-14 所示。

以上模拟了设备两个寄存器中的数据。上位机主站如何读取这两个数据呢？接下来我们就学习主站模拟软件 Modbus Poll。

3. 主站模拟软件

在上位机开发领域，主站对硬件而言，是指计算机或类似设备。对于软件而言，主站是指运行在计算机上的上位机软件。Modbus Poll 软件用于模拟这样一种主站，在计算机上运行，并模拟主站的功能，与从站设备进行通信、控制和数据交换。

在 Modbus Poll 软件安装完成之后，打开软件，即可弹出如图 5-15 所示的界面。

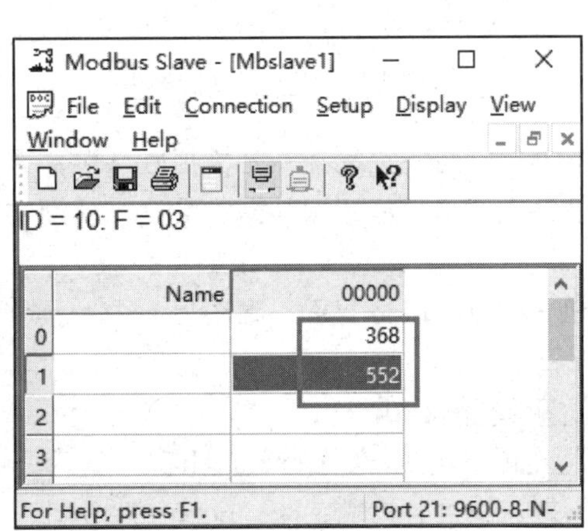

图 5-14 存储区寄存器设置数据

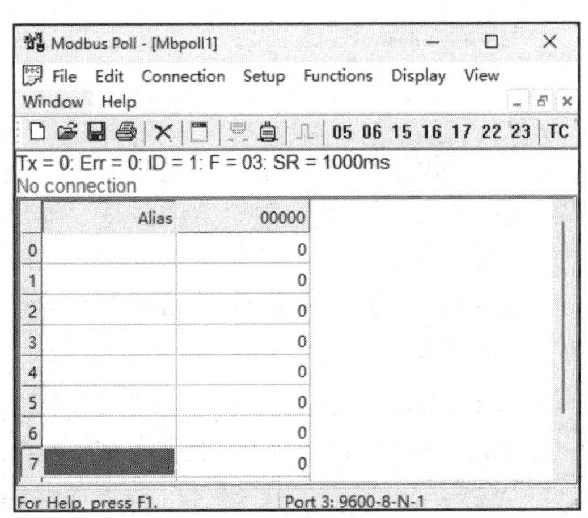

图 5-15 Modbus Poll 界面

Modbus Poll 软件的配置如下。

（1）选择 Connection>Connect 菜单，打开连接串口设置界面，如图 5-16 所示。

基本参数设置和 Modbus Slave 软件是相同的。例如，如果 Modbus Slave 软件设置的是 9600-N-8-1，那么 Modbus Poll 软件也必须按照这样的设置进行配置。唯一的区别在于串口的选择。如果 Modbus Slave 软件选择了 ELTIMA Virtual Serial Port（COM21->COM22），那么 Modbus Poll 软件需要选择 ELTIMA Virtual Serial Port（COM22->COM21）。这两个是相对的。在完成这些设置后，单击 OK 按钮，弹出如图 5-17 所示的界面，表示串口的连接配置已经完成。若要获取 Modbus Slave 提供的数据，则需要进行进一步的配置，否则会出现错误提示。

（2）选择 Setup>Read/Write Definition 菜单，弹出 Read/Write Definition 界面。在该界面中进行如图 5-18 所示的设置。

① Slave ID：要与 Modbus Slave 软件设置的 Slave ID 一致。

② Function：要与 Modbus Slave 软件设置的 Function 一致。

③ Address 和 Quantity：寄存器起始地址和寄存器数量需要符合要求，也就是这里的地址和数量必须在从站设置的地址和数量范围内。若 Modbus Slave 软件是从 0 开始的 2 个寄存器，那么主站读取的地址只能是 0～1，默认的是从 0 开始的 10 个寄存器，就会出现一些错误，读取不到数据。我们将 Address 修改成 0，Quantity 修改成 2。设置完毕后，单击 OK 按

钮，即可看到如图 5-18 所示的数据。

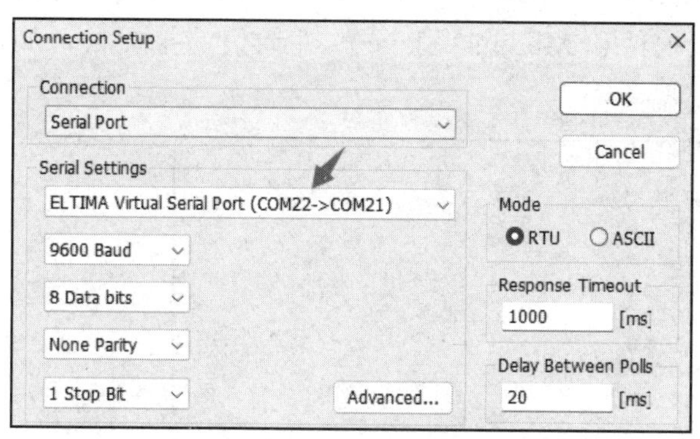

图 5-16　连接串口设置界面

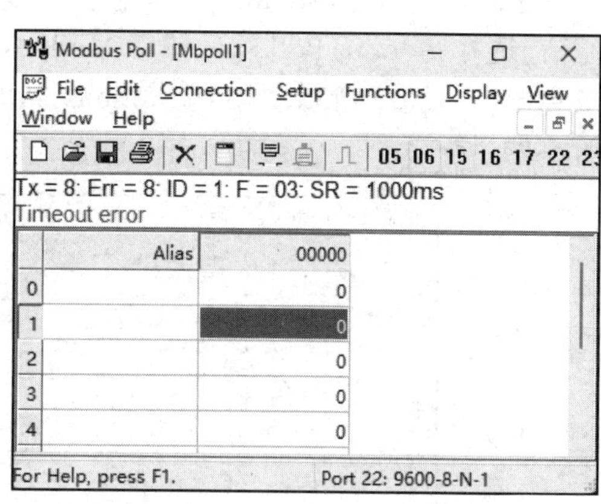

图 5-17　Modbus Poll 软件连接

Read/Write Definition

Slave ID: 10

Function: 03 Read Holding Registers (4x)

Address: 0　PLC address = 40001

Quantity: 2

Scan Rate: 1000 [ms]

OK　Cancel　Apply

Disable

Read/Write Disabled

Disable on error

Read/Write Once

View

Rows

10　20　50　100　Fit to Quantity

Hide Alias Columns　PLC Addresses (Base 1)

Address in Cell　Enron/Daniel Mode

Request

RTU　0A 03 00 00 00 02 C5 70

ASCII　3A 30 41 30 33 30 30 30 30 30 30 32 46 31 0D 0A

图 5-18　Read/Write Definition 界面

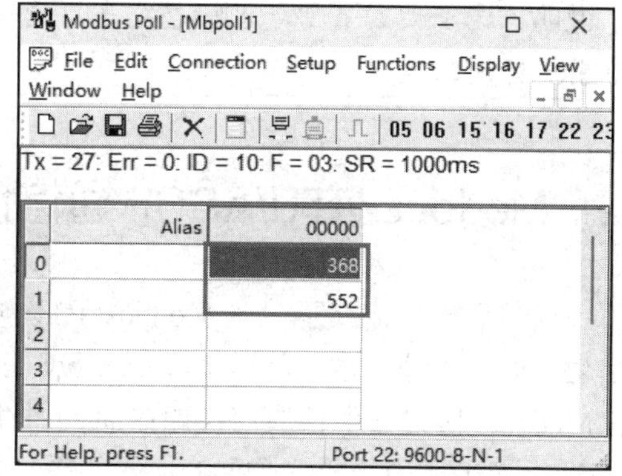

图 5-19　Modbus Poll 读取数据

（3）测试实时数据。双击 Slave 寄存器，如 368 对应的单元格，就会弹出一个窗口。在该窗口中，勾选 Auto increment，单击 OK 按钮，数据会自动变化，如图 5-20 所示。

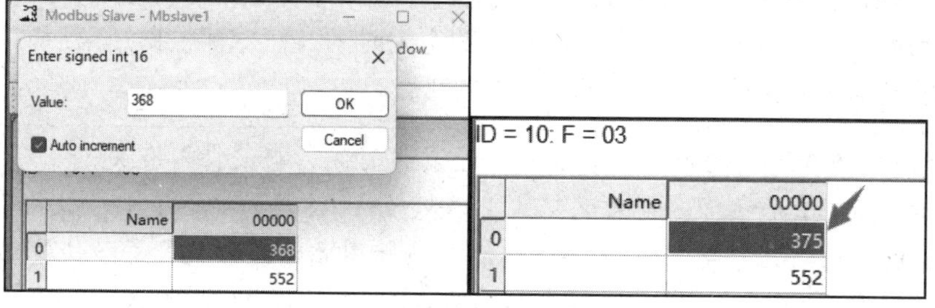

图 5-20　修改 Modbus Slave 数据

这时候，观察 Modbus Poll 软件，发现其中的数据也会同步变化，实现了主-从实时通信。选择 Modbus Poll 软件或者 Modbus Slave 软件菜单栏中的 Display>Communication，在弹出的界面中可以观察到 Modbus Poll 软件和 Modbus Slave 软件通信的报文帧，如图 5-21 所示。

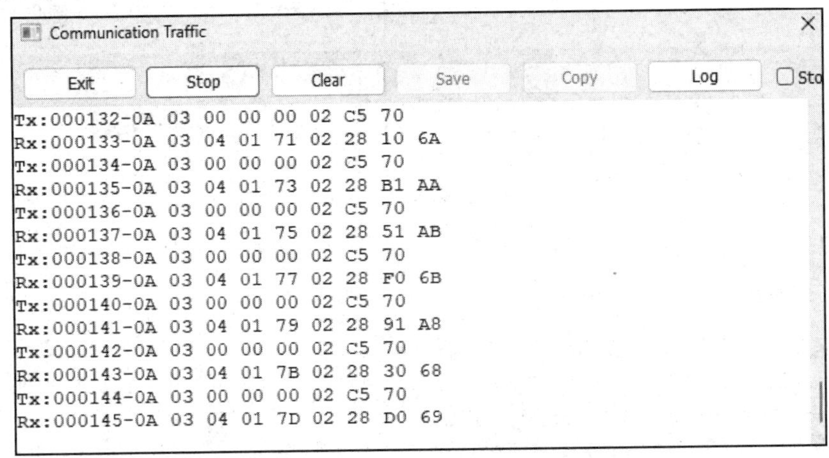

图 5-21　Modbus Poll 软件和 Modbus Slave 软件通信的报文帧

说明： 这里大家只需要了解整个串口通信的过程即可，通信报文的具体含义会在后面的章节中进行详细阐述。

5.2　Modbus RTU/ASCII 通信协议

前面我们已经建立了一个 Modbus RTU 实时通信的环境，通信报文帧就是 Modbus RTU 通信协议的一部分。本节将详细介绍 Modbus RTU/ ASCII 通信协议的特点及区别。

Modbus 协议在串口通信链路中有两种主要的通信协议格式：Modbus RTU 和 Modbus ASCII。虽然它们发送报文数据的格式几乎一样，但也存在一些区别，具体如下。

（1）Modbus ASCII 使用英文冒号（“:”，ASCII 码 0x3A）作为起始字符，回车换行（CR LF，ASCII 码 0x0D 0x0A）作为结束字符，标志一帧数据的开始和结束。Modbus RTU 没有明确的起始和结束字符，依靠时间间隔来判断一帧数据的开始和结束。根据协议规定，至少需要 3.5 个字符时间的间隔来确保帧的开始和结束。这个时间间隔与波特率有关。就是说，在一帧报文开始前，必须有大于 3.5 个字符时间的空闲时间，在一帧数据结束后，也必须有 3.5 个字符时间的空闲时间，否则就会出现粘包的情况。

注意： 针对 3.5 个字符时间，其实就是一个具体时间，与波特率有关。

在串口通信中，1 个字符一般来说包括 1 个起始位、8 个数据位、1 个校验位、1 个停止位，即 11 个位，那么 3.5 个字符就是 38.5 个位。波特率表示的含义是每秒传输的二进制位的个数，如果波特率是 9600，则 3.5 个字符时间为 4.01ms（1000/9600*38.5）。

（2）两者的校验方式不同。Modbus RTU 采用的是循环冗余校验（Cyclic Redundancy

Check，CRC），Modbus ASCII 采用的是纵向冗余校验（Longitudinal Redundancy Check，LRC）。

（3）在 Modbus 标准中，Modbus RTU 是必须要求的通信协议，Modbus ASCII 是可选的，即作为一个 Modbus 通信设备，虽然可以只支持 RTU，也可以同时支持 RTU 和 ASCII，但不能只支持 ASCII。

下面针对具体报文进行分析。Modbus 协议在串行链路上的报文格式如表 5-7 所示。

表 5-7　Modbus 协议在串行链路上的报文格式

从站地址	功能码	数据	CRC/LRC
1 byte	1 byte	*N* bytes	2 bytes

无论 Modbus RTU 通信还是 Modbus ASCII 通信，无论发送的报文还是接收的报文，无论使用哪个功能码，都会遵循以上格式。

① 从站地址表示这段报文是要发送给哪个设备或来自哪个设备。

② 功能码表示这段报文要做什么（读取/写入、存储区/线圈）或者响应哪个报文帧。

③ 数据部分是配合功能码提供相关的参数。

④ CRC/LRC（校验部分）是为了保证报文的准确性和完整性。

有了以上 Modbus 通信协议的各种理论基础之后，下面将针对各个功能码的通信报文格式及其具体报文进行详细分析。

5.2.1　读取输出线圈

读取输出线圈发送报文格式如表 5-8 所示。

表 5-8　读取输出线圈发送报文格式

从站地址	功能码	起始地址（高）	起始地址（低）	线圈数量（高）	线圈数量（低）	CRC
0x01	0x01	0x00	0x13	0x00	0x1B	0x8D 0xC4

（1）从站地址：0x01 表示读取 1 号从站的数据。

（2）功能码：0x01 表示读取的是输出线圈存储区。

（3）起始地址：十六进制 0x00 0x13 对应十进制 19，表示从 19 号线圈开始读取，19 对应的 Modbus 地址为 00020。

（4）线圈数量：十六进制 0x00 0x1B 对应十进制 27，表示读取线圈数量为 27。

（5）CRC：0x8D 0x4C 是对前面所有数据进行 CRC 校验后的结果。

这段发送报文表示的含义：主站想要读取 1 号从站输出线圈存储区 Modbus 地址 00020～00046 内 27 个线圈的状态值。

注意：报文中的起始地址指的是地址索引，对于任意一个存储区，地址索引都是从 0 开始的，对应的 Modbus 地址与存储区是相关的，如输出线圈，起始地址 0 对应 Modbus 地址 00001；输入线圈，起始地址 0 对应 Modbus 地址 10001；输入寄存器，起始地址 0 对应 Modbus 地址 30001；保持型寄存器，起始地址 0 对应 Modbus 地址 40001。所有通信报文使用的都是地址索引。

读取输出线圈接收报文格式如表 5-9 所示。

表 5-9 读取输出线圈接收报文格式

从站地址	功能码	字节计数	字节 1	字节 2	字节 3	字节 4	CRC
0x01	0x01	0x04	0xCD	0x6B	0xB2	0x05	0x00 0x02

（1）从站地址：0x01 表示这帧报文由 1 号从站响应。

（2）功能码：0x01 表示这帧报文响应的是 0x01 功能码的报文。

（3）字节计数：0x04 表示返回的数据总共有 4 个字节。

（4）字节 1～字节 4：返回的具体数据分别为 0xCD、0x6B、0xB2、0x05，对应 32 个线圈值，前面的 27 个线圈值对应 00020～00046 地址中的值。

（5）CRC：0x00 0x02 是对前面所有数据进行 CRC 校验后的结果。

这段接收报文表示的含义：响应主站请求的数据，具体对应关系如下。

① 0xCD=1100 1101 对应 00027～00020 地址中的值；

② 0x6B=0110 1011 对应 00035～00028 地址中的值；

③ 0xB2=1011 0010 对应 00043～00036 地址中的值；

④ 0x05=0000 0101 对应 00051～00044 地址中的值。

注意：由于报文是以字节形式传递的，因此即使要读取的线圈数量是 27 个，实际上返回的字节数为 4 个字节。如果线圈数量恰好是 8 的倍数，则字节数等于线圈数除以 8。如果线圈数量不是 8 的倍数，则字节数等于线圈数除以 8 再加 1。

5.2.2 读取输入线圈

读取输入线圈发送报文格式如表 5-10 所示。

表 5-10 读取输入线圈发送报文格式

从站地址	功能码	起始地址（高）	起始地址（低）	线圈数量（高）	线圈数量（低）	CRC
0x01	0x02	0x00	0x04	0x00	0x20	0x38 0x13

（1）从站地址：0x01 表示读取 1 号从站的数据。

（2）功能码：0x02 表示读取的是输入线圈存储区。

（3）起始地址：十六进制 0x00 0x04 对应十进制 4，表示从 4 号线圈开始读取，4 对应的 Modbus 地址为 10005。

（4）线圈数量：十六进制 0x00 0x20 对应十进制 32，表示读取线圈数量为 32。

（5）CRC：0x38 0x13 是对前面所有数据进行 CRC 校验后的结果。

这段发送报文表示的含义：主站想要读取 1 号从站输入线圈存储区 Modbus 地址 10005～10036 内 32 个线圈的状态值。

读取输入线圈接收报文格式如表 5-11 所示。

表 5-11 读取输入线圈接收报文格式

从站地址	功能码	字节计数	字节 1	字节 2	字节 3	字节 4	CRC
0x01	0x02	0x04	0x0A	0x29	0x58	0x30	0x12 0x26

（1）从站地址：0x01 表示这帧报文由 1 号从站响应。

（2）功能码：0x02 表示这帧报文响应的是 0x02 功能码的报文。

（3）字节计数：0x04 表示返回的数据总共有 4 个字节。

（4）字节 1～字节 4：返回的具体数据分别为 0x0A、0x29、0x58、0x30，对应 32 个输入线圈值，即对应 10005～10036 地址内的值。

（5）CRC：0x12 0x26 是对前面所有数据进行 CRC 校验后的结果。

这段接收报文表示的含义：响应主站请求的数据，具体对应关系如下。

① 0x0A=0000 1010 对应 10012～10005 地址内的值；

② 0x29=0010 1001 对应 10020～10013 地址内的值；

③ 0x58=0101 1000 对应 10028～10021 地址内的值；

④ 0x30=0011 0000 对应 10036～10029 地址内的值。

5.2.3 读取保持型寄存器

读取保持型寄存器发送报文格式如表 5-12 所示。

表 5-12 读取保持型寄存器发送报文格式

从站地址	功能码	起始地址（高）	起始地址（低）	寄存器数量（高）	寄存器数量（低）	CRC
0x01	0x03	0x00	0x6B	0x00	0x02	0xB5 0xD7

（1）从站地址：0x01 表示读取 1 号从站的数据。

（2）功能码：0x03 表示读取的是保持型寄存器存储区。

（3）起始地址：十六进制 0x00 0x6B 对应十进制 107，表示从 107 号寄存器开始读取，107 对应的 Modbus 地址为 40108。

（4）寄存器数量：十六进制 0x00 0x02 对应十进制 2，表示读取寄存器数量为 2。

（5）CRC：0xB5 0xD7 是对前面所有数据进行 CRC 校验后的结果。

这段发送报文表示的含义：主站想要读取 1 号从站保持型寄存器存储区 Modbus 地址 40108～40109 内 2 个寄存器的数据值。

读取保持型寄存器接收报文格式如表 5-13 所示。

表 5-13 读取保持型寄存器接收报文格式

从站地址	功能码	字节计数	字节 1	字节 2	字节 3	字节 4	CRC
0x01	0x03	0x04	0x00	0xC8	0x01	0x2C	0x7B 0x80

（1）从站地址：0x01 表示这帧报文由 1 号从站响应。

（2）功能码：0x03 表示这帧报文响应的是 0x03 功能码的报文。

（3）字节计数：0x04 表示返回的数据总共有 4 个字节。

（4）字节 1～字节 4：返回的具体数据分别为 0x00、0xC8、0x01、0x2C，对应 2 个保持型寄存器的值，即对应 40108～40109 地址内的值。

（5）CRC：0x7B 0x80 是对前面所有数据进行 CRC 校验后的结果。

这段接收报文表示的含义：响应主站请求的数据，具体对应关系如下。

① 0x00 0xC8 对应 40108 地址内的值，十六进制 0x00 0xC8 对应十进制 200；

② 0x01 0x2C 对应 40109 地址内的值，十六进制 0x01 0x2C 对应十进制 300。

5.2.4 读取输入寄存器

读取输入寄存器发送报文格式如表 5-14 所示。

表 5-14 读取输入寄存器发送报文格式

从站地址	功能码	起始地址（高）	起始地址（低）	寄存器数量（高）	寄存器数量（低）	CRC
0x01	0x04	0x00	0x0A	0x00	0x02	0x51 0xC9

（1）从站地址：0x01 表示读取 1 号从站的数据。

（2）功能码：0x04 表示读取的是输入寄存器存储区。

（3）起始地址：十六进制 0x00 0x0A 对应十进制 10，表示从 10 号寄存器开始读取，10 对应的 Modbus 地址为 30011。

（4）寄存器数量：十六进制 0x00 0x02 对应十进制 2，表示读取寄存器数量为 2。

（5）CRC：0x51 0xC9 是对前面所有数据进行 CRC 校验后的结果。

这段发送报文表示的含义：主站想要读取 1 号从站输入寄存器存储区 Modbus 地址 30011～30012 内 2 个寄存器的数据值。

读取输入寄存器接收报文格式如表 5-15 所示。

表 5-15 读取输入寄存器接收报文格式

从站地址	功能码	字节计数	字节 1	字节 2	字节 3	字节 4	CRC
0x01	0x04	0x04	0x00	0xEA	0x00	0x7D	0x1A 0x51

（1）从站地址：0x01 表示这帧报文由 1 号从站响应。

（2）功能码：0x04 表示这帧报文响应的是 0x04 功能码的报文。

（3）字节计数：0x04 表示返回的数据总共有 4 个字节。

（4）字节 1～字节 4：返回的具体数据分别为 0x00、0xEA、0x00、0x7D，对应 2 个输入寄存器的值，即对应 30011～30012 地址内的值。

（5）CRC：0x1A 0x51 是对前面所有数据进行 CRC 校验后的结果。

这段接收报文表示的含义：响应主站请求的数据，具体对应关系如下。

① 0x00 0xEA 对应 30011 地址内的值，十六进制 0x00 0xEA 对应十进制 234；

② 0x00 0x7D 对应 30012 地址内的值，十六进制 0x00 0x7D 对应十进制 125。

5.2.5　预置单线圈

预置单线圈发送报文格式如表 5-16 所示。

表 5-16　预置单线圈发送报文格式

从站地址	功能码	线圈地址（高）	线圈地址（低）	断通标志（高）	断通标志（低）	CRC
0x01	0x05	0x00	0x1A	0xFF	0x00	0xAD 0xFD

（1）从站地址：0x01 表示写入 1 号从站的数据。

（2）功能码：0x05 表示写入单个输出线圈。

（3）线圈地址：十六进制 0x00 0x1A 对应十进制 26，表示写入 26 号线圈，26 对应的 Modbus 地址为 00027。

（4）断通标志：0xFF 0x00 表示置位，即将该线圈状态设置为 True。

（5）CRC：0xAD 0xFD 是对前面所有数据进行 CRC 校验后的结果。

这段发送报文表示的含义：主站想要将 1 号从站输出线圈存储区 Modbus 地址为 00027 的线圈状态设置为 True。

预置单线圈接收报文格式如表 5-17 所示。

表 5-17　预置单线圈接收报文格式

从站地址	功能码	线圈地址（高）	线圈地址（低）	断通标志（高）	断通标志（低）	CRC 校验
0x01	0x05	0x00	0x1A	0xFF	0x00	0xAD 0xFD

预置单线圈接收报文与发送报文一致，原报文返回。

5.2.6　预置单寄存器

预置单寄存器发送报文格式如表 5-18 所示。

表 5-18　预置单寄存器发送报文格式

从站地址	功能码	寄存器地址（高）	寄存器地址（低）	写入值（高）	写入值（低）	CRC
0x01	0x06	0x00	0x10	0x03	0x00	0x88 0xFF

（1）从站地址：0x01 表示写入 1 号从站的数据。

（2）功能码：0x06 表示写入单个保持型寄存器。

（3）寄存器地址：十六进制 0x00 0x10 对应十进制 16，表示写入 16 号寄存器，16 对应的 Modbus 地址为 40017。

（4）写入值：十六进制 0x03 0x00 对应十进制 768，就是将该寄存器的值设置为 768。

（5）CRC：0x88 0xFF 是对前面所有数据进行 CRC 校验后的结果。

这段发送报文表示的含义：主站想要将 1 号从站保持型寄存器存储区 Modbus 地址为 40017 的寄存器的值修改为 768。

预置单寄存器接收报文格式如表 5-19 所示。

表 5-19 预置单寄存器接收报文格式

从站地址	功能码	寄存器地址（高）	寄存器地址（低）	写入值（高）	写入值（低）	CRC
0x01	0x06	0x00	0x10	0x03	0x00	0x88 0xFF

预置单寄存器接收报文与发送报文一致，原报文返回。

5.2.7 预置多线圈

预置多线圈发送报文格式如表 5-20 所示。

表 5-20 预置多线圈发送报文格式

从站地址	功能码	起始地址（高）	起始地址（低）	数量（高）	数量（低）	字节数	写入值	CRC
0x01	0x0F	0x00	0x13	0x00	0x0A	0x02	0x0F 0x03	0xA2 0x6A

（1）从站地址：0x01 表示写入 1 号从站的数据。

（2）功能码：0x0F 表示写入多个输出线圈。

（3）起始地址：十六进制 0x00 0x13 对应十进制 19，表示从 19 号线圈开始写入，19 对应的 Modbus 地址为 00020。

（4）数量：十六进制 0x00 0x0A 对应十进制 10，表示连续写入 10 个线圈，Modbus 地址从 00020 到 00029。

（5）字节数：0x02 表示 2 个字节，这是因为 10 个线圈至少要用 2 个字节来表示。

（6）写入值：0x0F 0x03 表示写入的两个字节，第一个字节对应前 8 个线圈，第二个字节对应后面的线圈。

（7）CRC：0xA2 0x6A 是对前面所有数据进行 CRC 校验后的结果。

这段发送报文表示的含义：主站想要对 1 号从站输出线圈存储区从 Modbus 地址 00020 开始的 10 个线圈值进行修改。0x0F 对应二进制 00001111，对应前 8 个线圈，也就是将 11110000 写入 00020～00027 地址；0x03 对应二进制 00000011，对应后面的线圈，也就是将 11 写入 00028～00029 地址。

预置多线圈接收报文格式如表 5-21 所示。

表 5-21 预置多线圈接收报文格式

从站地址	功能码	起始地址（高）	起始地址（低）	数量（高）	数量（低）	CRC
0x01	0x0F	0x00	0x13	0x00	0x0A	0x24 0x09

5.2.8 预置多寄存器

预置多寄存器发送报文格式如表 5-22 所示。

（1）从站地址：0x01 表示写入 1 号从站的数据。

（2）功能码：0x10 表示写入多个保持型寄存器。

表 5-22　预置多寄存器发送报文格式

从站地址	功能码	起始地址（高）	起始地址（低）	数量（高）	数量（低）	字节数	写入值	CRC
0x01	0x10	0x00	0x10	0x00	0x02	0x04	0x01 0x0A 0x01 0x10	0xD3 0x01

（3）起始地址：十六进制 0x00 0x10 对应十进制 16，表示从 16 号寄存器开始写入，16 对应的 Modbus 地址为 40017。

（4）数量：十六进制 0x00 0x02 对应十进制 2，表示连续写入 2 个寄存器，Modbus 地址从 40017 到 40018。

（5）字节数：0x04 表示 4 个字节，因为 1 个寄存器对应 2 个字节、2 个寄存器对应 4 个字节。

（6）写入值：0x01 0x0A 0x01 0x10 表示写入的 4 个字节，前 2 个字节对应第 1 个寄存器，后两个字节对应第二个寄存器。

（7）CRC 校验：0xD3 0x01 是对前面所有数据进行 CRC 校验后的结果。

这段发送报文表示的含义：主站想要对 1 号从站保持型寄存器存储区从 Modbus 地址 40017 开始的 2 个寄存器值进行修改。0x01 0x0A 对应十进制 266，对应第 1 个寄存器，也就是将 266 写入 40017 地址；0x01 0x10 对应十进制 272，对应第 2 个寄存器，也就是将 272 写入 40018 地址。

预置多寄存器接收报文格式如表 5-23 所示。

表 5-23　预置多寄存器接收报文格式

从站地址	功能码	起始地址（高）	起始地址（低）	数量（高）	数量（低）	CRC
0x01	0x10	0x00	0x10	0x00	0x02	0x40 0x0D

5.3　Modbus TCP/UDP 通信协议分析

5.3.1　Modbus TCP/UDP 协议分析

Modbus TCP 与 Modbus UDP 的报文格式是相同的，它们之间的区别是采用的传输层协议不同，分别是 TCP 与 UDP。这一点在前面的章节中已有详细介绍。本节将着重分析 Modbus TCP 协议的细节。之前我们已经学习了 Modbus RTU 通信协议，这为我们理解 Modbus TCP 协议提供了良好的基础。首先对比一下 Modbus TCP 与 Modbus RTU 的区别，具体区别如图 5-22 所示。

由图 5-22 可知，Modbus TCP 在 Modbus 串行通信的基础上，去除了差错校验和附加地址（从站地址），添加了 MBAP 报文头（7 bytes）。由于 Modbus TCP 协议通常用于 TCP 或 UDP 通信，TCP 和 UDP 本身已经具备了数据校验功能，因此不再需要额外的校验。另外，由于 Modbus TCP 主要应用于以太网通信，因此不再需要附加地址（从站地址），而是通过 IP 地址来区分不同的设备。因此，我们只需要理解 MBAP 报文头即可，因为功能码和数据部分与 Modbus RTU 协议相同。MBAP 报文头的组成如表 5-24 所示。

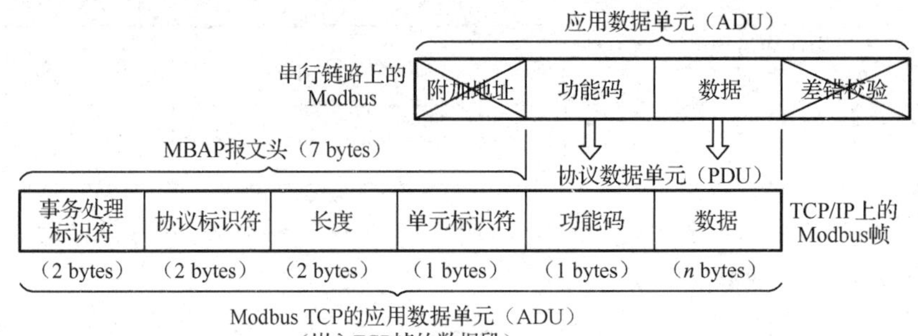

图 5-22　Modbus TCP 与 Modbus RTU 的区别

表 5-24　MBAP 报文头的组成

组成部分	长度	说明	客户端	服务器
事务处理标识符	2 bytes	Modbus 请求/响应事务处理标识	客户端启动	复制响应
协议标识符	2 bytes	0=Modbus 协议	客户端启动	复制响应
长度	2 bytes	长度之后的字节总数	客户端启动	服务器启动
单元标识符	1 bytes	串行链路或其他总线的从站识别	客户端启动	复制响应

（1）事务处理标识符：事务处理标识符可理解为报文的编号，服务器会复制客户端的事务处理标识符并进行响应。虽然事务处理标识符本身并无实际意义，但在通信过程中起到了唯一标识和匹配请求与响应的作用。通常情况下，我们会采用自增的方式生成事务处理标识符，以确保其唯一性和顺序性。事务处理标识符通常占用 2 个字节长度。

（2）协议标识符：协议标识符的设计初衷是用于区分不同的协议，在实际应用中，由于 Modbus 协议是唯一的，因此设定的固定值为 0x00 0x00，通常占用 2 个字节长度。

（3）长度：长度字段指示了报文中后续部分的字节个数，包括单元标识符、功能码和数据，占据 2 个字节的空间。

（4）单元标识符：在 Modbus TCP 中，由于去除了从站地址的概念，因此引入了单元标识符的概念。单元标识符类似于从站地址，用于区分不同的设备或子设备。在某些情况下，如一个串口服务器连接了多个串口设备，那么需要单元标识符来区别不同的串口设备。

综上所述，Modbus TCP 协议的通用报文格式如表 5-25 所示。

表 5-25　Modbus TCP 协议的通用报文格式

事务处理标识符	协议标识符	长度	单元标识符	功能码	数据
2 bytes	2 bytes	2 bytes	1 byte	1 byte	*N* bytes

在了解了通用报文格式之后，下面将针对各个功能码的报文格式进行详细分析。

5.3.2　读取输出线圈

读取输出线圈发送报文格式如表 5-26 所示。

表 5-26　读取输出线圈发送报文格式

事务/协议	长　度	单元标识符	功　能　码	起始地址（高）	起始地址（低）	数量（高）	数量（低）
0x00 0x00	0x00 0x06	0x01	0x01	0x00	0x13	0x00	0x1B

（1）事务/协议：事务处理标识符和协议标识符都是用的固定值 0x00 0x00。

（2）长度：单元标识符、功能码、数据部分总共是 6 个字节，长度是 0x00 0x06。

（3）单元标识符：单元标识符默认是 0x01。

（4）功能码：0x01 表示读取的是输出线圈存储区。

（5）起始地址：十六进制 0x00 0x13 对应十进制 19，表示从 19 号线圈开始读取，19 对应的 Modbus 地址为 00020。

（6）线圈数量：十六进制 0x00 0x1B 对应十进制 27，表示读取线圈数量为 27。

这段发送报文表示的含义：客户端想要读取服务器输出线圈存储区 Modbus 地址 00020～00046 内 27 个线圈的状态值。

读取输出线圈接收报文格式如表 5-27 所示。

表 5-27　读取输出线圈接收报文格式

事务/协议	长　度	单元标识符	功　能　码	字 节 计 数	线 圈 字 节
0x00000000	0x00 0x07	0x01	0x01	0x04	0xCD 0x6B 0xB2 0x05

（1）事务/协议：事务处理标识符与服务器发送报文中的事务处理标识符一致，协议标识符是固定值 0x00 0x00。

（2）长度：单元标识符、功能码、数据部分总共是 7 个字节，长度是 0x00 0x07。

（3）单元标识符：单元标识符与发送报文一致。

（4）功能码：0x01 表示这帧报文响应的是 0x01 功能码的报文。

（5）字节计数：0x04 表示返回的数据总共有 4 个字节。

（6）线圈字节：返回的具体数据分别为 0xCD、0x6B、0xB2、0x05，对应 32 个线圈值，前面的 27 个线圈值对应 00020～00046 地址内的值。

这段接收报文表示的含义：服务器响应客户端请求的数据，具体对应关系如下。

①　0xCD=1100 1101 对应 00027～00020 地址内的值；

②　0x6B=0110 1011 对应 00035～00028 地址内的值；

③　0xB2=1011 0010 对应 00043～00036 地址内的值；

④　0x05=0000 0101 对应 00051～00044 地址内的值。

说明：对于 Modbus TCP 通信来说，它是基于以太网 TCP/IP 的，一般使用服务器和客户端表示通信双方的角色。对于 Modbus RTU 来说，一般使用主站、从站表示通信角色，主站相当于客户端，从站相当于服务器。

5.3.3 读取输入线圈

读取输入线圈发送报文格式如表 5-28 所示。

表 5-28 读取输入线圈发送报文格式

事务/协议	长　度	单元标识符	功　能　码	起始地址（高）	起始地址（低）	线圈数量（高）	线圈数量（低）
0x00 0x00	0x00 0x06	0x01	0x02	0x00	0x04	0x00	0x20

（1）事务/协议：事务处理标识符和协议标识符都是用的固定值 0x00 0x00。

（2）长度：单元标识符、功能码、数据部分总共是 6 个字节，长度是 0x00 0x06。

（3）单元标识符：单元标识符默认是 0x01。

（4）功能码：0x02 表示读取的是输入线圈存储区。

（5）起始地址：十六进制 0x00 0x04 对应十进制 4，表示从 4 号线圈开始读取，4 对应的 Modbus 地址为 10005。

（6）线圈数量：十六进制 0x00 0x20 对应十进制 32，表示读取线圈数量为 32。

这段发送报文表示的含义：客户端想要读取服务器输入线圈存储区 Modbus 地址 10005～10036 内 32 个线圈的状态值。

读取输入线圈接收报文格式如表 5-29 所示。

表 5-29 读取输入线圈接收报文格式

事务/协议	长　度	单元标识符	功　能　码	字 节 计 数	线 圈 字 节
0x00 0x00	0x00 0x07	0x01	0x02	0x04	0x0A 0x29 0x58 0x30

（1）事务/协议：事务处理标识符与服务器发送报文中的事务处理标识符一致，协议标识符是固定值 0x00 0x00。

（2）长度：单元标识符、功能码、数据部分总共是 7 个字节，长度是 0x00 0x07。

（3）单元标识符：单元标识符与发送报文一致。

（4）功能码：0x02 表示这帧报文响应的是 0x02 功能码的报文。

（5）字节计数：0x04 表示返回的数据总共有 4 个字节。

（6）线圈字节：返回的具体数据分别为 0x0A、0x29、0x58、0x30，对应 32 个输入线圈值，即对应 10005～10036 地址内的值。

这段接收报文表示的含义：服务器响应客户端请求的数据，具体对应关系如下。

① 0x0A=0000 1010 对应 10012～10005 地址内的值；

② 0x29=0010 1001 对应 10020～10013 地址内的值；

③ 0x58=0101 1000 对应 10028～10021 地址内的值；

④ 0x30=0011 0000 对应 10036～10029 地址内的值。

5.3.4 读取保持型寄存器

读取保持型寄存器发送报文格式如表 5-30 所示。

表 5-30 读取保持型寄存器发送报文格式

事务/协议	长　度	单元标识符	功 能 码	起始地址（高）	起始地址（低）	寄存器数量（高）	寄存器数量（低）
0x00 0x00	0x00 0x06	0x01	0x03	0x00	0x6B	0x00	0x02

（1）事务/协议：事务处理标识符和协议标识符都是用的固定值 0x00 0x00。

（2）长度：单元标识符、功能码、数据部分总共是 6 个字节，长度是 0x00 0x06。

（3）单元标识符：单元标识符默认是 0x01。

（4）功能码：0x03 表示读取的是保持型寄存器存储区。

（5）起始地址：十六进制 0x00 0x6B 对应十进制 107，表示从 107 号寄存器开始读取，107 对应的 Modbus 地址为 40108。

（6）寄存器数量：十六进制 0x00 0x02 对应十进制 2，表示读取寄存器数量为 2。

这段发送报文表示的含义：客户端想要读取服务器保持型寄存器存储区 Modbus 地址 40108～40109 内 2 个寄存器中的值。

读取保持型寄存器接收报文格式如表 5-31 所示。

表 5-31 读取保持型寄存器接收报文格式

事务/协议	长　度	单元标识符	功 能 码	字 节 计 数	字节 1	字节 2	字节 3	字节 4
0x00 0x00	0x00 0x07	0x01	0x03	0x04	0x00	0xC8	0x01	0x2C

（1）事务/协议：事务处理标识符与服务器发送报文中的事务处理标识符一致，协议标识符是固定值 0x00 0x00。

（2）长度：单元标识符、功能码、数据部分总共是 7 个字节，长度是 0x00 0x07。

（3）单元标识符：单元标识符与发送报文一致。

（4）功能码：0x03 表示这帧报文响应的是 0x03 功能码的报文。

（5）字节计数：0x04 表示返回的数据总共有 4 个字节。

（6）字节 1～字节 4：返回的具体数据分别为 0x00、0xC8、0x01、0x2C，对应 2 个保持型寄存器中的值，即对应 40108～40109 地址内的值。

这段接收报文表示的含义：服务器响应客户端请求的数据，具体对应关系如下。

① 0x00 0xC8 对应 40108 地址内的值，十六进制 0x00 0xC8 对应十进制 200；

② 0x01 0x2C 对应 40109 地址内的值，十六进制 0x01 0x2C 对应十进制 300。

5.3.5 读取输入寄存器

读取输入寄存器发送报文格式如表 5-32 所示。

表 5-32 读取输入寄存器发送报文格式

事务/协议	长　度	单元标识符	功 能 码	起始地址（高）	起始地址（低）	寄存器数量（高）	寄存器数量（低）
0x00 0x00	0x00 0x06	0x01	0x04	0x00	0x0A	0x00	0x02

（1）事务/协议：事务处理标识符和协议标识符都是用的固定值 0x00 0x00。

（2）长度：单元标识符、功能码、数据部分总共是 6 个字节，长度是 0x00 0x06。

（3）单元标识符：单元标识符默认是 0x01。

（4）功能码：0x04 表示读取的是输入寄存器存储区。

（5）起始地址：十六进制 0x00 0x0A 对应十进制 10，表示从 10 号寄存器开始读取，这个 10 对应的 Modbus 地址为 30011。

（6）寄存器数量：十六进制 0x00 0x02 对应十进制 2，表示读取寄存器数量为 2。

这段发送报文表示的含义：客户端想要读取服务器输入寄存器存储区 Modbus 地址 30011～30012 内 2 个寄存器中的值。

读取输入寄存器接收报文格式如表 5-33 所示。

表 5-33 读取输入寄存器接收报文格式

事务/协议	长　度	单元标识符	功 能 码	字 节 计 数	字节 1	字节 2	字节 3	字节 4
0x00 0x00	0x00 0x07	0x01	0x04	0x04	0x00	0xEA	0x00	0x7D

（1）事务/协议：事务处理标识符与服务器发送报文中的事务处理标识符一致，协议标识符是固定值 0x00 0x00。

（2）长度：单元标识符、功能码、数据部分总共是 7 个字节，长度是 0x00 0x07。

（3）单元标识符：单元标识符与发送报文一致。

（4）功能码：0x03 表示这帧报文响应的是 0x03 功能码的报文。

（5）字节计数：0x04 表示返回的数据总共有 4 个字节。

（6）字节 1～字节 4：返回的具体数据分别为 0x00、0xEA、0x00、0x7D，对应 2 个输入寄存器中的值，即对应 30011～30012 地址内的值。

这段接收报文表示的含义：服务器响应客户端请求的数据，具体对应关系如下。

① 0x00 0xEA 对应 30011 地址内的值，十六进制 0x00 0xEA 对应十进制 234；

② 0x00 0x7D 对应 30012 地址内的值，十六进制 0x00 0x7D 对应十进制 125。

5.3.6 预置单线圈

预置单线圈发送报文格式如表 5-34 所示。

表 5-34 预置单线圈发送报文格式

事务/协议	长　度	单元标识符	功 能 码	线圈地址（高）	线圈地址（低）	断通标志	断通标志
0x00 0x00	0x00 0x06	0x01	0x05	0x00	0x1A	0xFF	0x00

（1）事务/协议：事务处理标识符和协议标识符都是用的固定值 0x00 0x00。

（2）长度：单元标识符、功能码、数据部分总共是 6 个字节，长度是 0x00 0x06。

（3）单元标识符：单元标识符默认是 0x01。

（4）功能码：0x05 表示写入单个输出线圈。

（5）线圈地址：十六进制 0x00 0x1A 对应十进制 26，表示写入 26 号线圈，26 对应的

Modbus 地址为 00027。

（6）断通标志：0xFF 0x00 表示置位，即将该线圈的状态设置为 True。

这段发送报文表示的含义：客户端想要将服务器输出线圈存储区 Modbus 地址 00027 线圈的状态设置为 True。

预置单线圈接收报文格式如表 5-35 所示。

表 5-35　预置单线圈接收报文格式

事务/协议	长　度	单元标识符	功　能　码	线圈地址（高）	线圈地址（低）	断通标志（高）	断通标志（低）
0x00 0x00	0x00 0x06	0x01	0x05	0x00	0x1A	0xFF	0x00

预置单线圈接收报文与发送报文一致，原报文返回。

5.3.7　预置单寄存器

预置单寄存器发送报文格式如表 5-36 所示。

表 5-36　预置单寄存器发送报文格式

事务/协议	长　度	单元标识符	功　能　码	寄存器地址（高）	寄存器地址（低）	写　入　值（高）	写　入　值（低）
0x00 0x00	0x00 0x06	0x01	0x06	0x00	0x10	0x03	0x00

（1）事务/协议：事务处理标识符和协议标识符都是用的固定值 0x00 0x00。

（2）长度：单元标识符、功能码、数据部分总共是 6 个字节，长度是 0x00 0x06。

（3）单元标识符：单元标识符默认是 0x01。

（4）功能码：0x06 表示写入单个保持型寄存器。

（5）寄存器地址：十六进制 0x00 0x10 对应十进制 16，表示写入 16 号寄存器，16 对应的 Modbus 地址为 40017。

（6）写入值：十六进制 0x03 0x00 对应十进制 768，就是将 768 写入寄存器。

这段发送报文表示的含义：客户端想要将 768 写入服务器保持型寄存器存储区 Modbus 地址为 40017 的寄存器中。

预置单寄存器接收报文格式如表 5-37 所示。

表 5-37　预置单寄存器接收报文格式

事务/协议	长　度	单元标识符	功　能　码	寄存器地址（高）	寄存器地址（低）	写　入　值（高）	写　入　值（低）
0x00 0x00	0x00 0x06	0x01	0x06	0x00	0x10	0x03	0x00

预置单寄存器接收报文与发送报文一致，原报文返回。

5.3.8　预置多线圈

预置多线圈发送报文格式如表 5-38 所示。

表 5-38　预置多线圈发送报文格式

事务/协议	长　度	单元标识符	功 能 码	起 始 地 址	数　量	字 节 数	写 入 值
0x00 0x00	0x00 0x09	0x01	0x0F	0x00 0x13	0x00 0x0A	0x02	0x0F 0x03

（1）事务/协议：事务处理标识符和协议标识符都是用的固定值 0x00 0x00。

（2）长度：单元标识符、功能码、数据部分总共是 9 个字节，长度是 0x00 0x09。

（3）单元标识符：单元标识符默认是 0x01。

（4）功能码：0x0F 表示写入多个输出线圈。

（5）起始地址：十六进制 0x00 0x13 对应十进制为 19，表示从 19 号线圈开始写入，19 对应的 Modbus 地址为 00020。

（6）数量：十六进制 0x00 0x0A 对应十进制为 10，表示连续写入 10 个线圈，Modbus 地址从 00020 到 00029。

（7）写入值：0x0F 0x03 表示写入的两个字节，第一个字节对应前 8 个线圈，第二个字节对应后面的线圈。

这段发送报文表示的含义：客户端想要将数据写入服务器输出线圈存储区 Modbus 地址从 00020 开始的 10 个线圈内。

预置多寄存器接收报文格式如表 5-39 所示。

表 5-39　预置多线圈接收报文格式

事务/协议	长　度	单元标识符	功 能 码	起 始 地 址	数　量
0x00 0x00	0x00 0x06	0x01	0x0F	0x00 0x13	0x00 0x0A

5.3.9　预置多寄存器

预置多寄存器发送报文格式如表 5-40 所示。

表 5-40　预置多寄存器发送报文格式

事务/协议	长　度	单元标识符	功 能 码	起 始 地 址	数　量	字 节 数	写 入 值
0x00 0x00	0x00 0x0B	0x01	0x10	0x00 0x10	0x0002	0x04	0x01 0x0A 0x01 0x10

（1）事务/协议：事务处理标识符和协议标识符都是用的固定值 0x00 0x00。

（2）长度：单元标识符、功能码、数据部分总共是 11 个字节，长度是 0x00 0x0B。

（3）单元标识符：单元标识符默认是 0x01。

（4）功能码：0x10 表示写入多个保持型寄存器。

（5）起始地址：十六进制 0x00 0x10 对应十进制 16，表示从 16 号寄存器开始写入，16 对应的 Modbus 地址为 40017。

（6）数量：十六进制 0x00 0x02 对应十进制 2，表示连续写入 2 个寄存器，Modbus 地址从 40017 到 40018。

（7）字节数：0x04 表示 4 个字节，因为 1 个寄存器对应 2 个字节，2 个寄存器对应 4 个字节。

（8）写入值：0x01 0x0A 0x01 0x10 表示写入的 4 个字节，前 2 个字节对应第 1 个寄存器，后 2 个字节对应第 2 个寄存器。

这段发送报文表示的含义：客户端想要将数据写入服务器保持型寄存器存储区 Modbus 地址从 40017 开始的 2 个寄存器中。

预置多寄存器接收报文格式如表 5-41 所示。

表 5-41　预置多寄存器接收报文格式

事务/协议	长　　度	单元标识符	功　能　码	起 始 地 址	数　　量
0x00 0x00	0x00 0x06	0x01	0x10	0x0010	0x00 0x02

第 6 章　Modbus RTU 串口通信应用

Modbus 是一种通用的工业通信协议，在自动化控制系统中被广泛应用，可用于实现设备之间的数据交换。本章的主要内容是使用 C#实现与西门子 PLC 进行 Modbus RTU 通信，并基于 Modbus RTU 协议实现一主多从的通信应用。在 Modbus 开发中，许多开源库可以使用，我们选择主要使用 NModbus4 通信库。为了方便后续的开发工作，我们对 NModbus4 进行了二次封装。

6.1　NModbus4 通信库使用说明

6.1.1　NModbus4 通信库安装说明

首先，基于 VS2022 创建一个 Windows 窗体应用，项目名称为 ModbusRTUPro。在解决方案资源管理器中，选中引用，单击鼠标右键，在弹出的菜单中，选择管理 NuGet 程序包，如图 6-1 所示。

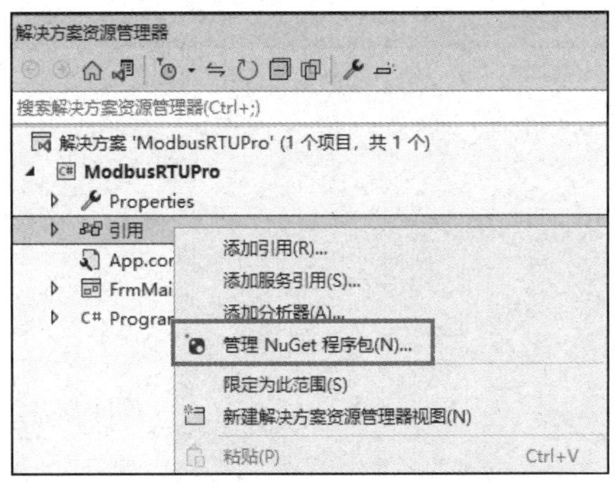

图 6-1　选择管理 NuGet 程序包

在弹出的界面中，选择浏览，然后在搜索栏中输入 NModbus4 进行搜索。搜索之后，版本选择最新稳定版 2.1.0，单击安装按钮，安装 NModbus4 程序包，如图 6-2 所示。

注意：我们这里通过 NuGet 服务器下载 NModbus4 通信库，必须保证有网络，并且确保程序包源是 neget.org，否则无法安装。如果没有网络，则可以在有网络的计算机上安装之后，复制对应的 NModbus4.dll 和 NModbus4.xml 文件进行使用。

图 6-2　安装 NModbus4 程序包

NModbus4 程序包安装完成后，由图 6-3 可知，引用中会自动添加 NModbus4。

添加 NModbus4 后，单击菜单栏中重新生成的解决方案，打开项目的根目录 Debug 文件夹，可以看到与 NModbus4 相关的库文件和注释文件，如图 6-4 所示。

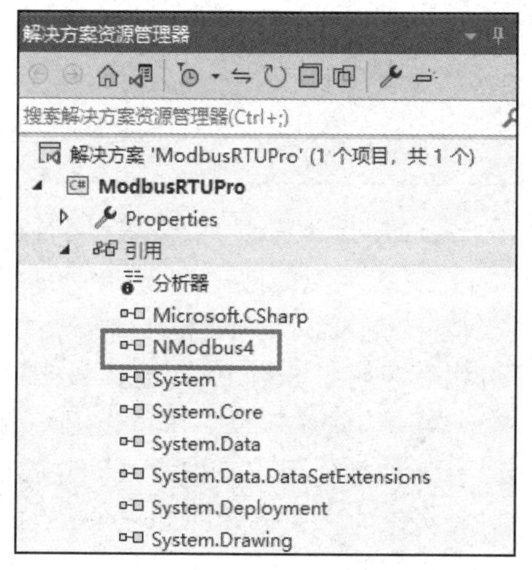

图 6-3　自动添加 NModbus4

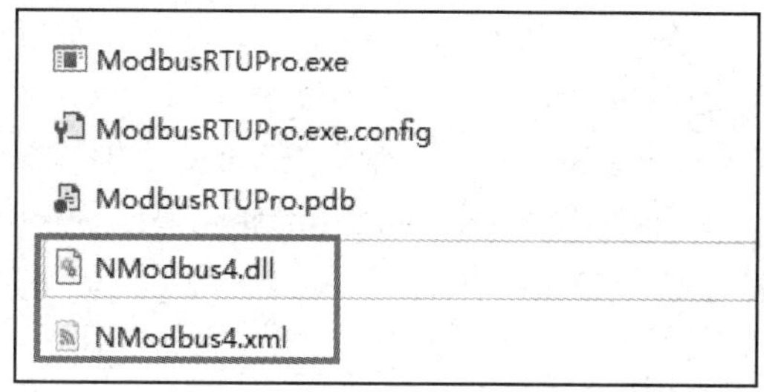

图 6-4　与 NModbus4 相关的库文件和注释文件

其中，NModbus4.dll 是通信库文件，NModbus4.xml 是库对应的注释文件。如果没有网络，则可以直接复制这两个文件，添加引用即可。

6.1.2　Modbus RTU 通信库封装应用

安装好 NModbus4 通信库后，为了简化调用流程，通常会对其进行封装。以下是基于 NModbus4 实现 Modbus RTU 通信库封装的具体步骤。

步骤 1：添加命名空间。这里涉及两个命名空间，第一个是 SerialPort 类所对应的命名空间，第二个是 NModbus4 库使用的基础命名空间。

```
using System.IO.Ports;// SerialPort 类所对应的命名空间
using Modbus.Device;// NModbus4 库使用的基础命名空间
```

步骤 2：打开串口。打开串口方法是一个无返回值的方法，参数是与串口相关的参数，具体封装代码如下所示。

```
private SerialPort serialPort;
private ModbusSerialMaster master;
[Description("串口打开方法")]
public void Connect(string portName, int baudRate, Parity parity, int dataBits,
StopBits stopBits)
{
    if (this.serialPort != null && this.serialPort.IsOpen)
    {
        this.serialPort.Close();
    }
    this.serialPort = new SerialPort(portName, baudRate, parity, dataBits,
stopBits);
    this.serialPort.Open();
    this.master = ModbusSerialMaster.CreateRtu(this.serialPort);
    this.master.Transport.WriteTimeout = 2000;
    this.master.Transport.ReadTimeout = 2000;
    this.master.Transport.WaitToRetryMilliseconds = 500;
    this.master.Transport.Retries = 3;
}
```

由上面的代码可知，我们基于 NModbus4 封装了一个 Modbus RTU 通信类，同时也需要串口基础类 SerialPort，这与我们自己编写通信库的方式是类似的，因为 NModbus4 底层也是基于 SerialPort 实现的。作为一个已经封装的通信库，NModbus4 提供了 ModbusSerialMaster 类。因此，在成员变量的定义阶段，我们声明了 SerialPort 对象 serialPort 和 ModbusSerialMaster 对象 master。然后在方法中实现对它们的实例化。这里使用了两种实例化的方法：一种是直接使用 new 关键字实例化；另一种是使用工厂模式来创建实例。具体来说，serialPort 对象是通过直接使用 new 关键字实例化的方式创建的，master 对象是基于工厂模式来实例化的。

注意：工厂模式可以理解为一个类的静态方法。这个方法返回一个对象实例，是对象创建的一个方式。工厂模式是一种常用的设计模式。

步骤 3：关闭串口。关闭串口方法是一个无参数、无返回值的方法，具体封装代码如下所示。

```
[Description("串口关闭方法")]
public void DisConnect()
{
    if (this.serialPort != null && this.serialPort.IsOpen)
    {
        this.serialPort.Close();
    }
    this.master = null;
}
```

步骤 4：读取输出线圈。读取输出线圈方法的返回值是一个布尔数组，参数有 3 个，分别是从站地址（slaveId）、起始线圈地址（start）和读取线圈的数量（length），具体封装代码如下所示。

```
[Description("读取输出线圈")]
public bool[] ReadOutputCoils(byte slaveId, ushort start, ushort length)
{
    try
    {
        return this.master.ReadCoils(slaveId, start, length);
    }
    catch (Exception ex)
    {
        throw new Exception("【读取输出线圈】失败：" + ex.Message);
    }
}
```

步骤 5：读取输入线圈。读取输入线圈方法和读取输出线圈方法类似，返回值都是一个布尔数组。读取输入线圈方法的参数有 3 个，分别是从站地址（slaveId）、起始线圈地址（start）和读取线圈的数量（length），具体封装代码如下所示。

```
[Description("读取输入线圈")]
public bool[] ReadInputCoils(byte slaveId, ushort start, ushort length)
{
    try
    {
        return this.master.ReadInputs(slaveId, start, length);
    }
    catch (Exception ex)
    {
        throw new Exception("【读取输入线圈】失败：" + ex.Message);
    }
}
```

步骤 6：读取保持型寄存器。在 NModbus4 中，读取保持型寄存器方法的返回值是 ushort 数组，在实际应用中，可能会用保持型寄存器存储各种数据类型，如布尔、整型、长整型、浮点数等。为了使库更加通用，可以对其进行二次封装，首先将返回值类型改成 byte（字节）数组，然后在使用时进行适当转换。在将 ushort 数组转换为 byte 数组的过程中，可以使用 List<byte>作为中间环节。通过泛型集合的 ToArray()方法，直接将泛型集合转换成数组。具体封装代码如下所示。

```
[Description("读取保持型寄存器")]
public byte[] ReadHoldingRegisters(byte slaveId, ushort start, ushort length)
{
    try
    {
```

```
        ushort[]   data   =   this.master.ReadHoldingRegisters(slaveId,   start,
length);
        List<byte> result = new List<byte>();
        foreach (var item in data)
        {
            result.AddRange(BitConverter.GetBytes(item).Reverse());
        }
        return result.ToArray();
    }
    catch (Exception ex)
    {
        throw new Exception("【读取保持型寄存器】失败: " + ex.Message);
    }
}
```

步骤 7：读取输入寄存器。读取输入寄存器方法和读取保持型寄存器方法类似，这里就不做过多赘述。具体封装代码如下所示。

```
[Description("读取输入寄存器")]
public byte[] ReadInputRegisters(byte slaveId, ushort start, ushort length)
{
    try
    {
        ushort[] data = this.master.ReadInputRegisters(slaveId, start, length);
        List<byte> result = new List<byte>();
        foreach (var item in data)
        {
            result.AddRange(BitConverter.GetBytes(item).Reverse());
        }
        return result.ToArray();
    }
    catch (Exception ex)
    {
        throw new Exception("【读取输入寄存器】失败: " + ex.Message);
    }
}
```

步骤 8：预置单线圈。预置单线圈方法就是给一个线圈写入值（True/False）。这里默认的是输出线圈，因为输入线圈是不能写入的。该方法的返回值为空，参数有 3 个，分别是从站地址（slaveId）、线圈地址（address）、写入值（value），具体封装代码如下所示。

```
[Description("写入单线圈")]
public void WriteSingleCoil(byte slaveId, ushort address, bool value)
{
    try
    {
        this.master.WriteSingleCoil(slaveId, address, value);
    }
```

```
    catch (Exception ex)
    {
        throw new Exception("【写入单线圈】失败: " + ex.Message);
    }
}
```

步骤 9：预置单寄存器。预置单寄存器方法就是对一个寄存器写入一个 16 位整型数据。由于 NModbus4 库中的方法只针对无符号整数，因此我们又重载了一个方法，用于写入有符号整数，具体封装代码如下所示。

```
[Description("写入单寄存器")]
public void WriteSingleRegister(byte slaveId, ushort address, ushort value)
{
    try
    {
        this.master.WriteSingleRegister(slaveId, address, value);
    }
    catch (Exception ex)
    {
        throw new Exception("【写入单寄存器】失败: " + ex.Message);
    }
}
[Description("写入单寄存器")]
public void WriteSingleRegister(byte slaveId, ushort address, short value)
{
    try
    {
        ushort val = BitConverter.ToUInt16(BitConverter.GetBytes(value), 0);
        this.master.WriteSingleRegister(slaveId, address, val);
    }
    catch (Exception ex)
    {
        throw new Exception("【写入单寄存器】失败: " + ex.Message);
    }
}
```

步骤 10：预置多线圈。预置多线圈方法主要用于对一组连续的线圈进行写入操作。该方法的返回值为空，参数有 3 个，分别是从站地址（slaveId）、线圈地址（address）、写入值（value），具体封装代码如下所示。

```
[Description("写入多线圈")]
public void WriteMultiCoils(byte slaveId, ushort address, bool[] value)
{
    try
    {
        this.master.WriteMultipleCoils(slaveId, address, value);
    }
```

```
    catch (Exception ex)
    {
        throw new Exception("【写入多线圈】失败：" + ex.Message);
    }
}
```

步骤 11：预置多寄存器。预置多寄存器方法主要用于对一组连续的寄存器进行写入操作。由于 NModbus4 库中的方法只针对无符号整数数组，因此我们首先封装了一个可以写入字节数组的方法。这样，后续对其他数据类型的写入，都可以先转换为字节数组，然后调用写入方法。在此基础上，我们进一步封装了有符号 16 位整型数组和无符号 16 位整型数组的写入方法，以便于直接调用，具体封装代码如下所示。

```
[Description("写入多寄存器")]
public void WriteMultiRegisters(byte slaveId, ushort start, byte[] value)
{
    try
    {
        if (value != null && value.Length % 2 == 0)
        {
            ushort[] data = new ushort[value.Length / 2];
            for (int i = 0; i < value.Length; i += 2)
            {
                data[i / 2] = BitConverter.ToUInt16(new byte[] { value[i + 1],
value[i] }, 0);
            }
            this.master.WriteMultipleRegisters(slaveId, start, data);
        }
        else
        {
            throw new Exception("【写入多寄存器】失败：字节数组必须为正偶数");
        }
    }
    catch (Exception ex)
    {
        throw new Exception("【写入多寄存器】失败：" + ex.Message);
    }
}
[Description("写入多寄存器")]
public void WriteMultiRegisters(byte slaveId, ushort start, short[] value)
{
    List<byte> bytes = new List<byte>();
    foreach (var item in value)
    {
        bytes.AddRange(BitConverter.GetBytes(item).Reverse());
    }
    WriteMultiRegisters(slaveId, start, bytes.ToArray());
}
```

```
[Description("写入多寄存器")]
public void WriteMultiRegisters(byte slaveId, ushort start, ushort[] value)
{
    List<byte> bytes = new List<byte>();
    foreach (var item in value)
    {
        bytes.AddRange(BitConverter.GetBytes(item).Reverse());
    }
    WriteMultiRegisters(slaveId, start, bytes.ToArray());
}
```

以上就是基于 NModbus4 开源库实现的通信类的完整二次封装。下面将利用这个封装好的通信类来实现与 PLC 或其他设备的 Modbus RTU 通信。通过这个通信类，我们可以方便地进行设备数据的采集和交互。

6.2 西门子 200Smart 实现 Modbus RTU 通信

西门子 200Smart PLC 是中小型 PLC 的代表之一，具有丰富的通信接口，支持多种通信协议，如 USS、PPI、Modbus RTU/TCP，以及 S7、Profinet 等。本节将重点讨论如何通过 C# 编程实现与 S7-200Smart PLC 的 Modbus RTU 通信。

6.2.1 PLC 程序编写

西门子 S7-200Smart PLC 并不直接支持 Modbus RTU 通信。若需要与 S7-200Smart PLC 进行 Modbus RTU 通信，则需在 PLC 端编写程序，使其作为 Modbus RTU 从站，上位机充当 Modbus RTU 主站。这里使用的编程软件是 STEP7-Micro/WIN SMART V2.5，具体步骤如下。

步骤 1：创建一个项目，PLC 型号为 CPU ST40，项目名称为 200Smart_ModbusRTU，如图 6-5 所示。

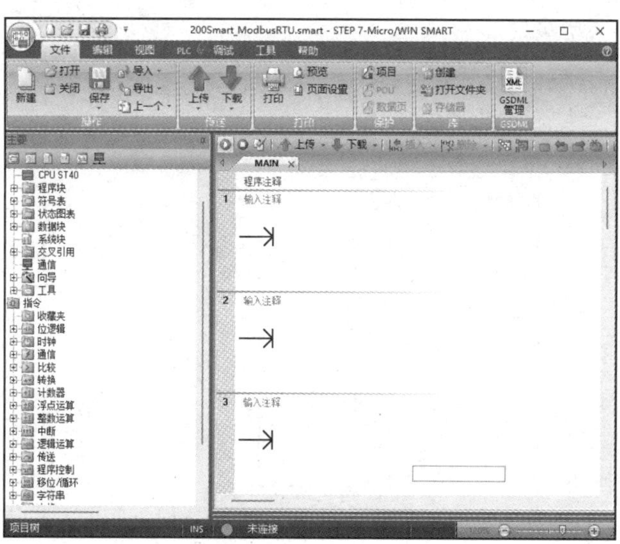

图 6-5 创建 200Smart_ModbusRTU 项目

步骤 2：在库指令中找到 Modbus RTU Slave（v3.1），拖放 MBUS_INIT 指令到 MAIN 中，如图 6-6 所示。

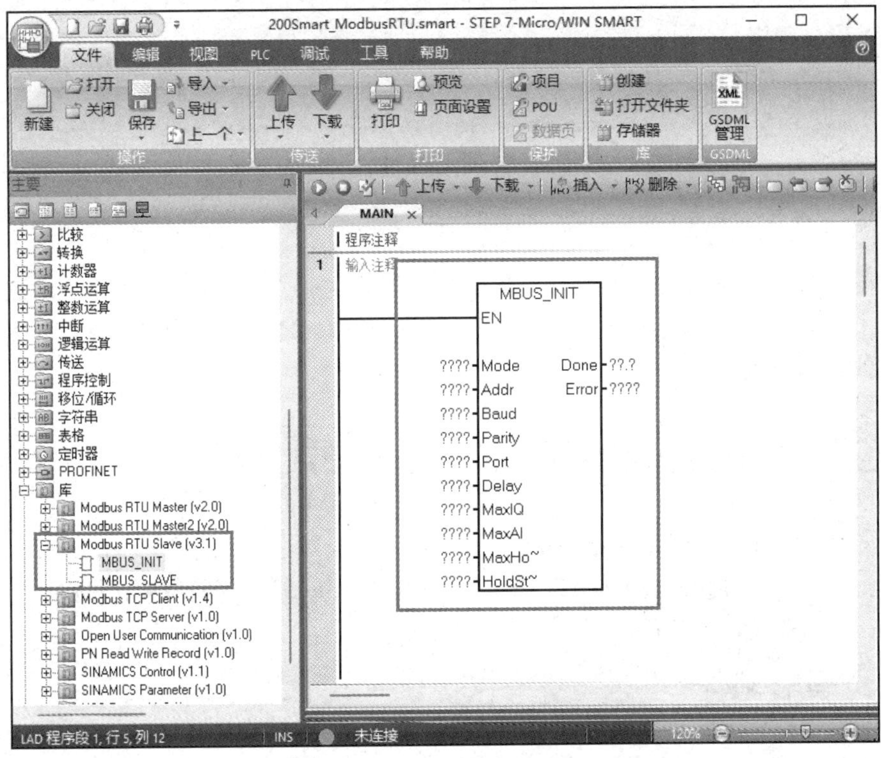

图 6-6　拖放 MBUS_INIT 指令

步骤 3：完成 MBUS_INIT 指令程序。MBUS_INIT 指令用于启用、初始化或禁用 Modbus 通信。在使用 MBUS_SLAVE 指令之前，必须先无错误地执行 MBUS_INIT 指令。该指令完成后，立即置位 Done，继续执行下一条指令。MBUS_INIT 参数可以参考下方说明进行填写。参数填写完成后如图 6-7 所示。

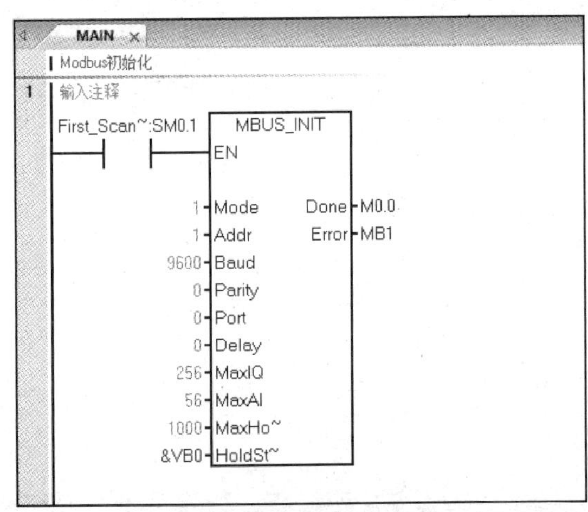

图 6-7　填写 MBUS_INIT 参数

① Mode 用于选择通信协议。当输入值为 1 时，分配 Modbus 协议并启用该协议；当输入值为 0 时，表示分配 PPI 协议并禁用 Modbus 协议。

② Addr 表示从站地址。可以将地址设置为 1～247（包括边界）。

③ Baud 表示波特率，可以将波特率设置为 1200bps、2400bps、4800bps、9600bps、19200bps、38400bps、57600bps 或 115200bps。

④ Parity 表示校验位。这里的设置应与 Modbus 主站的奇偶校验相匹配。0 表示无校验；1 表示奇校验；2 表示偶校验；停止位是固定的。

⑤ Port 表示物理通信端口。如果使用 CPU 中集成的 RS-485，则设置为 0；如果使用信号板上的 RS-485 或 RS-232，则设置为 1。

⑥ Delay 表示 Modbus 通信延时时间。如果是在有线网络上运行，则设置为 0；如果使用具有纠错功能的调制解调器，则设置为 50～100；如果使用扩频无线通信，则设置为 10～100。Delay 的范围为 0～32767，单位为 ms。

⑦ MaxIQ 用于设置 Modbus 地址 0xxxx 及 1xxxx 可用的 I 和 Q 的点数，取值范围为 0～256，当设定值为 0 时，将禁用所有对输入和输出的读写操作，建议设置为 256。

⑧ MaxAI 用于设置 Modbus 地址 3xxxx 可用的输入寄存器，即 AI 模拟量输入的点数，取值范围为 0～56。当设定值为 0 时，将禁止读取模拟量输入。如果 CPU 是 CPU CR20s、CR30s、CR40s 和 CR60s，则将该值设置为 0；如果是其他 CPU 型号，则将该值设置为 56。

⑨ MaxHold（MaxH0~）用于设置 Modbus 地址 4xxxx 可用的保持型寄存器，即 V 存储器对应的点数。例如，如果允许 Modbus 主站访问 2000 个字节的 V 存储区，2000 个字节对应 1000 个寄存器，那么应该将 MaxHold 设置为 1000。

⑩ HoldStart（HoldSt~）是 V 存储区中保持型寄存器的起始地址，通常设置为&VB0，表示从 VB0 开始映射。如果希望从 VB100 开始映射，则填写&VB100。

⑪ MBUS_INIT 指令完成时，Done 输出接通。

⑫ Error 输出字节包含指令的执行结果。仅当 Done 接通时，该输出才有效。Error 错误列表如表 6-1 所示。

表 6-1 Error 错误列表

错误代码	错误描述
0	无错误
1	存储器范围错误
2	波特率或奇偶校验非法
3	从站地址非法
4	Modbus 参数值非法
5	保持型寄存器与 Modbus 从站符号重叠
6	收到奇偶校验错误
7	收到 CRC 错误
8	功能请求非法/功能不受支持
9	请求中的存储器地址非法
10	从站功能未启用

续表

错误代码	错误描述
11	端口号无效
12	信号板端口 1 缺失或未组态

步骤 4：在库指令中找到 Modbus RTU Slave（v3.1），拖放 MBUS_SLAVE 指令到 MAIN 中的程序段 2。MBUS_SLAVE 指令用于处理来自 Modbus 主站的请求，并且必须在每次扫描时执行，以便检查和响应 Modbus 请求，如图 6-8 所示。

步骤 5：给库函数分配存储器，单击 MBUS_INIT，在工具栏中找到存储器，给该库函数分配地址。由于不允许在程序中使用该地址，所以一般连续单击建议地址按钮，将该地址设置得尽量大一些，以保证逻辑程序不会使用，如图 6-9 所示。

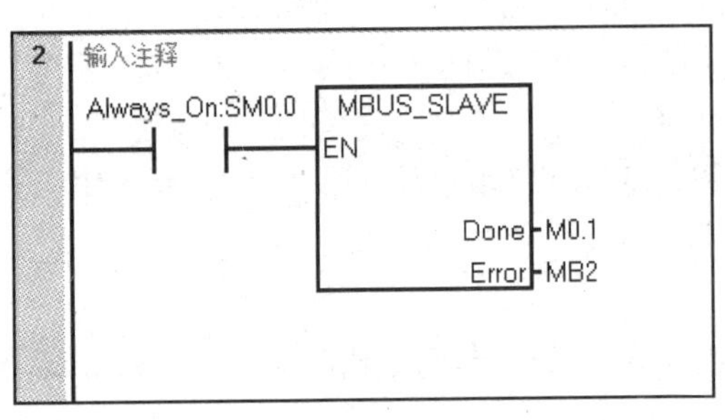

图 6-8　拖放 MBUS_SLAVE 指令

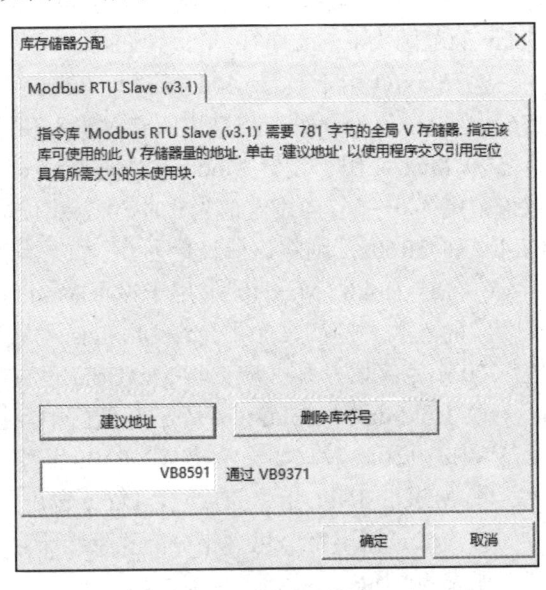

图 6-9　库存储区分配地址

步骤 6：下载 PLC 程序。单击菜单栏中的下载按钮，弹出如图 6-10 所示的界面。在该界面中，单击下载按钮，将程序下载到 PLC 中。下载完成后，将 PLC 设置为 RUN 状态。

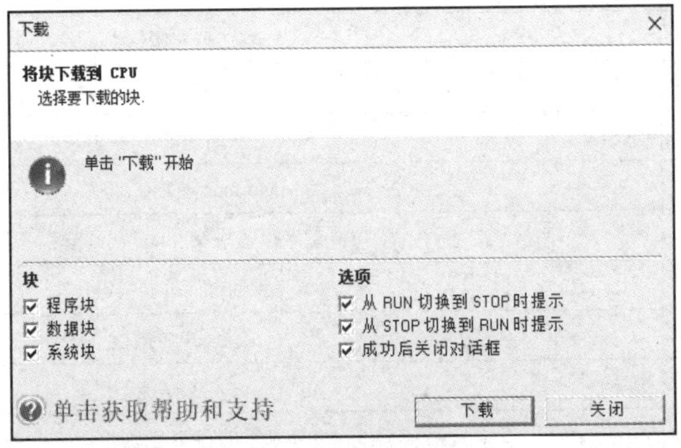

图 6-10　下载 PLC 程序

6.2.2　Modbus RTU 通信测试

在编写好 PLC 程序后，为了验证通信正常，在一般情况下，我们会先使用调试软件对 PLC 进行通信测试，以确保通信正常后，再进行上位机程序的编写。在此过程中，首先需将 PLC 的 DB9 插头中的 3、8 端子通过 RS485 转 USB 转换器连接到计算机上，保证在计算机上出现一个可用端口。

在上面的 PLC 程序中，我们仅需要对 Modbus 保持型寄存器与 PLC 存储区做映射，因为其他的存储区已经做好了内部映射。具体的 PLC 存储区映射关系如表 6-2 所示。

表 6-2　具体的 PLC 存储区映射关系

序　号	Modbus 存储区	PLC 存储区
1	0 区	Q 区
2	1 区	I 区
3	3 区	AI 区
4	4 区	V 区

打开 Modbus Poll 软件，输入正确的端口号和通信参数，这里读取的是保持型寄存器从 0 开始的 10 个寄存器，即对应 PLC 中 VW0 开始的 10 个字，从而实现与 PLC 之间的通信数据测试。Modbus Poll 通信测试结果如图 6-11 所示。

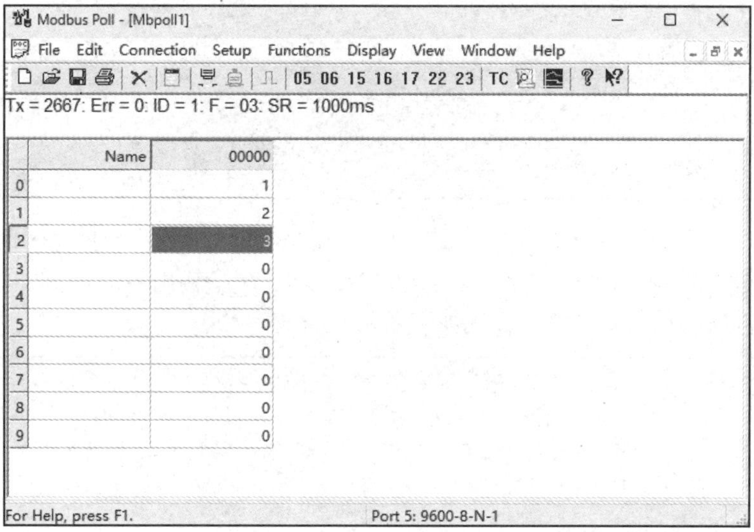

图 6-11　Modbus Poll 通信测试结果

6.2.3　上位机通信程序

Modbus Poll 通信测试通过后，我们接着开发一个上位机软件来实现与 PLC 之间的数据通信。上位机通信界面的设计如图 6-12 所示。

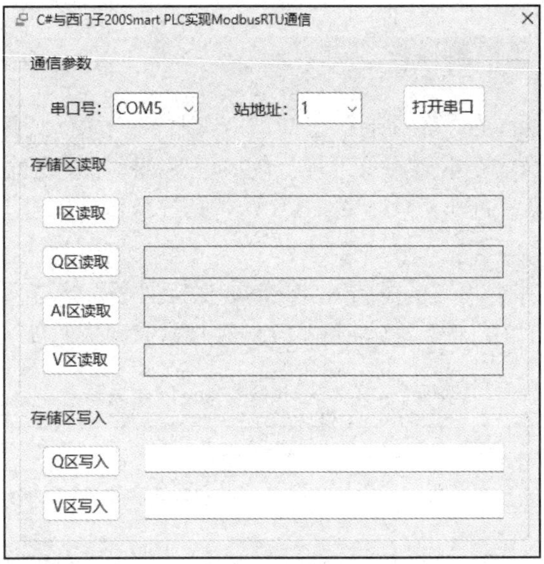

图 6-12　上位机通信界面的设计

（1）读取 I 区中的数据：由于 PLC 的 I 区对应 Modbus 的输入线圈，因此读取输入线圈存储区中的数据即可读取 I 区中的数据。从 0 开始读取 32 个输入线圈，读取的结果是一个布尔数组，用字符串显示出来，具体实现如下所示。

```
private void btn_ReadI_Click(object sender, EventArgs e)
{
    byte slave = Convert.ToByte(this.cmb_DevAdd.Text);
    bool[] data = modbus.ReadInputCoils(slave, 0, 32);
    this.lbl_Input.Text = string.Join(" ", data);
}
```

（2）读取 Q 区中的数据：由于 PLC 的 Q 区对应 Modbus 的输出线圈，因此读取输出线圈存储区中的数据即可读取 Q 区中的数据。从 0 开始读取 32 个输出线圈，读取的结果是一个布尔数组，用字符串显示出来，具体实现如下所示。

```
private void btn_ReadQ_Click(object sender, EventArgs e)
{
    byte slave = Convert.ToByte(this.cmb_DevAdd.Text);
    bool[] data = modbus.ReadOutputCoils(slave, 0, 32);
    this.lbl_Output.Text = string.Join(" ", data);
}
```

（3）读取 AI 区数据：由于 PLC 的 AI 区对应 Modbus 的输入寄存器，因此读取输入寄存器存储区中的数据即可读取 AI 存储区中的数据。从 0 开始读取 10 个输入寄存器，读取的结果是一个字节数组，用字符串显示出来，具体实现如下所示。

```
private void btn_ReadAI_Click(object sender, EventArgs e)
{
```

```
    byte slave = Convert.ToByte(this.cmb_DevAdd.Text);
    byte[] data = modbus.ReadInputRegisters(slave, 0, 10);
    this.lbl_AI.Text = string.Join(" ", data);
}
```

（4）读取 V 区中的数据：由于 PLC 的 V 区对应 Modbus 的保持型寄存器，因此读取保持型寄存器存储区中的数据即可读取 V 区中的数据。从 0 开始读取 10 个保持型寄存器，读取的结果是一个字节数组，用字符串显示出来，具体实现如下所示。

```
private void btn_ReadV_Click(object sender, EventArgs e)
{
    byte slave = Convert.ToByte(this.cmb_DevAdd.Text);
    byte[] data = modbus.ReadHoldingRegisters(slave, 0, 10);
    this.lbl_V.Text = string.Join(" ", data);
}
```

（5）写入 Q 区数据：写入 Q 区数据就是向输出线圈中写入数据。首先将写入的数据按照空格分割，然后转换成布尔数组。根据布尔数组的长度，如果只有 1 个，则调用写入单线圈的方法；如果超过 1 个，则调用写入多线圈的方法，具体实现如下所示。

```
private void btn_WriteQ_Click(object sender, EventArgs e)
{
    byte slave = Convert.ToByte(this.cmb_DevAdd.Text);
    string[] data = this.txt_Q.Text.Split(' ');
    List<bool> boolArray = new List<bool>();
    foreach (var item in data)
    {
        boolArray.Add(item == "1");
    }
    if (boolArray.Count == 1)
    {
        modbus.WriteSingleCoil(slave, 0, boolArray[0]);
    }
    else
    {
        modbus.WriteMultiCoils(slave, 0, boolArray.ToArray());
    }
}
```

（6）写入 V 区数据：写入 V 区数据就是向保持型寄存器中写入数据。首先将写入的数据按照空格分割，然后转换成整型数组。根据整型数组的长度，如果只有 1 个，则调用写入单寄存器的方法；如果超过 1 个，则调用写入多寄存器的方法，具体实现如下所示。

```
private void btn_WriteV_Click(object sender, EventArgs e)
{
    byte slave = Convert.ToByte(this.cmb_DevAdd.Text);
    string[] data = this.txt_V.Text.Split(' ');
```

```
    List<short> shortArray = new List<short>();
    foreach (var item in data)
    {
        shortArray.Add(Convert.ToInt16(item));
    }
    if (shortArray.Count == 1)
    {
        modbus.WriteSingleRegister(slave, 0, shortArray[0]);
    }
    else
    {
     modbus.WriteMultiRegisters(slave, 0, shortArray.ToArray());
    }
}
```

（7）上位机读写测试：完成上述代码后，运行上位机软件，打开串口，执行相关读写操作，实现与 PLC 之间的数据读写。上位机通信测试结果如图 6-13 所示。

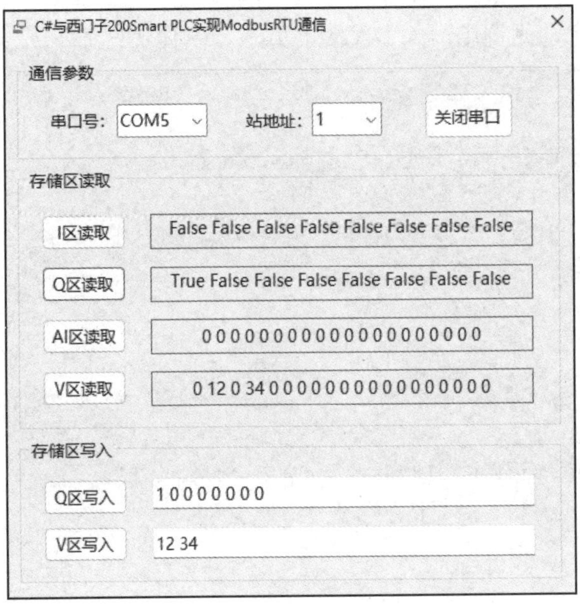

图 6-13　上位机通信测试结果

6.3　Modbus RTU 一主多从实现温湿度采集

前面章节主要介绍了上位机与西门子 S7-200Smart PLC 之间的通信。在实际应用中，可能会存在多个从站设备的情况。针对这种情况，可以采用 RS485 一主多从的通信方式。在 Modbus 主站中，通过从站地址来区别不同的从站设备，并采用轮询机制来访问多个从站设备的数据。本节将以 4 个温湿度传感器设备为例，说明如何通过上位机同时采集 4 个温湿度变送器的数据。

6.3.1　温湿度变送器地址说明

温湿度变送器在工业现场中的应用非常广泛，虽然不同品牌的温湿度变送器可能存在寄存器地址的差异，但通信思路基本一致。本节采用的是鲸河智能温湿度变送器模块如图 6-14 所示。

图 6-14　鲸河智能温湿度变送器模块

首先对鲸河智能温湿度变送器模块的相关参数进行说明。该温湿度变送器模块支持标准 Modbus RTU 通信协议，其中的寄存器地址表如表 6-3 所示。

表 6-3　鲸河智能温湿度变送器模块中的寄存器地址表

地　址	内　容	操　作
0000H	湿度（单位：%，精度 0.1%）	只读
0001H	温度（单位：℃，精度 0.1℃）	只读
0100H	设备地址（0～252）	读写
0101H	波特率（2400/4800/9600/19200）	读写

由表 6-3 可知，湿度值存储在 0001 寄存器中，温度值存储在 0002 寄存器中。由于实际数据精确到小数点后一位，因此读取单个寄存器得到的整数值需要除以 10 才能得到真实的数据。

为了实现一主多从，我们必须保证每个模块的设备地址是各不相同的，可以通过修改 0100H 寄存器的值来修改设备地址。这里分别将 4 个鲸河智能温湿度变送器模块的设备地址修改为 3、4、5、6，就可以实现 Modbus 一主多从轮询。

6.3.2　温湿度变送器模块通信测试

打开 Modbus Poll 软件，连接 COM5，通信参数选择 9600-8-N-1，读取站点的地址为 3，从 0 开始的 2 个寄存器，结果如图 6-15 所示。

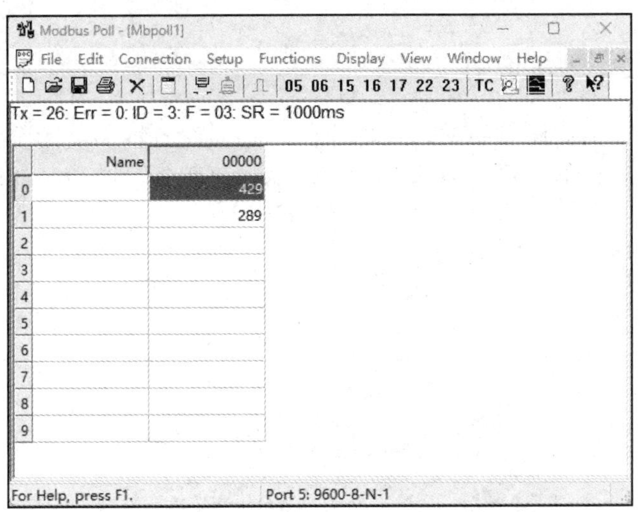

图 6-15 读取单个鲸河智能温湿度变送器模块

Modbus Poll 读取的第一个寄存器的值为 429，表示湿度值，实际湿度为 42.9%；第二个寄存器的值为 289，表示温度值，实际温度为 28.9℃。

单击左上方的新建按钮，可以建立 1 个模块的连接。多新建几个，将从站地址修改为对应的 4、5、6，最终可以同时读到 4 个站点的温湿度数据，具体如图 6-16 所示。

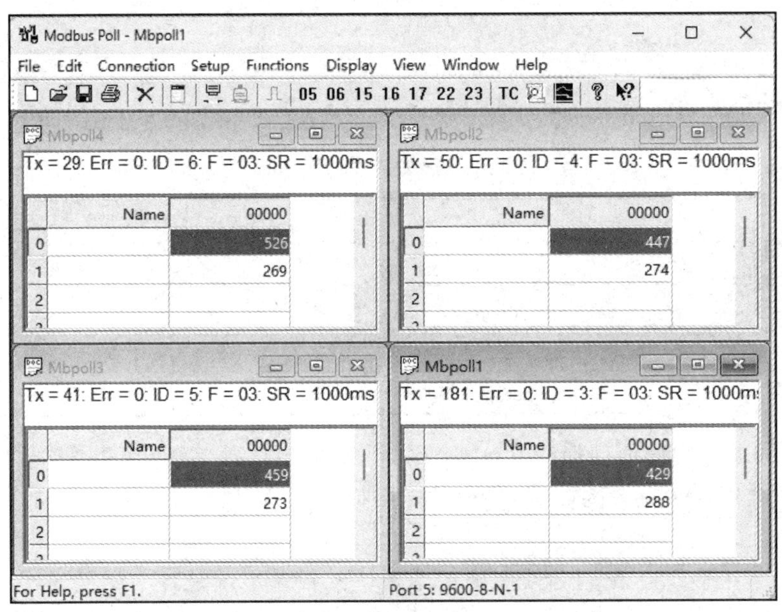

图 6-16 读取多个鲸河智能温湿度变送器模块

6.3.3 上位机实现多温湿度采集

在 Modbus Poll 测试通过后，我们接着开发一个上位机软件来实现与多个鲸河智能温湿度变送器模块之间的数据通信。上位机通信界面的设计如图 6-17 所示。

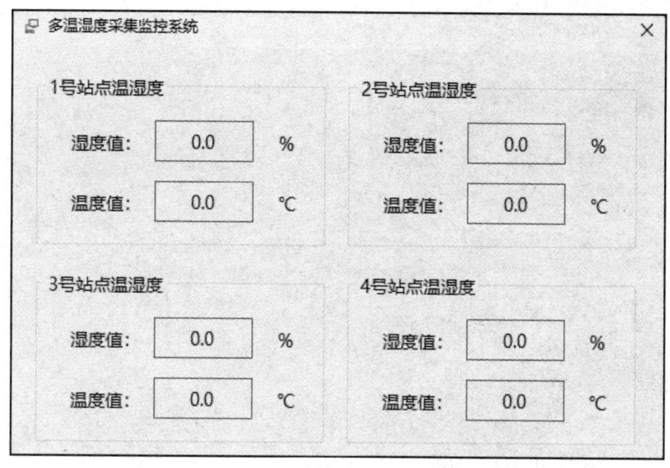

图 6-17　上位机通信界面的设计

由于这里每个站点的参数都是一致的，因此我们封装一个控件来显示相关参数，控件名称为 THMonitor，设计如图 6-18 所示。

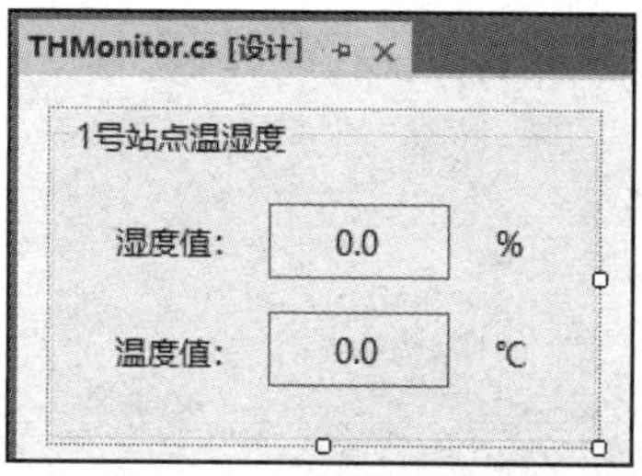

图 6-18　温湿度控件的设计

在控件的开发过程中，我们为其创建了以下几个属性。

（1）站点名称（StationName）：用于显示不同站点标题的名称。

```
private string stationName = "1 号站点温湿度";
[Category("自定义属性")]
[Description("显示站点名称")]
public string StationName
{
    get { return stationName; }
    set
    {
        stationName = value;
        this.gb_Device.Text = stationName;
    }
}
```

（2）湿度值（Humidity）：用于显示当前湿度值，这里添加了变化更新操作。将属性的当前值与字段进行比较，当两者不相等时，表示湿度值发生了变化，更新界面。

```
private float humidity = 0.0f;
[Category("自定义属性")]
[Description("显示当前湿度值")]
public float Humidity
{
    get { return humidity; }
    set
    {
        if (humidity != value)
        {
            humidity = value;
            this.lbl_Humidity.Text = humidity.ToString();
        }
    }
}
```

（3）温度值（Temp）：用于显示读取的温度值，这里同样也添加了变化更新操作。当温度值发生变化时，更新界面。

```
private float temp = 0.0f;
[Category("自定义属性")]
[Description("显示当前温度值")]
public float Temp
{
    get { return temp; }
    set
    {
        if (temp != value)
        {
            temp = value;
            this.lbl_Temp.Text = temp.ToString();
        }
    }
}
```

（4）从站地址（SlaveAddress）：用于设置当前站号的从站地址，默认值为0x01。

```
[Category("自定义属性")]
[Description("设置当前从站地址")]
public byte SlaveAddress { get; set; } = 0x01;
```

控件封装完成后，在主界面中，编写一个通用的读取和解析数据的方法，将该控件作为方法的参数，通过控件的站点地址读取和解析数据，并将温湿度数值赋值给控件的温度值和湿度值，具体实现如下所示。

```
private void ReadTHMonitor(THMonitor monitor)
{
    try
```

```
    {
        byte[] data = modbus.ReadHoldingRegisters(monitor.SlaveAddress, 0, 2);
        if (data != null && data.Length == 4)
        {
            this.Invoke(new Action(() =>
            {
                monitor.Humidity = BitConverter.ToInt16(new byte[] { data[1],
data[0] }, 0) * 0.1f;
                monitor.Temp = BitConverter.ToInt16(
new byte[] { data[3], data[2] }, 0) * 0.1f;
            }));
        }
        else
        {
            MessageBox.Show("读取寄存器出错");
        }
    }
    catch (Exception ex)
    {
        MessageBox.Show("读取寄存器出错: " + ex.Message);
    }
}
```

在界面的构造方法中，连接串口，串口连接成功后，开启多线程循环读取数据即可，具体实现如下所示。

```
public FrmTHMonitor()
{
    InitializeComponent();
    try
    {
        modbus.Connect("COM5", 9600, Parity.None, 8, StopBits.One);
        cts = new CancellationTokenSource();
        Task.Run(new Action(() =>
        {
            while (!cts.IsCancellationRequested)
            {
                foreach (var item in this.Controls.OfType<THMonitor>())
                {
                    ReadTHMonitor(item);
                    Thread.Sleep(10);
                }
            }
        }));
    }
    catch (Exception ex)
    {
```

```
        MessageBox.Show("串口打开失败: " + ex.Message);
        return;
    }
}
```

完成代码后，运行上位机软件，我们可以实时读取各个站点的温湿度数据。通过 Modbus 一主多从的通信方式，实现了多个温湿度变送器模块数据的实时采集。实现效果如图 6-19 所示。

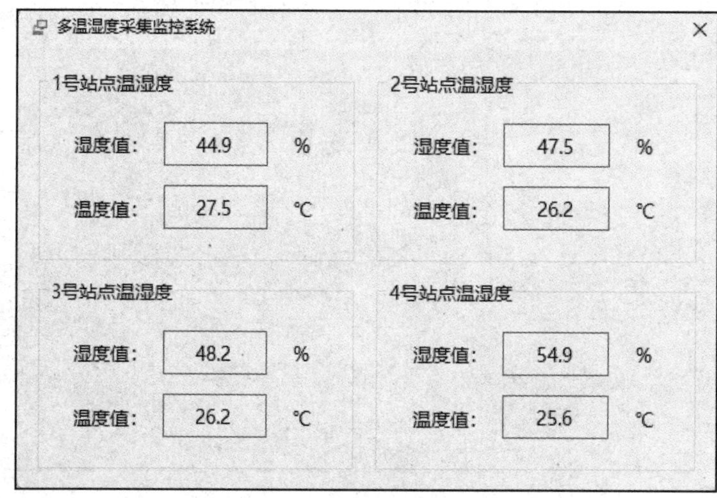

图 6-19　实现效果

第 7 章　Modbus TCP 以太网通信应用

Modbus TCP 是一种常用的以太网通信协议，基于 Modbus 协议，利用 TCP/IP 网络进行数据传输。在工业自动化领域，Modbus TCP 被广泛用于连接工业设备，如 PLC、传感器、执行器和控制器等。本章主要以西门子和三菱 PLC 为例，实现上位机与 PLC 之间的 Modbus TCP 通信。

7.1　西门子 S7-1500 PLC 实现 Modbus TCP 通信

西门子 PLC 并不直接支持 Modbus TCP 通信，需要编写 PLC 程序来实现。我们将用 PLC 作为 Modbus TCP 服务器，上位机作为 Modbus TCP 客户端，实现上位机与 PLC 之间的 Modbus TCP 通信。为了方便进行仿真，我们以西门子 S7-1500 PLC 为例进行说明。

7.1.1　PLC 程序编写

编写 PLC 程序的步骤如下所示。

步骤 1：打开之前编写的 PLC 程序，在 OB1 中，从右侧通信选项中，通过其他>>MODBUS TCP，找到 MB_SERVER 功能块，并将其拖放至程序段 3 中。提示添加背景数据库时，单击确定按钮即可，如图 7-1 所示。

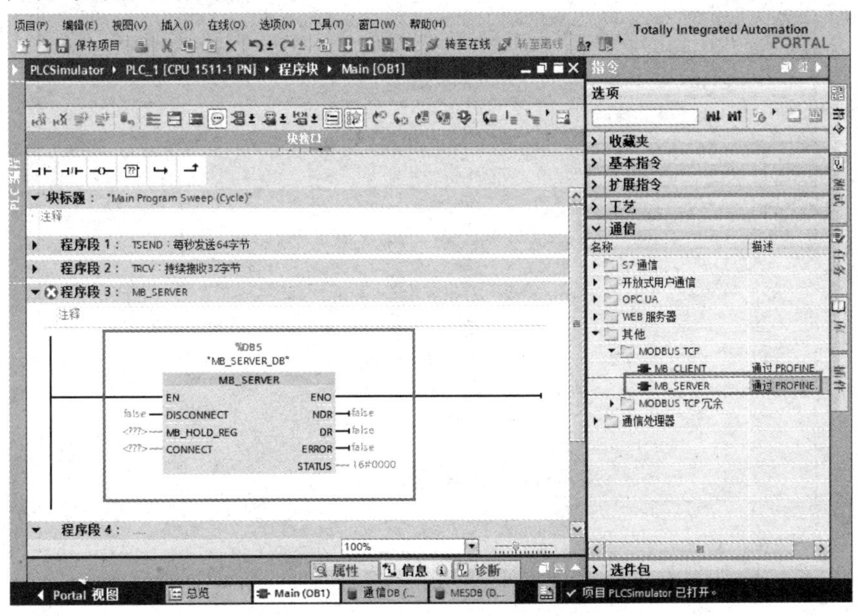

图 7-1　添加 MB_SERVER 功能块

步骤 2：填写 MB_HOLD_REG 和 CONNECT 两个引脚。其中，MB_HOLD_REG 表示 Modbus 保持型寄存器对应的 PLC 存储区；CONNECT 表示相关的连接参数。以读取 MESDB 中的数据为例，MESDB 中总共有 20 个字节，这里填写 P#DB4.DBX0.0 BYTE 20。MESDB 的变量结构如图 7-2 所示。

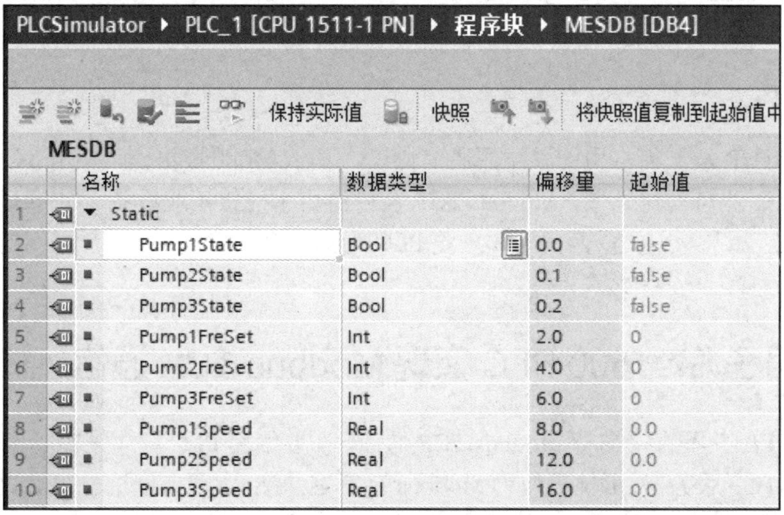

PLCSimulator ▸ PLC_1 [CPU 1511-1 PN] ▸ 程序块 ▸ MESDB [DB4]

保持实际值　快照　将快照值复制到起始值中

MESDB

	名称	数据类型	偏移量	起始值
1	▼ Static			
2	Pump1State	Bool	0.0	false
3	Pump2State	Bool	0.1	false
4	Pump3State	Bool	0.2	false
5	Pump1FreSet	Int	2.0	0
6	Pump2FreSet	Int	4.0	0
7	Pump3FreSet	Int	6.0	0
8	Pump1Speed	Real	8.0	0.0
9	Pump2Speed	Real	12.0	0.0
10	Pump3Speed	Real	16.0	0.0

图 7-2　MESDB 的变量结构

步骤 3：对于 CONNECT 引脚，这里需要填写一个结构体，结构体类型为 TCON_IP_V4。我们创建一个用于存储连接参数的 DB 块 CONNDB，在该 DB 块中，创建一个结构体 CONN，并手动将其数据类型修改为 TCON_IP_v4，如图 7-3 所示。

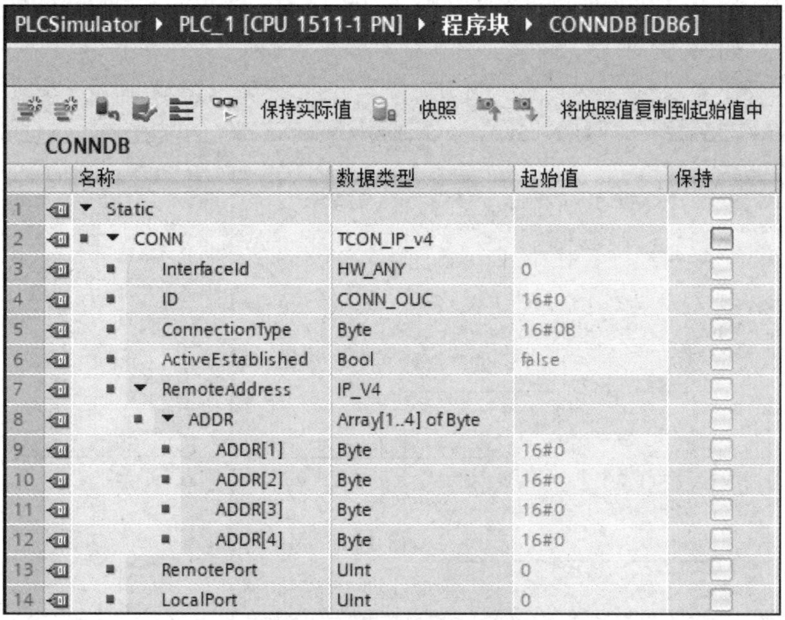

PLCSimulator ▸ PLC_1 [CPU 1511-1 PN] ▸ 程序块 ▸ CONNDB [DB6]

保持实际值　快照　将快照值复制到起始值中

CONNDB

	名称	数据类型	起始值	保持
1	▼ Static			
2	▼ CONN	TCON_IP_v4		
3	InterfaceId	HW_ANY	0	
4	ID	CONN_OUC	16#0	
5	ConnectionType	Byte	16#0B	
6	ActiveEstablished	Bool	false	
7	▼ RemoteAddress	IP_V4		
8	▼ ADDR	Array[1..4] of Byte		
9	ADDR[1]	Byte	16#0	
10	ADDR[2]	Byte	16#0	
11	ADDR[3]	Byte	16#0	
12	ADDR[4]	Byte	16#0	
13	RemotePort	UInt	0	
14	LocalPort	UInt	0	

图 7-3　CONN 的变量结构（1）

步骤 4：在 CONN 结构体中，InterfaceId 表示硬件标识符，这里一般设置为 64；ID 表示连接对象的 ID，为了不冲突，这里改成 16#2；RemoteAddress 和 RemotePort 保持默认值 0；LocalPort 设置为 502，如图 7-4 所示。

PLCSimulator ▸ PLC_1 [CPU 1511-1 PN] ▸ 程序块 ▸ CONNDB [DB6]

保持实际值　快照　将快照值复制到起始值中

CONNDB

	名称	数据类型	起始值
1	▼ Static		
2	▼ CONN	TCON_IP_v4	
3	InterfaceId	HW_ANY	64
4	ID	CONN_OUC	16#2
5	ConnectionType	Byte	16#0B
6	ActiveEstablished	Bool	false
7	▼ RemoteAddress	IP_V4	
8	▼ ADDR	Array[1..4] of Byte	
9	ADDR[1]	Byte	16#0
10	ADDR[2]	Byte	16#0
11	ADDR[3]	Byte	16#0
12	ADDR[4]	Byte	16#0
13	RemotePort	UInt	0
14	LocalPort	UInt	502

图 7-4　CONN 的变量结构（2）

步骤 5：回到 OB1 中，填写 MB_SERVER 的相关参数。其中，MB_HOLD_REG 填写为 P#DB4.DBX0.0 BYTE 20；CONNECT 填写为*CONNDB *.CONN；其他引脚可暂时不填写，具体如图 7-5 所示。

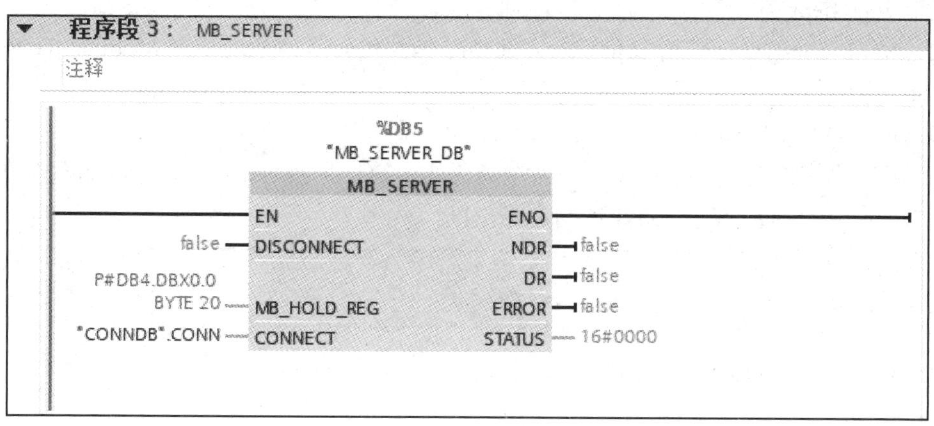

图 7-5　MB_SERVER 的相关参数

步骤 6：通信测试。完成程序编写后，下载 PLC 程序，使用 Modbus Poll 软件进行通信测试。由测试结果可知，Modbus Poll 可以正常读取 PLC 中的数据，如图 7-6 所示。

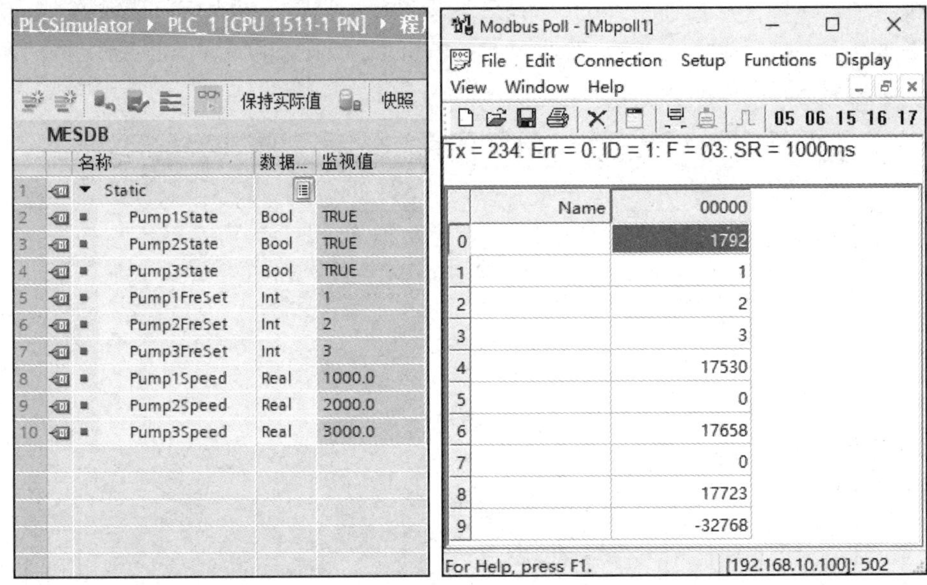

图 7-6　Modbus Poll 数据测试

7.1.2　Modbus TCP 通信库封装

前面我们基于 NModbus4 通信库实现了 ModbusRTULib 的封装。NModbus4 不仅支持 Modbus RTU 通信，也支持 Modbus TCP 通信。尽管两者的封装过程类似，但存在以下两个不同点。

（1）Modbus RTU 基于串口通信，主要使用 SerialPort 类。Modbus TCP 基于以太网通信，主要使用 TcpClient 类。

（2）在 Modbus RTU 的读取和写入方法中，必须包含从站地址，在 Modbus TCP 中，无须包含此信息。

Modbus TCP 通信库的封装过程如下所示。

（1）添加命名空间：这里有两个命名空间，其中第一个命名空间是 TcpClient 类的命名空间，第二个命名空间是 NModbus4 库的命名空间。

```
using System.Net.Sockets;//TcpClient 命名空间
using Modbus.Device;//NModbus4 命名空间
```

（2）建立连接：Modbus TCP 建立连接的本质就是 TcpClient 建立连接，具体封装代码如下所示。

```
private TcpClient tcpClient;
private ModbusIpMaster master;
[Description("建立连接")]
public void Connect(string ip, int port)
{
    tcpClient = new TcpClient();
```

```
    tcpClient.Connect(IPAddress.Parse(ip), port);
    this.master = ModbusIpMaster.CreateIp(this.tcpClient);
    this.master.Transport.WriteTimeout = 2000;
    this.master.Transport.ReadTimeout = 2000;
    this.master.Transport.WaitToRetryMilliseconds = 500;
    this.master.Transport.Retries = 3;
}
```

（3）断开连接：Modbus TCP 断开连接的本质就是 tcpClient 断开连接，具体封装代码如下所示。

```
[Description("断开连接")]
public void DisConnect()
{
    if (this.tcpClient != null && this.tcpClient.Connected)
    {
        this.tcpClient.Close();
    }
    this.master = null;
}
```

（4）读取输出线圈：读取输出线圈方法就是对 master 的 ReadCoils 方法的封装，其他读取及写入方法的封装思路类似，这里不做过多赘述。

```
public bool[] ReadOutputCoils(ushort start, ushort length, byte slaveAddress
= 1)
{
    try
    {
        return this.master.ReadCoils(slaveAddress, start, length);
    }
    catch (Exception ex)
    {
        throw new Exception("【读取输出线圈】失败：" + ex.Message);
    }
}
```

7.1.3 上位机通信应用

在前面的章节中，我们已经完成了 Modbus TCP 通信库的封装。本节的重点是如何利用封装好的通信库来开发和应用上位机。

（1）根据通信功能需求，设计好上位机的界面，如图 7-7 所示。

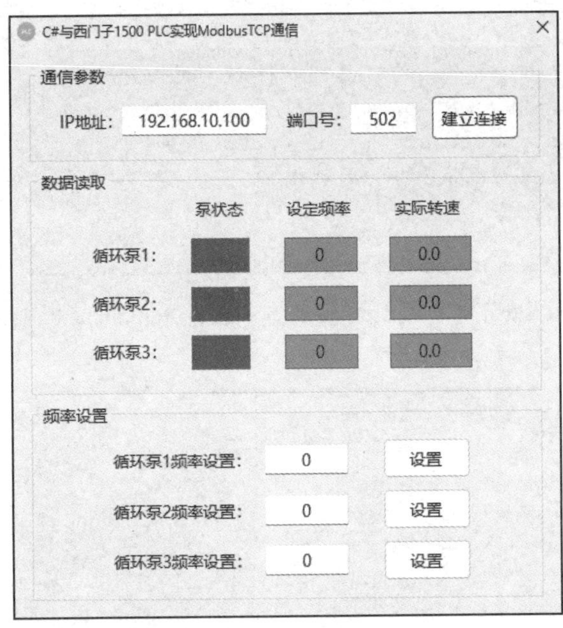

图 7-7　上位机界面的设计

（2）创建 Modbus TCP 通信对象，在建立连接的单击事件中，实现通信的连接和断开，代码如下所示。

```
private ModbusTCPLib modbus = new ModbusTCPLib();
private void btn_Connect_Click(object sender, EventArgs e)
{
    if (this.btn_Connect.Text == "建立连接")
    {
        try
        {
            modbus.Connect(this.txt_IP.Text,
Convert.ToInt32(this.txt_Port.Text.Trim()));
            this.btn_Connect.Text = "断开连接";
            cts = new CancellationTokenSource();
            Task.Run(new Action(() =>
            {
                PLCComunication();
            }));
        }
        catch (Exception ex)
        {
            MessageBox.Show("连接失败: " + ex.Message);
            return;
        }
    }
    else
    {
```

```
        cts?.Cancel();
        modbus.DisConnect();
        this.btn_Connect.Text = "建立连接";
    }
}
```

（3）连接成功后，开启一个多线程，在多线程中循环读取 PLC 的数据。首先批量读取 10 个寄存器的值，然后根据不同变量所占用的偏移量，进行数据解析及界面更新，代码如下所示。

```
private void PLCComunication()
{
    while (!cts.IsCancellationRequested)
    {
        byte[] data = modbus.ReadHoldingRegisters(0, 10);
        if (data != null && data.Length == 20)
        {
            this.lbl_Pump1State.BackColor = BitLib.GetBitFrom2BytesArray(data,
0, 0) ? Color.Lime : Color.Red;
            this.lbl_Pump2State.BackColor = BitLib.GetBitFrom2BytesArray(data,
0, 1) ? Color.Lime : Color.Red;
            this.lbl_Pump3State.BackColor = BitLib.GetBitFrom2BytesArray(data,
0, 2) ? Color.Lime : Color.Red;
            this.lbl_Pump1FreSet.Text  =  ShortLib.GetShortFromByteArray(data,
2).ToString();
            this.lbl_Pump2FreSet.Text  =  ShortLib.GetShortFromByteArray(data,
4).ToString();
            this.lbl_Pump3FreSet.Text  =  ShortLib.GetShortFromByteArray(data,
6).ToString();
            this.lbl_Pump1Speed.Text   =  FloatLib.GetFloatFromByteArray(data,
8).ToString();
            this.lbl_Pump2Speed.Text   =  FloatLib.GetFloatFromByteArray(data,
12).ToString();
            this.lbl_Pump3Speed.Text   =  FloatLib.GetFloatFromByteArray(data,
16).ToString();
        }
    }
}
```

（4）频率设置，主要是写入单寄存器，这里以循环泵 1 频率设置为例，代码如下所示。

```
private void btn_Pump1FreSet_Click(object sender, EventArgs e)
{
  modbus.WriteSingleRegister(1,Convert.ToInt16(this.txt_Pump1FreSet.Text));
}
```

7.2　三菱 FX5U PLC 之 Modbus TCP 通信

三菱 FX5U 系列 PLC 是三菱中型系列的 PLC，具备丰富的通信接口，支持多种通信协议，如 Modbus RTU、Modbus TCP、TCP/UDP 以及 SLMP 协议。在本节中，我们将重点介绍如何通过 Modbus TCP 实现与三菱 FX5U PLC 之间的数据通信。

7.2.1　PLC 配置说明

在与上位机通信之前，在三菱 FX5U PLC 端需要进行相应的配置。具体配置过程如下。

（1）使用三菱编程软件 GX Work3 创建一个 PLC 项目，系列选择 FX5CPU，机型选择 FX5U，如图 7-8 所示。

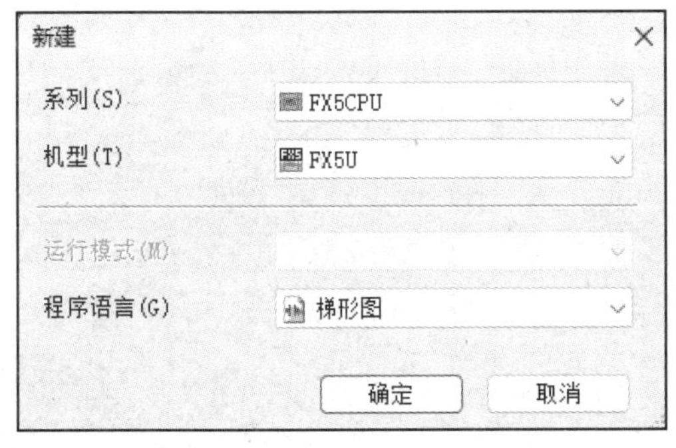

图 7-8　创建 PLC 项目

（2）设置 IP。在导航中，通过参数>>FX5UCPU>>模块参数>>以太网端口，在打开的界面中设置好 PLC 的 IP 地址，并将 MODBUS/TCP 设置中的 MODBUS/TCP 使用有无改成使用，如图 7-9 所示。

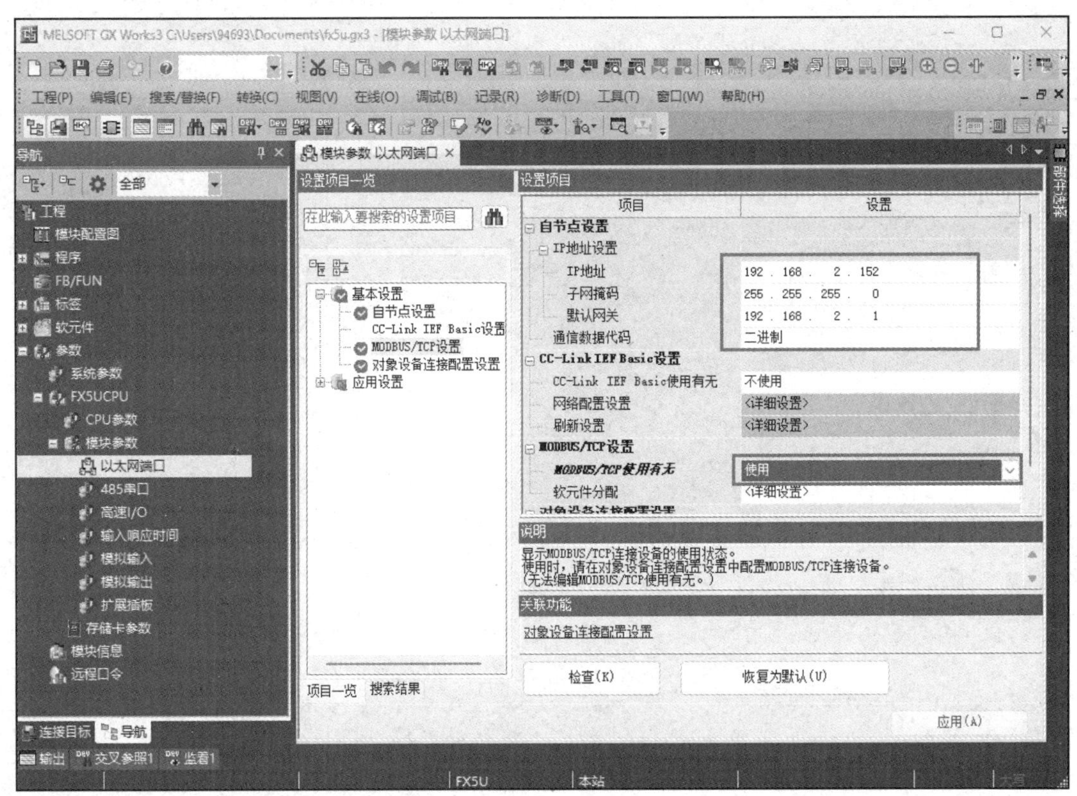

图 7-9　启用 Modbus TCP 设置

（3）在图 7-9 中，选择对象设备连接配置设置，单击设置选项，弹出以太网配置界面，默认 PLC 中是没有任何连接的，如图 7-10 所示。

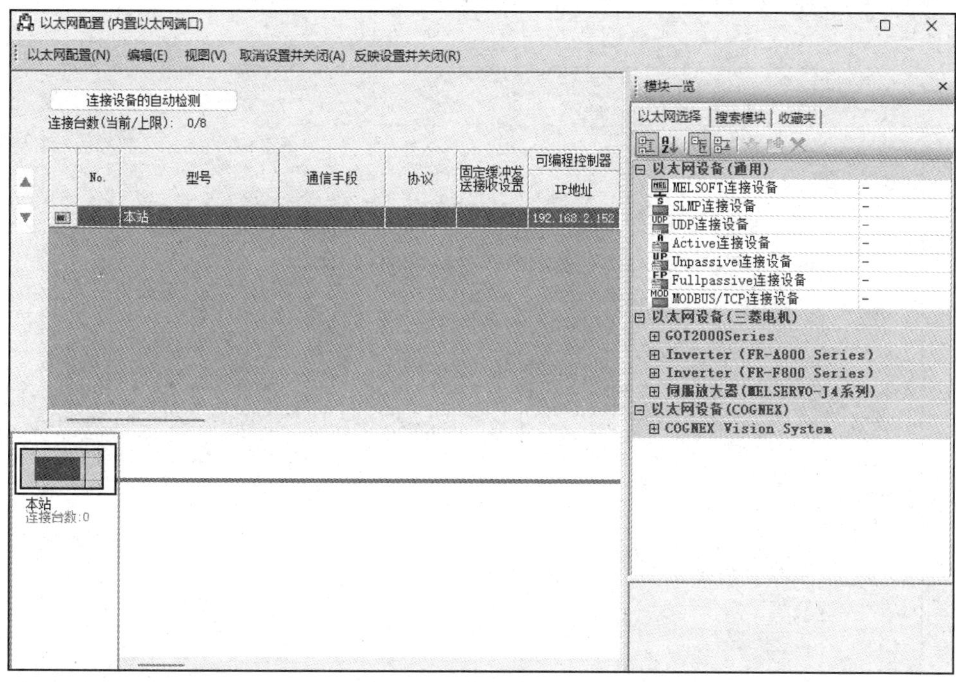

图 7-10　以太网配置界面

（4）如果需要上位机与 PLC 之间进行 Modbus TCP 通信，则从右侧拖一个 MODBUS/TCP 连接设备到网络中，如图 7-11 所示。

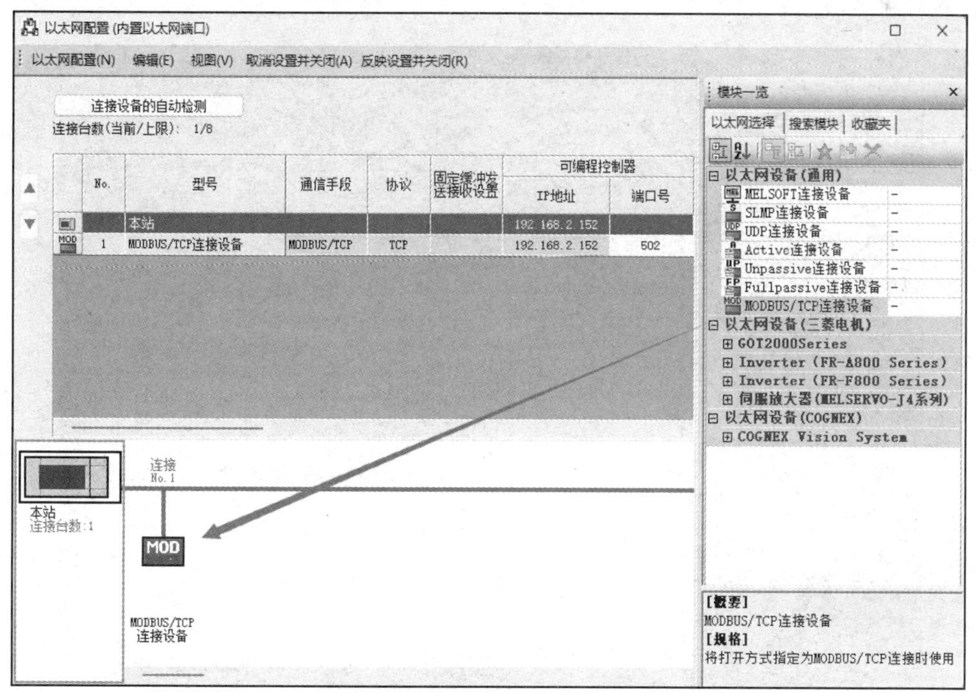

图 7-11　添加 Modbus TCP 设备

（5）这里的端口号使用默认值 502，不用修改。如果需要与多个 Modbus TCP 连接，可以拖放多个 MODBUS/TCP 连接设备到网络中，但是总连接数不能超过 8 个。设置完成后，单击反映设置并关闭选项卡，此配置界面将自动关闭，如图 7-12 所示。

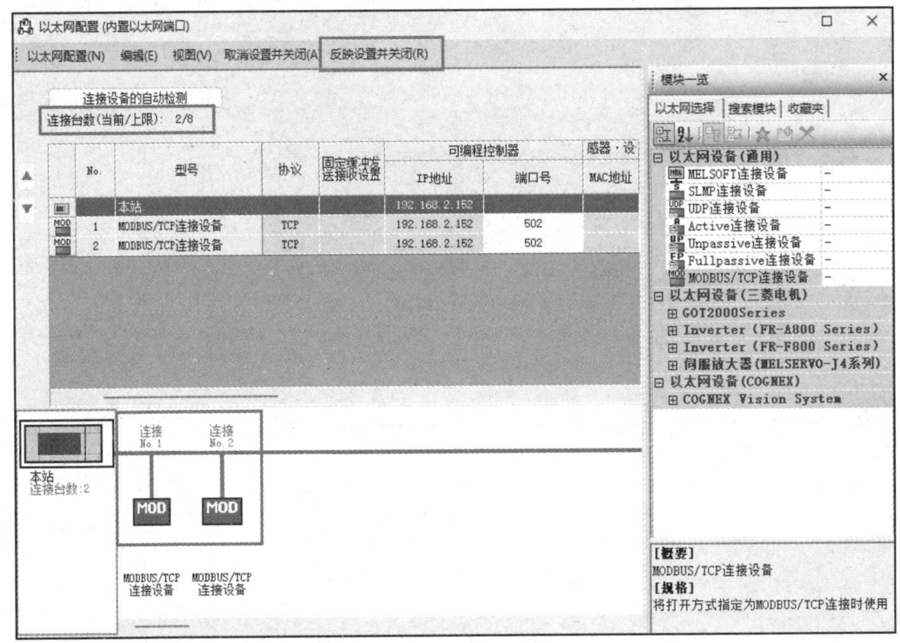

图 7-12　完成以太网配置

（6）回到编程软件界面，单击右下角的应用按钮，然后在工具栏中找到写入至可编程控制器，将程序下载到 PLC 中，如图 7-13 所示。

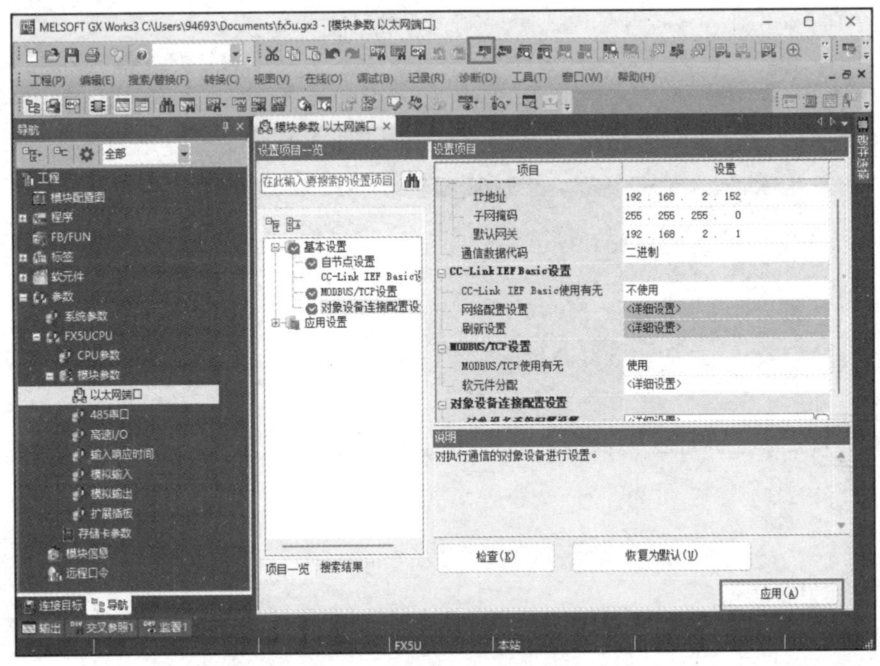

图 7-13　应用以太网配置

注意：对于三菱 FX5U PLC，在修改相关配置，完成 PLC 程序的下载后，务必进行 PLC 的重启操作，以使相关设置生效。

7.2.2　Modbus 地址分析及测试

在通信测试前，我们首先要分析一个三菱 FX5U PLC 实现 Modbus TCP 通信的 Modbus 地址表。如图 7-14 所示，在以太网端口界面中，找到 MODBUS/TCP 设置，单击软元件分配右侧的..按钮。

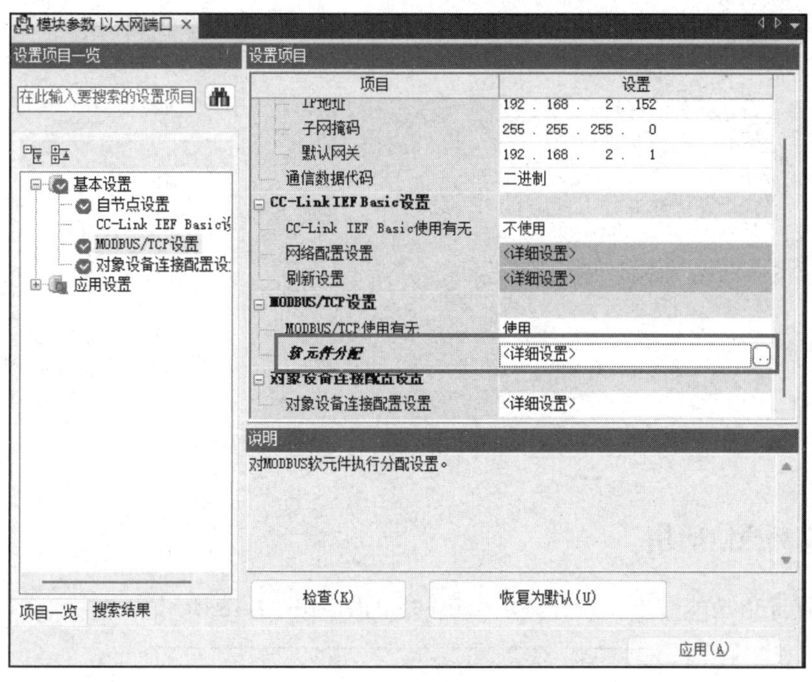

图 7-14　以太网端口界面

弹出 MODBUS 软元件分配参数界面，如图 7-15 所示。从图 7-15 中可以看到 Modbus 存储区与 PLC 存储区之间的映射关系。由于我们按照指定的地址读写 Modbus 存储区，所以可以正常读写 PLC 存储区。下面举例进行说明。

1）读写 D0 开始 10 个连续的地址

从图 7-15 中可以看出，D0～D7999 对应保持型寄存器从 0 开始的 8000 个寄存器，所以我们直接读取保持型寄存器从 0 开始的 10 个寄存器的值，即可对应 D0～D9 的数据。

2）读写 M0 开始的 10 个连续的地址

从图 7-15 中可以看出，M0～M7679 对应输出线圈从 8192 开始的 7680 个线圈，所以我们直接读取输出线圈从 8192 开始的 10 个线圈的值，即可对应 M0～M9 的数据。

3）读写 W0 开始的 10 个连续的地址

从图 7-15 中可以看出，W0～W1FF 对应保持型寄存器从 30720 开始的 512 个寄存器，所以我们直接读取保持型寄存器从 30720 开始的 10 个寄存器的值，即可对应 W0～W9 的数据。

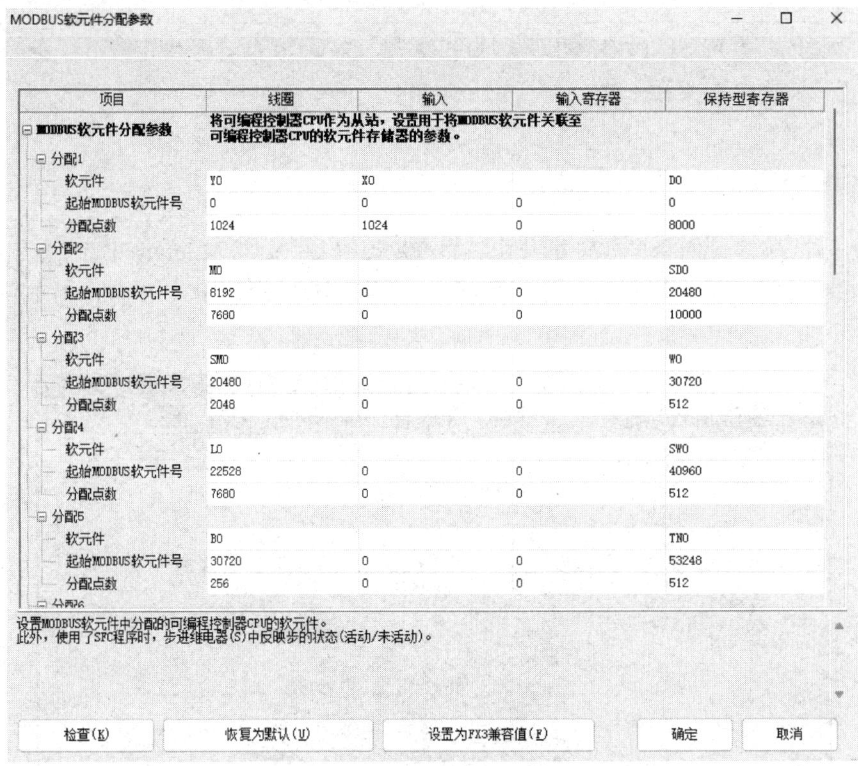

项目	线圈	输入	输入寄存器	保持型寄存器
MODBUS软元件分配参数				
分配1				
软元件	Y0	X0		D0
起始MODBUS软元件号	0	0	0	0
分配点数	1024	1024	0	8000
分配2				
软元件	M0			SD0
起始MODBUS软元件号	8192	0	0	20480
分配点数	7680	0	0	10000
分配3				
软元件	SM0			W0
起始MODBUS软元件号	20480	0	0	30720
分配点数	2048	0	0	512
分配4				
软元件	L0			SW0
起始MODBUS软元件号	22528	0	0	40960
分配点数	7680	0	0	512
分配5				
软元件	B0			TN0
起始MODBUS软元件号	30720	0	0	53248
分配点数	256	0	0	512

图 7-15　MODBUS 软元件分配参数界面

7.2.3　上位机通信应用

（1）根据通信功能需求，设计好上位机的界面，如图 7-16 所示。

图 7-16　上位机界面的设计

（2）创建 Modbus TCP 通信对象，在建立连接按钮的单击事件中实现连接的建立和断开。

```
private ModbusTCPLib modbus = new ModbusTCPLib();
private void btn_Connect_Click(object sender, EventArgs e)
{
    if (this.btn_Connect.Text == "建立连接")
    {
        try
        {
            modbus.Connect(this.txt_IP.Text,
Convert.ToInt32(this.txt_Port.Text.Trim()));
            this.btn_Connect.Text = "断开连接";
        }
        catch (Exception ex)
        {
            MessageBox.Show("建立连接失败：" + ex.Message);
            return;
        }
    }
    else
    {
        modbus.DisConnect();
        this.btn_Connect.Text = "建立连接";
    }
}
```

（3）读取 D 区：读取 D 区对应读取保持型寄存器，起始寄存器地址是 0，长度为 10，表示读取从 D0 开始的 10 个寄存器的值。

```
private void btn_ReadD_Click(object sender, EventArgs e)
{
    byte[] data = modbus.ReadHoldingRegisters(0, 10);
    if (data != null && data.Length == 20)
    {
        this.lbl_ResultD.Text = string.Join(" ", ShortLib.GetShortArrayFromByte
Array(data));
    }
    else
    {
        this.lbl_ResultD.Text = "ERROR";
    }
}
```

（4）读取 M 区：读取 M 区对应读取输出线圈，起始线圈地址是 8192，长度为 10，表示读取从 M0 开始的 10 个线圈的值。

```
private void btn_ReadM_Click(object sender, EventArgs e)
{
```

```
    bool[] data = modbus.ReadOutputCoils(8192, 10);
    if (data != null && data.Length == 10)
    {
        this.lbl_ResultM.Text = string.Join(" ", data);
    }
    else
    {
        this.lbl_ResultM.Text = "ERROR";
    }
}
```

（5）读取 W 区：读取 W 区对应读取保持型寄存器，起始寄存器地址是 30720，长度是 10，表示读取从 W0 开始的 10 个寄存器的值。

```
private void btn_ReadW_Click(object sender, EventArgs e)
{
    byte[] data = modbus.ReadHoldingRegisters(30720, 10);
    if (data != null && data.Length == 20)
    {
        this.lbl_ResultW.Text = string.Join(" ", ShortLib.GetShortArrayFromByte
Array(data));
    }
    else
    {
        this.lbl_ResultW.Text = "ERROR";
    }
}
```

（6）写入 D 区：写入 D 区对应写入保持型寄存器。如果写入单个寄存器，则调用预置单寄存器方法；如果写入多个寄存器，则调用预置多寄存器方法，起始地址从 0 开始。

```
private void btn_WriteD_Click(object sender, EventArgs e)
{
    short[] data = ShortLib.GetShortArrayFromString(this.txt_WriteD.Text);
    if (data.Length == 1)
    {
        modbus.WriteSingleRegister(0, data[0]);
    }
    else
    {
        modbus.WriteMultiRegisters(0, data);
    }
}
```

（7）写入 M 区：写入 M 区对应写入输出线圈。如果写入单个布尔型数据，则调用预置单线圈方法；如果写入多个布尔型数据，则调用预置多线圈方法，起始地址从 8192 开始。

```
private void btn_WriteM_Click(object sender, EventArgs e)
{
```

```
    bool[] data = BitLib.GetBitArrayFromBitArrayString(this.txt_WriteM.Text);
    if (data.Length == 1)
    {
        modbus.WriteSingleCoil(8192, data[0]);
    }
    else
    {
        modbus.WriteMultiCoils(8192, data);
    }
}
```

（8）写入 W 区：写入 W 区对应写入保持型寄存器。如果写入单个寄存器，则调用预置单寄存器方法。如果写入多个寄存器，则调用预置多寄存器方法，起始地址从 30720 开始。

```
private void btn_WriteW_Click(object sender, EventArgs e)
{
    short[] data = ShortLib.GetShortArrayFromString(this.txt_WriteW.Text);
    if (data.Length == 1)
    {
        modbus.WriteSingleRegister(30720, data[0]);
    }
    else
    {
        modbus.WriteMultiRegisters(30720, data);
    }
}
```

（9）功能测试：连接 PLC，与 PLC 建立连接后，单击相关按钮进行数据读取，最终实现 D 区、M 区、W 区的读取及写入功能测试，如图 7-17 所示。

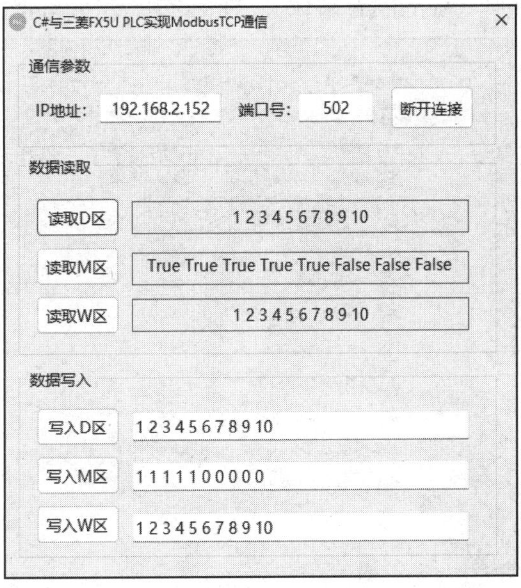

图 7-17　测试结果

第 8 章　自定义控件封装及应用

自定义控件，顾名思义，就是自己开发和制作控件。尽管 Visual Studio 提供了许多控件供我们使用，但有时候这些控件无法满足我们的需求。当原生控件无法满足我们的需求时，我们可以创建新的控件，通过继承现有控件并对其进行修改，或者编写自行绘制的控件，以满足定制化上位机开发的需求。

8.1　自定义控件分类

根据控件的功能类型和开发方式的不同，自定义控件主要分为三种：第一种是扩展控件，利用.Net 的继承特性，继承现有控件并在其基础上增加新的属性和功能；第二种是组合控件，将现有的控件按照功能组合成一个新的控件，并添加额外的属性和事件，以便于重复应用；第三种是绘制控件，使用 GDI+技术通过代码绘制控件，虽然开发难度大，但也更加灵活。

8.1.1　扩展控件

首先基于 VS2022 创建一个新的 Windows 窗体应用，名称为 ControlLibDemo。然后在此基础上创建一个类库项目，名称为 ControlLib。我们在类库项目的基础上添加一个继承控件——扩展按钮。

选择类库项目，单击鼠标右键，在弹出的菜单中选择添加>>新建项，弹出添加新项界面。在该界面中，选择用户控件（Windows 窗体），设置名称为 ButtonEx.cs，如图 8-1 所示。

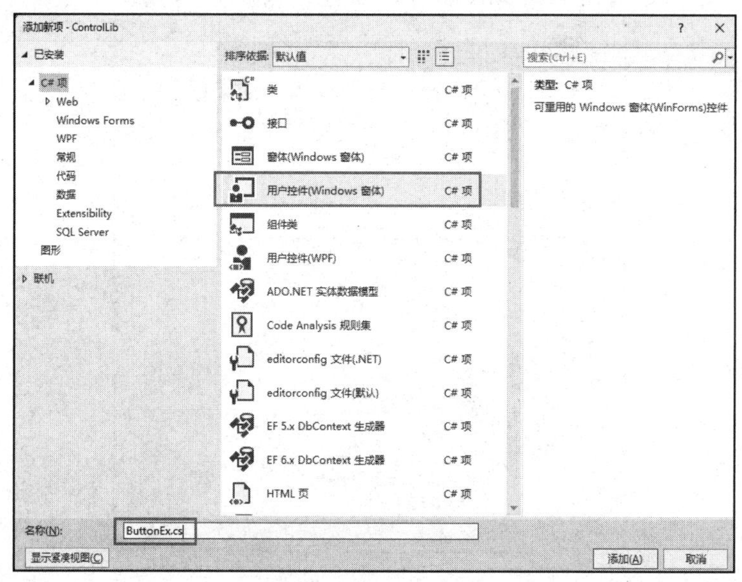

图 8-1　添加新项界面

默认用户控件继承自 UserControl，我们手动将其修改为继承自 Button。这里会自动引用两个命名空间，即 System.Drawing 和 System.Windows.Forms。

```
using System.ComponentModel;
using System.Data;
using System.Drawing;
using System.Linq;
using System.Text;
using System.Threading.Tasks;
using System.Windows.Forms;

namespace ControlLibDemo
{
    public partial class FrmButtonEx : Form
    {
        public FrmButtonEx()
        {
            InitializeComponent();
        }
    }
}
```

ButtonEx 是一个扩展控件。然而，编译生成的扩展控件并不能直接展示其效果；只有将其从工具箱中拖曳到窗体中，才能看到效果。

默认的 Button 是不带图标的，我们对 ButtonEx 控件进行了一些功能扩展，增加了一些常用的图标功能。首先，我们需要将资源文件添加到控件库中。为此，选择 ControlLib 项目，单击鼠标右键，在弹出的菜单中选择属性，在弹出的界面中选择资源选项，如图 8-2 所示。

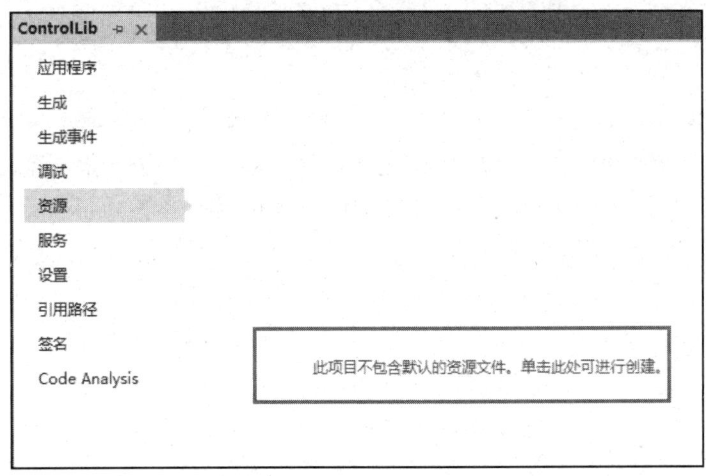

图 8-2　创建资源文件

添加资源，选择提前准备好的一些图标资源，单击打开按钮，将相关资源文件添加到项目中，如图 8-3 所示。

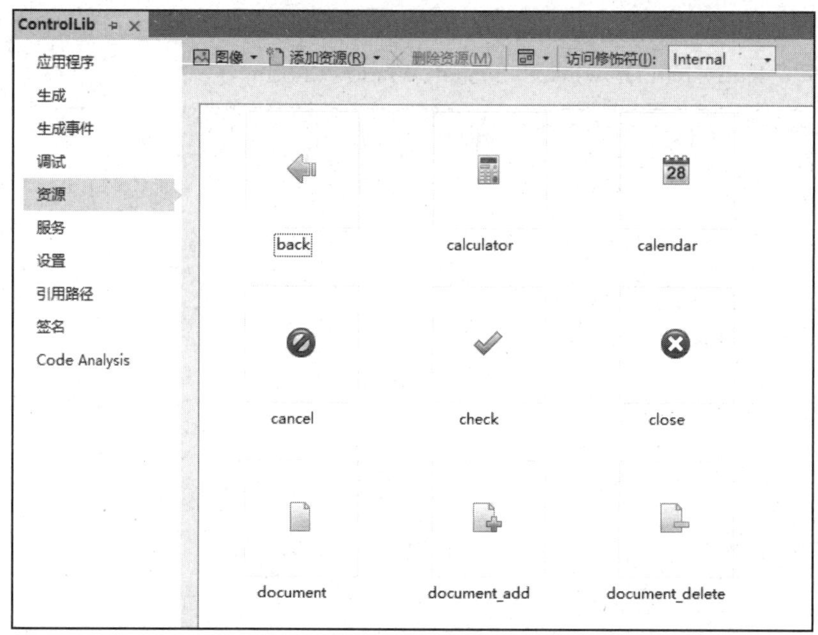

图 8-3　添加资源文件

在 ButtonEx 控件中，我们创建一个枚举，其中包含了一些常用的图标名称。由于篇幅有限，这里只列举了部分，后续可以根据需要自行增加。

```
public enum ButtonPresetImage
{
    None, // 没有图标
    Check, // 确认图标
    Close, // 关闭图标
    Cancel, // 取消图标
    // 后续可以扩展
}
```

最后，我们以该枚举为类型，在 ButtonEx 控件中创建了一个自定义属性。在该属性中，根据选择的样式，代码会自动修改 Button 的图像内容和文本位置。

```
private ButtonPresetImage buttontype = ButtonPresetImage.None;
[Browsable(true)]
[Category("自定义属性")]
[Description("设置或获取按钮图标样式")]
public ButtonPresetImage PreSetImage
{
    get
    {
        return buttontype;
    }
    set
    {
```

```
        buttontype = value;
        if (buttontype != ButtonPresetImage.None)
        {
            this.ImageAlign = ContentAlignment.MiddleLeft;
            this.TextAlign = ContentAlignment.MiddleRight;
        }
        else
        {
            this.ImageAlign = ContentAlignment.MiddleCenter;
            this.TextAlign = ContentAlignment.MiddleCenter;
        }
        switch (buttontype)
        {
            case ButtonPresetImage.None:
                this.Image = null;
                break;
            case ButtonPresetImage.Check:
                this.Image = Properties.Resources.check;
                break;
            case ButtonPresetImage.Close:
                this.Image = Properties.Resources.close;
                break;
            case ButtonPresetImage.Cancel:
                this.Image = Properties.Resources.cancel;
                break;
            default:
                break;
         }
    }
}
```

从工具箱中拖放一个 ButtonEx 控件到窗体中，然后修改自定义属性中的 PreSetImage 属性，即可自动显示对应的图标，如图 8-4 所示。以上就是一个扩展按钮控件的开发和使用过程。

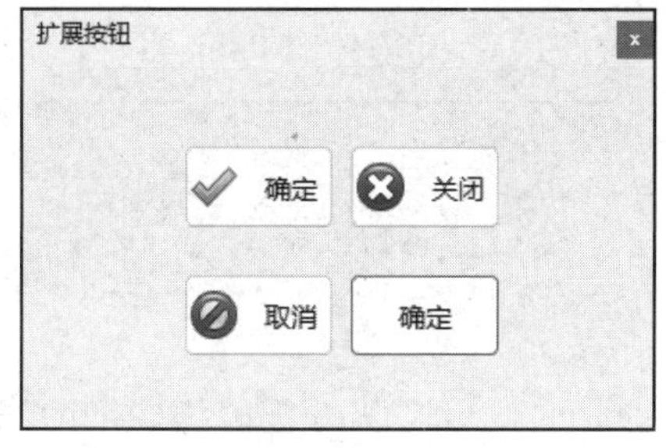

图 8-4　扩展按钮控件的使用

8.1.2　组合控件

组合控件在前面的 Modbus 一主多从的案例中已经有所运用。特别是在多温湿度站点读取的案例中，每个站点所需显示的参数及界面呈现效果几乎完全相同。如果不使用组合控件，我们将不得不拖放大量基础控件来进行组合，这对于界面的设计和后续的修改来说都是相当烦琐的。

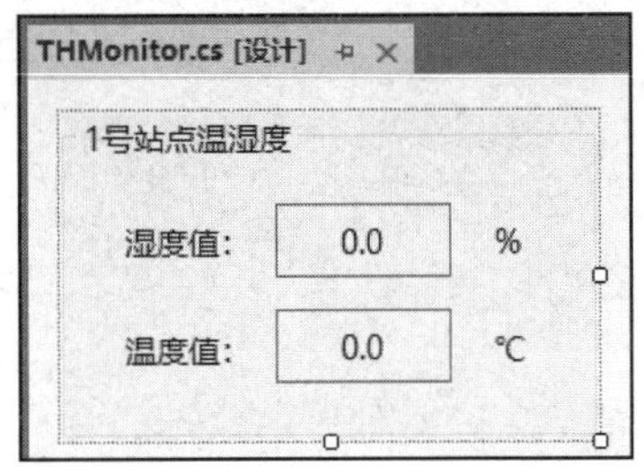

图 8-5　温湿度组合控件

以多温湿度站点读取为例，如果我们将每个站点的显示封装成一个控件，那么每个站点只需要一个控件即可。我们可以通过属性来封装变化的内容，如标题名称、温度值、湿度值等。这样的组合控件类似于我们常说的模板应用。图 8-5 所示为一个温湿度组合控件。

组合控件是面向对象思想的体现之一，在实际应用中，当需要界面中显示多个类型对象的状态时，利用组合控件可以避免重复编写代码，更好地体现了面向对象的封装特性。

8.1.3　绘制控件

当我们需要自己绘制控件时，需要使用图形设备接口（Graphics Device Interface，GDI）开发技术。从程序设计的角度来看，GDI 分为两个主要部分：GDI 对象和 GDI 方法。GDI 对象定义了 GDI 方法所需的工具和环境变量，而 GDI 方法则利用这些对象来绘制各种图形。在 C#中，图形程序的编写通常会使用 GDI+（Graphics Device Interface Plus），它是对 GDI 的进一步扩展，编程更加便捷。

GDI+的核心是 Graphics 类。首先，我们需要创建一个 Graphics 类的实例，这相当于在内存中创建了一块画布，我们可以在上面进行绘图操作。绘图程序一般分为两个步骤实现。

（1）创建 Graphics 对象。

（2）使用 Graphics 对象的方法绘图、显示文本或处理图像。

Graphics 类提供了各种绘图方法，主要分为两种类型：以 Draw 开头的方法，用于绘制图形；以 Fill 开头的方法，用于填充图形。

在 GDI+开发中，第一步就是创建一个 Graphics 对象。我们可以在现有的项目基础上创建一个新的窗体，如 FrmMain，在该窗体中进行 GDI+绘制操作。获取画布的 Graphics 有三种常见方式，具体如下所述。

1. 利用控件或窗体 Paint 事件中的 PaintEventArgs

（1）打开窗体的 Paint 事件，并编写如下代码。

```
public FrmMain()
{
    InitializeComponent();
    this.Paint += FrmMain_Paint;
}
private void FrmMain_Paint(object sender, PaintEventArgs e)
{
    Graphics graphics = e.Graphics;
    //在窗体正中心画一个矩形
    Rectangle rectangle = new Rectangle(this.Width / 2 - 100, this.Height / 2
- 100, 200, 200);
    LinearGradientBrush brush = new LinearGradientBrush(rectangle, Color.Red,
Color.Yellow, LinearGradientMode.BackwardDiagonal);
```

```
    graphics.FillRectangle(brush, rectangle);
}
```

（2）重写 OnPaint 事件，并编写如下代码。

```
protected override void OnPaint(PaintEventArgs e)
{
    base.OnPaint(e);
    Graphics graphics = e.Graphics;
    //在窗体正中心画一个矩形
    Rectangle rectangle = new Rectangle(this.Width / 2 - 100, this.Height / 2 - 
100, 200, 200);
    LinearGradientBrush brush = new LinearGradientBrush(rectangle, Color.Red, 
Color.Yellow, LinearGradientMode.BackwardDiagonal);
    graphics.FillRectangle(brush, rectangle);
}
```

以上两种方式的运行结果是一样的，如图 8-6 所示。

图 8-6　GDI+运行效果（1）

2. 调用某控件或窗体的 CreateGraphics 方法

（1）在窗体中添加一个按钮，用于在窗体中绘制，代码如下所示。

```
private void btn_DrawForm_Click(object sender, EventArgs e)
{
    Graphics graphics = this.CreateGraphics();
    Rectangle rectangle = new Rectangle(this.Width / 2 - 100, this.Height / 2 - 
100, 200, 200);
    LinearGradientBrush brush = new LinearGradientBrush(rectangle, Color.Red, 
Color.Yellow, LinearGradientMode.BackwardDiagonal);
    graphics.FillRectangle(brush, rectangle);
}
```

（2）运行项目，效果如图 8-7 所示。

图 8-7　GDI+运行效果（2）

（3）在窗体中再添加一个按钮和一个 PictureBox 控件，通过单击按钮在 PictureBox 中绘制，代码如下所示。

```
private void btn_DrawPic_Click(object sender, EventArgs e)
{
    Graphics graphics = this.pic_Main.CreateGraphics();
    Rectangle rectangle = new Rectangle(this.pic_Main.Width / 2 - 100, this.pic_Main.Height / 2 - 100, 200, 200);
    LinearGradientBrush brush = new LinearGradientBrush(rectangle, Color.Red, Color.Yellow, LinearGradientMode.BackwardDiagonal);
    graphics.FillRectangle(brush, rectangle);
}
```

（4）运行项目，效果如图 8-8 所示。

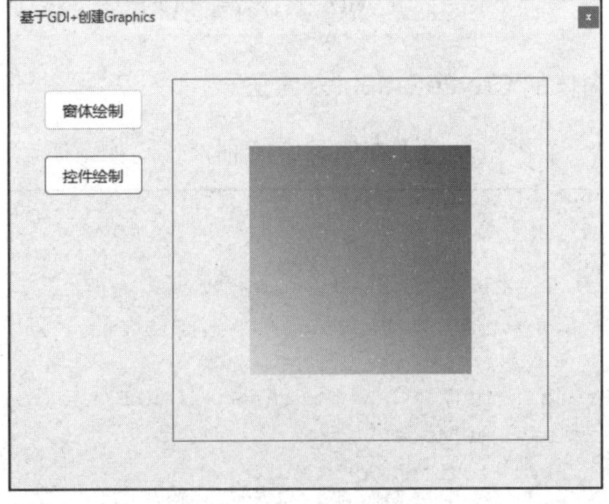

图 8-8　GDI+运行效果（3）

3．调用 Graphics 类的 FromImage 静态方法

（1）如果已经有图片，可以在原来图片的基础上绘制一些新的内容。在窗体中再新增一个按钮，用于修改图片。提前准备好一张图片，放在根目录下，名称为 swj.jpg，按钮事件代码如下所示。

```
private void btn_DrawImage_Click(object sender, EventArgs e)
{
    Image image = Image.FromFile("swj.jpg");
    Graphics graphics = Graphics.FromImage(image);
    graphics.DrawString("大家一起学习上位机", new Font("微软雅黑", 15F), new
SolidBrush(Color.Red), new Point(20, 20));
    this.pic_Main.Image = image;
    image.Save("swj01.jpg");
}
```

（2）运行项目，效果如图 8-9 所示。

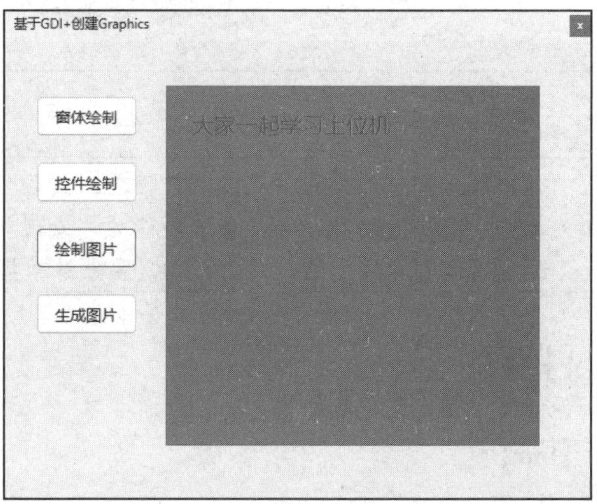

图 8-9　GDI+运行效果（4）

（3）如果没有图片，可以重新生成一张图片。在窗体中新增一个按钮，用于生成图片，按钮事件代码如下所示。

```
private void btn_GenImage_Click(object sender, EventArgs e)
{
    Bitmap bitmap = new Bitmap(600, 600);
    Graphics graphics = Graphics.FromImage(bitmap);
    Rectangle rectangle = new Rectangle(0, 0, bitmap.Width, bitmap.Height);
    LinearGradientBrush brush = new LinearGradientBrush(rectangle, Color.Red,
Color.Yellow, LinearGradientMode.BackwardDiagonal);
    graphics.FillRectangle(brush, rectangle);
    graphics.DrawString("大家一起学习上位机", new Font("微软雅黑", 15F), new
SolidBrush(Color.Black), new Point(20, 20));
```

```
    this.pic_Main.Image = bitmap;
    bitmap.Save("swj02.jpg");
}
```

（4）运行项目，效果如图 8-10 所示。

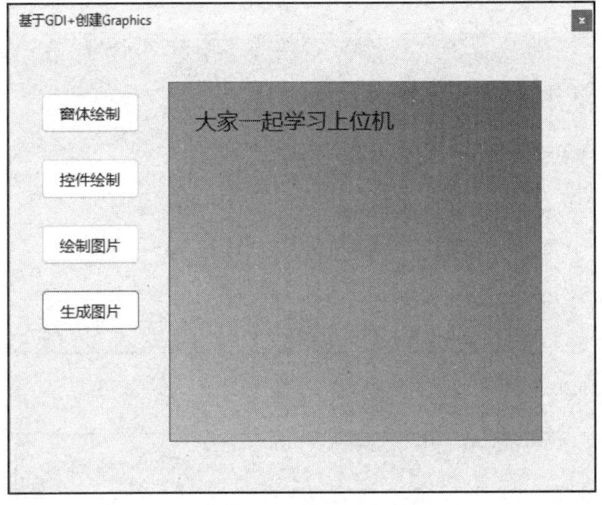

图 8-10　GDI+运行效果（5）

注意：在实际应用中，扩展控件、组合控件及绘制控件这三种控件形式并非孤立存在。我们可以开发一个自定义控件，既扩展功能，又具备绘制能力，或者将组合控件构建为扩展控件和绘制控件的结合。这些情形都是常见的，因此大家需要熟练掌握，并灵活应用。

8.2　HeadPanel 控件

8.2.1　HeadPanel 控件分析

HeadPanel 控件在普通 Panel 控件的基础上增加了标题栏的功能，能够提升用户界面的美观和可读性。下面是一个项目应用案例，如图 8-11 所示。

对图 8-11 进行分析，得出的结论是图 8-11 是以扩展控件的方式进行开发的，且 HeadPanel 控件继承自 Panel 控件。HeadPanel 控件包含以下属性，具体见表 8-1。

表 8-1　HeadPanel 控件的属性说明

属 性 名 称	属 性 说 明	默 认 值
TitleText	标题显示名称	上位机
HeadBackColor	标题背景颜色	Color.LimeGreen
HeadForeColor	标题前景颜色	Color.Black
HeadHeight	标题高度	30
BorderColor	边框颜色	Color.Gray

续表

属 性 名 称	属 性 说 明	默 认 值
LinearGradientRate	背景颜色的渐变系数	0.4f
TextAlign	标题文本位置	ContentAlignment.MiddleCenter

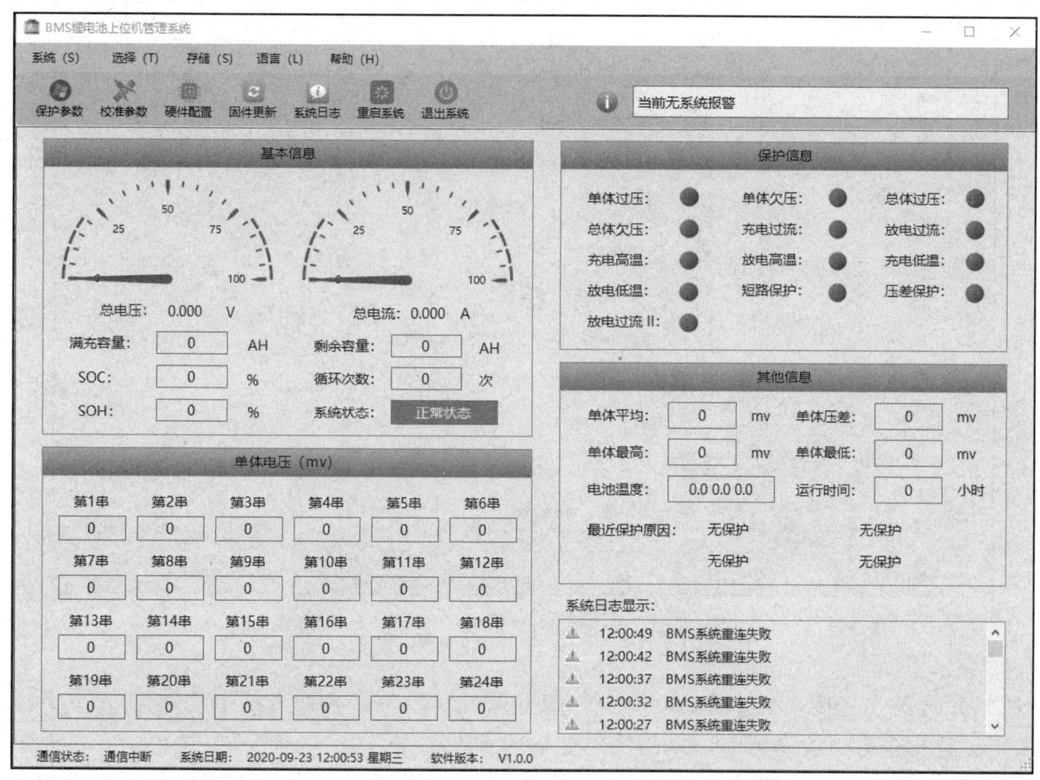

图 8-11　HeadPanel 项目应用效果

8.2.2　HeadPanel 控件开发

（1）在 ControlLib 类库项目的基础上添加一个控件。单击鼠标右键，在弹出的菜单中选择添加>>新建项，弹出添加新项界面。在该界面中，类型选择用户控件（Windows 窗体），设置名称为 HeadPanel.cs，如图 8-12 所示。

（2）修改继承自 Panel，这里需要手动添加 System.Windows.Forms 和 System.Drawing 命名空间。

```
using System.Windows.Forms;
using System.Drawing;
public partial class HeadPanel : Panel
{
    public HeadPanel()
    {
        InitializeComponent();
```

```
    }
}
```

图 8-12 创建用户控件 HeadPanel

（3）定义两个字段，分别为 Graphics 和 StringFormat，并在构造方法中初始化 StringFormat 的水平位置和垂直位置为居中，具体代码如下所示。

```
public HeadPanel()
{
    InitializeComponent();
    this.sf.LineAlignment = StringAlignment.Center;
    this.sf.Alignment = StringAlignment.Center;
}
private StringFormat sf = new StringFormat();
private Graphics graphics = null;
```

（4）创建属性 TitleText，表示标题显示名称，默认名称为“上位机”，代码如下所示。

```
private string titleText = "上位机";
[Browsable(true)]
[Category("自定义属性")]
[Description("设置或获取标题文本")]
public string TitleText
{
    get
    {
```

```
        return titleText;
    }
    set
    {
        titleText = value;
        Invalidate();
    }
}
```

（5）创建属性 HeadBackColor，表示标题背景颜色，默认颜色为 Color.LimeGreen，代码如下所示。

```
private Color headBackColor = Color.LimeGreen;
[Browsable(true)]
[Category("自定义属性")]
[Description("设置或获取标题文本背景色")]
public Color HeadBackColor
{
    get
    {
        return this.headBackColor;
    }
    set
    {
        this.headBackColor = value;
        Invalidate();
    }
}
```

（6）创建属性 HeadForeColor，表示标题前景颜色，默认颜色为 Color.Black，代码如下所示。

```
private Color headForeColor = Color.Black;
[Browsable(true)]
[Category("自定义属性")]
[Description("设置或获取标题文本前景色")]
public Color HeadForeColor
{
    get
    {
        return this.headForeColor;
    }
    set
    {
        this.headForeColor = value;
        Invalidate();
    }
}
```

（7）创建属性 HeadHeight，表示标题高度，默认大小为 30，代码如下所示。

```
private int headHeight = 30;
[Browsable(true)]
[Category("自定义属性")]
[Description("设置或获取标题高度")]
public int HeadHeight
{
    get
    {
        return this.headHeight;
    }
    set
    {
        this.headHeight = value;
        Invalidate();
    }
}
```

（8）创建属性 BorderColor，表示边框颜色，默认颜色为 Color.Gray，代码如下所示。

```
private Color borderColor = Color.Gray;
[Browsable(true)]
[Category("自定义属性")]
[Description("设置或获取边框颜色")]
public Color BorderColor
{
    get
    {
        return this.borderColor;
    }
    set
    {
        this.borderColor = value;
        Invalidate();
    }
}
```

（9）创建属性 LinearGradientRate，表示背景颜色的渐变系数，默认值为 0.4f，代码如下所示。

```
private float linearGradientRate = 0.4f;
[Browsable(true)]
[Category("自定义属性")]
[Description("设置或获取标题背景颜色的渐变系数")]
public float LinearGradientRate
{
    get
```

```
    {
        return this.linearGradientRate;
    }
    set
    {
        this.linearGradientRate = value;
        Invalidate();
    }
}
```

（10）编写渐变颜色计算的方法。为了实现渐变色效果，需要在 ThemeColor 的基础上产生另外一种颜色，这里通过 RGB 计算实现，具体实现如下所示。

```
private Color GetColorLight(Color color, float rate)
{
    return Color.FromArgb(Convert.ToInt32(color.R + (255 - color.R) * rate),
Convert.ToInt32(color.G + (255 - color.G) * rate), Convert.ToInt32(color.B + (255
- color.B) * rate));
}
```

（11）创建属性 TextAlign，表示标题文本位置，默认值为水平居中（ContentAlignment.MiddleCenter），代码如下所示。

```
private ContentAlignment textAlign = ContentAlignment.MiddleCenter;
[Browsable(true)]
[Category("自定义属性")]
[Description("设置或获取标题文本位置")]
public ContentAlignment TextAlign
{
    get { return textAlign; }
    set
    {
        textAlign = value;
        switch (textAlign)
        {
            case ContentAlignment.TopLeft:
                this.sf.Alignment = StringAlignment.Near;
                this.sf.LineAlignment = StringAlignment.Near;
                break;
            case ContentAlignment.TopCenter:
                this.sf.Alignment = StringAlignment.Center;
                this.sf.LineAlignment = StringAlignment.Near;
                break;
            case ContentAlignment.TopRight:
                this.sf.Alignment = StringAlignment.Far;
                this.sf.LineAlignment = StringAlignment.Near;
                break;
            case ContentAlignment.MiddleLeft:
                this.sf.Alignment = StringAlignment.Near;
```

```
            this.sf.LineAlignment = StringAlignment.Center;
            break;
        case ContentAlignment.MiddleCenter:
            this.sf.Alignment = StringAlignment.Center;
            this.sf.LineAlignment = StringAlignment.Center;
            break;
        case ContentAlignment.MiddleRight:
            this.sf.Alignment = StringAlignment.Far;
            this.sf.LineAlignment = StringAlignment.Center;
            break;
        case ContentAlignment.BottomLeft:
            this.sf.Alignment = StringAlignment.Near;
            this.sf.LineAlignment = StringAlignment.Far;
            break;
        case ContentAlignment.BottomCenter:
            this.sf.Alignment = StringAlignment.Center;
            this.sf.LineAlignment = StringAlignment.Far;
            break;
        case ContentAlignment.BottomRight:
            this.sf.Alignment = StringAlignment.Far;
            this.sf.LineAlignment = StringAlignment.Far;
            break;
        default:
            break;
    }
    Invalidate();
  }
}
```

（12）绘制过程。这里我们通过第一种方式重写 OnPaint 事件，事件绘制代码如下所示。

```
protected override void OnPaint(PaintEventArgs e)
{
    base.OnPaint(e);
    graphics = e.Graphics;
    graphics.SmoothingMode = SmoothingMode.AntiAlias;
    graphics.SmoothingMode = SmoothingMode.HighQuality;
    graphics.TextRenderingHint = TextRenderingHint.ClearTypeGridFit;
    LinearGradientBrush linearGradientBrush = new LinearGradientBrush(new
Rectangle(0, 0, this.Width, this.headHeight), GetColorLight(this.headBackColor,
this.linearGradientRate), this.headBackColor, LinearGradientMode.Horizontal);
graphics.FillRectangle(linearGradientBrush, 0, 0, this.Width, this.headHeight);
Brush brush = new SolidBrush(this.headForeColor);
graphics.DrawString(this.titleText, this.Font, brush, new Rectangle(0, 0,
this.Width, this.headHeight), this.sf);
    Pen pen = new Pen(this.BorderColor);
    graphics.DrawRectangle(pen, 0, 0, base.Width - 1, base.Height - 1);
    graphics.DrawLine(pen, 0, this.headHeight, base.Width, this.headHeight);
}
```

（13）HeadPanel 控件的应用很简单，直接将控件拖入窗体中，通过修改其属性显示不同的样式即可。图 8-13 是 HeadPanel 控件显示的效果。

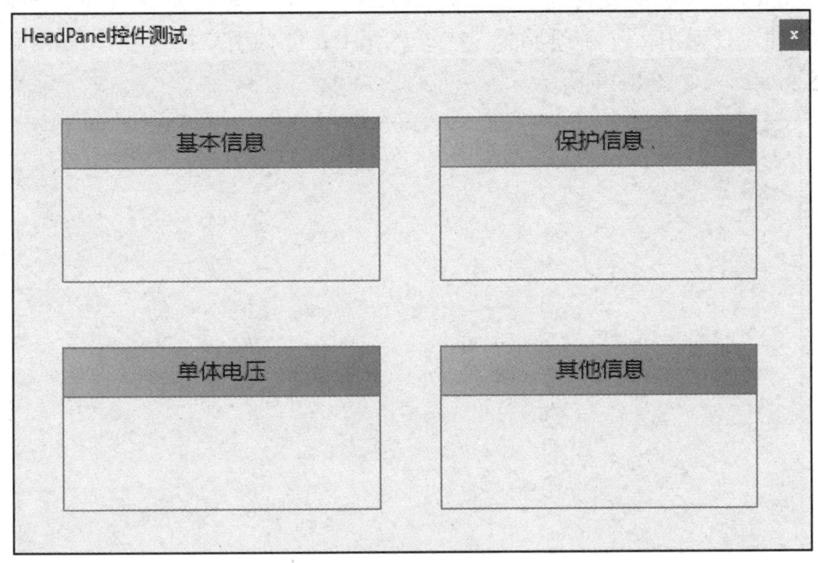

图 8-13　HeadPanel 控件显示的效果

8.3　TextShow 控件

8.3.1　TextShow 控件分析

TextShow 控件本质上是一个组合控件，由三个 Lable 控件和一个 TableLayoutPanel 控件组成，通常用于参数的显示或设置界面。通过组合控件，可以显著提高开发效率。通过分析，我们可以确定 TextShow 控件应该具备以下属性，具体见表 8-2。

表 8-2　TextShow 控件的属性说明

属 性 名 称	属 性 说 明	默 认 值
TitleScale	标题所占百分比	50
ValueScale	数据所占百分比	30
BindVarName	绑定变量名	空字符串
TitleName	参数名称	参数名称
CurrentValue	参数当前值	0.0
Unit	单位	℃

为了方便扩展，还需要为 TextShow 控件增加一个事件。该事件通过 lbl_data 双击触发，并且将 TextShow 控件本身作为参数传递进去。

8.3.2 TextShow 控件开发

（1）在 ControlLib 类库项目的基础上，添加一个控件。单击鼠标右键，在弹出的菜单中选择添加>>新建项，弹出添加新项界面。在该界面中，选择用户控件（Windows 窗体），设置名称为 TextShow.cs，如图 8-14 所示。

图 8-14 创建用户控件 TextShow

（2）创建属性 TitleScale，表示标题所占百分比，默认值是 50，代码如下所示。

```
private int titleScale = 50;
[Browsable(true)]
[Category("自定义属性")]
[Description("设置或获取标题所占比例")]
public int TitleScale
{
    get { return titleScale; }
    set
    {
        titleScale = value;
        this.MainTableLayoutControl.ColumnStyles[0]   =   new   ColumnStyle
(SizeType.Percent, titleScale);
    }
}
```

（3）创建属性 ValueScale，表示数据所占百分比，默认值是 30，代码如下所示。

```
private int valueScale = 30;
[Browsable(true)]
[Category("自定义属性")]
[Description("设置或获取数据所占比例")]
```

```
public int ValueScale
{
    get { return valueScale; }
    set
    {
        valueScale = value;
        this.MainTableLayoutControl.ColumnStyles[1] = new ColumnStyle(SizeType.
Percent, valueScale);
    }
}
```

（4）创建属性 TitleName，表示参数名称，默认值为“参数名称”，代码如下所示。

```
private string titleName = "参数名称";
[Browsable(true)]
[Category("自定义属性")]
[Description("设置或获取参数名称")]
public string TitleName
{
    get { return titleName; }
    set
    {
        titleName = value;
        this.lbl_Title.Text = titleName;
    }
}
```

（5）创建属性 CurrentValue，表示参数当前值，默认值为“0.0”，代码如下所示。

```
private string currentValue = "0.0";
[Browsable(true)]
[Category("自定义属性")]
[Description("设置或获取当前数值")]
public string CurrentValue
{
    get { return currentValue; }
    set
    {
        currentValue = value;
        this.lbl_Value.Text = currentValue;
    }
}
```

（6）创建属性 Unit，表示单位，默认值为“℃”，代码如下所示。

```
private string unit = "℃";
[Browsable(true)]
[Category("自定义属性")]
```

```
[Description("设置或获取当前单位")]
public string Unit
{
    get { return unit; }
    set
    {
        unit = value;
        this.lbl_Unit.Text = unit;
    }
}
```

（7）创建属性 BindVarName，表示绑定变量名，代码如下所示。

```
[Browsable(true)]
[Category("自定义属性")]
[Description("设置或获取绑定变量名称")]
public string BindVarName { get; set; }
```

（8）创建事件。以 EventHandler 为原型进行创建，代码如下所示。

```
[Browsable(true)]
[Category("自定义事件")]
[Description("控件双击事件")]
public event EventHandler ControlDoubleClick;
```

（9）激发事件。通过 lbl_data 的双击事件激发事件，并将本身 this 作为参数传递进去，代码如下所示。

```
private void lbl_Value_DoubleClick(object sender, EventArgs e)
{
    if (ControlDoubleClick != null)
    {
        ControlDoubleClick(this, e);
    }
}
```

（10）TextShow 控件的应用很简单，直接将控件拖入窗体中，通过修改其属性显示不同的样式即可。图 8-15 是 TextShow 控件显示的效果。

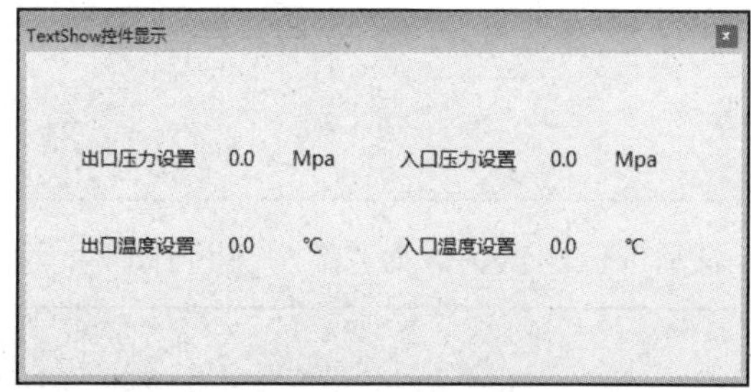

图 8-15　TextShow 控件显示的效果

8.4　Led 控件

8.4.1　Led 控件分析

Led 控件主要用于显示状态。一般的指示灯只有两种状态，但有时一个设备的状态可能不只是两种。以循环泵为例，运行状态显示为绿色，停止状态显示为红色，故障状态显示为黄色，停用状态显示为灰色。因此，Led 可能需要支持多种不同的颜色。此外，Led 的显示形式也有多种，包括有无边框、是否高亮显示等。通过分析，我们可以确定 Led 控件应该具备以下属性，具体见表 8-3。

表 8-3　Led 控件的属性说明

属 性 名 称	属 性 说 明	默　认　值
ColorList	颜色列表	Color.Red，Color.LimeGreen
IsBorder	是否有边框	true
GapWidth	外环间隙	5
BorderWidth	外环宽度	5
IsHighLight	是否高亮显示	true
CenterColor	高亮显示的中心颜色	Color.White
CurrentValue	颜色索引值	0

8.4.2　Led 控件开发

（1）在 ControlLib 类库项目的基础上，添加一个控件。单击鼠标右键，在弹出的菜单中选择添加>>新建项，弹出添加新项界面。在该界面中，选择用户控件（Windows 窗体），设置名称为 Led.cs，如图 8-16 所示。

图 8-16　创建用户控件 Led

（2）创建属性 ColorList，表示颜色列表，默认值为“Color.Red，Color.LimeGreen”，代码如下所示。

```
private Color[] colorList = new Color[] { Color.Red, Color.LimeGreen };
[Browsable(true)]
[Category("自定义属性")]
[Description("设定或获取指示灯颜色集合")]
public Color[] ColorList
{
    get { return colorList; }
    set
    {
        if (value == null || value.Length <= 0)
            return;
        colorList = value;
        this.Invalidate();
    }
}
```

（3）创建属性 IsBorder，表示是否有边框，默认值为 true，代码如下所示。

```
private bool isBorder = true;
[Browsable(true)]
[Category("自定义属性")]
[Description("设定或获取是否有边框")]
public bool IsBorder
{
    get { return isBorder; }
    set
    {
        isBorder = value;
        this.Invalidate();
    }
}
```

（4）创建属性 GapWidth，表示显示边框时的外环间隙，默认值为 5，代码如下所示。

```
private int gapWidth = 5;
[Browsable(true)]
[Category("自定义属性")]
[Description("设定或获取外环间隙宽度")]
public int GapWidth
{
    get { return gapWidth; }
    set
    {
        gapWidth = value;
        this.Invalidate();
```

```
    }
}
```

（5）创建属性 BorderWidth，表示显示边框时的外环宽度，默认值为 5，代码如下所示。

```
private int borderWidth = 5;
[Browsable(true)]
[Category("自定义属性")]
[Description("设定或获取外环宽度")]
public int BorderWidth
{
    get { return borderWidth; }
    set
    {
        borderWidth = value;
        this.Invalidate();
    }
}
```

（6）创建属性 IsHighLight，表示是否高亮显示，默认值为 false，代码如下所示。

```
private bool isHighLight = false;
[Browsable(true)]
[Category("自定义属性")]
[Description("设定或获取是否高亮显示")]
public bool IsHighLight
{
    get { return isHighLight; }
    set
    {
        isHighLight = value;
        this.Invalidate();
    }
}
```

（7）创建属性 CenterColor，表示高亮显示的中心颜色，默认值为 Color.White，代码如下所示。

```
private Color centerColor = Color.White;
[Browsable(true)]
[Category("自定义属性")]
[Description("设定或获取中心颜色")]
public Color CenterColor
{
    get { return centerColor; }
    set
    {
        centerColor = value;
```

```
        this.Invalidate();
    }
}
```

（8）创建属性 CurrentValue，表示颜色索引值，不同的索引值将显示对应的颜色，代码如下所示。

```
private int currentValue = 0;
[Browsable(true)]
[Category("自定义属性")]
[Description("设定或获取颜色值")]
public int CurrentValue
{
    get { return currentValue; }
    set
    {
        if (currentValue != value)
        {
            currentValue = value;
            this.Invalidate();
        }
    }
}
```

（9）完成所有属性的创建后，开始进行 Led 控件的绘制。重写 OnPaint 事件，采用 FillEllipse 方法绘制一个圆形，代码如下所示。

```
protected override void OnPaint(PaintEventArgs e)
{
    base.OnPaint(e);
    //绘制椭圆
    Graphics graphics = e.Graphics;
    graphics.SmoothingMode = SmoothingMode.AntiAlias;
    graphics.TextRenderingHint = TextRenderingHint.ClearTypeGridFit;
    graphics.CompositingQuality = CompositingQuality.HighQuality;
    PointF center = new PointF(Math.Min(this.Width, this.Height), Math.Min
(this.Width, this.Height));
    SolidBrush sb = new SolidBrush(this.colorList[currentValue]);
    RectangleF rec = new RectangleF(1, 1, center.X - 2, center.Y - 2);
    graphics.FillEllipse(sb, rec);
}
```

（10）绘制圆环。在 OnPaint 事件中，判断是否需要显示边框，如果需要则通过 DrawEllipse 方法绘制一个圆环，代码如下所示。

```
//绘制圆环
if (isBorder)
{
```

```
    Pen p = new Pen(this.BackColor, gapWidth);
    float f = 1 + gapWidth * 0.5f + borderWidth;
    rec = new RectangleF(f, f, center.X - 2 * f, center.Y - 2 * f);
    graphics.DrawEllipse(p, rec);
}
```

（11）高亮显示。在 OnPaint 事件中，判断是否需要高亮显示，如果需要，则采用渐变的方式实现高亮显示，代码如下所示。

```
if (isHighLight)
{
    if (isBorder)
    {
        //画布路径
        GraphicsPath gp = new GraphicsPath();
        float f = 1 + borderWidth + gapWidth * 0.5f;
        rec = new RectangleF(f, f, center.X - 2 * f, center.Y - 2 * f);
        gp.AddEllipse(rec);
        //渐变画刷
        PathGradientBrush pb = new PathGradientBrush(gp);
        pb.CenterColor = centerColor;
        pb.SurroundColors = new Color[] { this.colorList[currentValue] };
        graphics.FillPath(pb, gp);
    }
    else
    {
        //画布路径
        GraphicsPath gp = new GraphicsPath();
        rec = new RectangleF(1, 1, center.X - 2, center.Y - 2);
        gp.AddEllipse(rec);
        //渐变画刷
        PathGradientBrush pb = new PathGradientBrush(gp);
        pb.CenterColor = centerColor;
        pb.SurroundColors = new Color[] { this.colorList[currentValue] };
        graphics.FillPath(pb, gp);
    }
}
```

（12）为了消除锯齿、减少闪烁，在构造方法中添加一些样式设置的代码，具体如下所示。

```
    public Led()
    {
        InitializeComponent();
        this.SetStyle(ControlStyles.AllPaintingInWmPaint, true);
        this.SetStyle(ControlStyles.DoubleBuffer, true);
        this.SetStyle(ControlStyles.ResizeRedraw, true);
        this.SetStyle(ControlStyles.Selectable, true);
```

```
        this.SetStyle(ControlStyles.SupportsTransparentBackColor, true);
        this.SetStyle(ControlStyles.UserPaint, true);
    }
```

（13）Led 控件的应用很简单，在工具箱中将其拖入窗体中，通过修改其属性显示不同的样式即可，如图 8-17 所示。

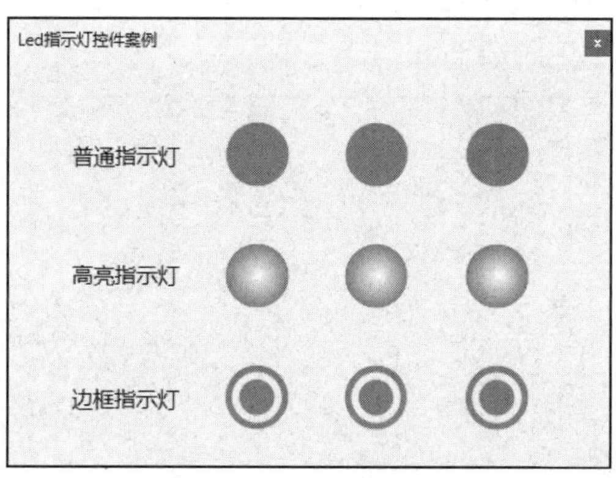

图 8-17　Led 控件的显示效果

第 9 章　C#联合 WinCC 组态软件应用

在工控领域中，WinCC 作为西门子广泛应用的组态软件，在市场上拥有显著的影响力。有些人误以为学习 C#开发上位机意味着要取代传统的组态软件。然而，实际情况是，C#上位机开发与组态软件各有其适用的场景，它们并不是完全对立的。如果我们能够同时掌握 WinCC 组态软件的使用和 C#上位机的开发，那么可以结合它们的优势，实现一些特殊功能的定制开发项目。本章将重点介绍如何利用 C#与 WinCC 联合应用，以实现更加灵活和功能丰富的工控应用解决方案。

9.1　WinCC 使用.NET 控件

9.1.1　WinCC 如何添加.NET 控件

WinCC V7.0 及以上版本均支持.NET 控件，这意味着我们可以将前面章节中用 C#开发的自定义控件直接放置在 WinCC 中使用。本小节将主要介绍如何在 WinCC 中添加.NET 控件。

注意：本小节使用 WinCC V7.5，PLC 编程软件为 TIA V17。不同版本可能会存在细微区别，但整体思路是相同的。

首先，我们使用 WinCC 创建一个空的项目，项目名称为 WinCCPro，如图 9-1 所示。

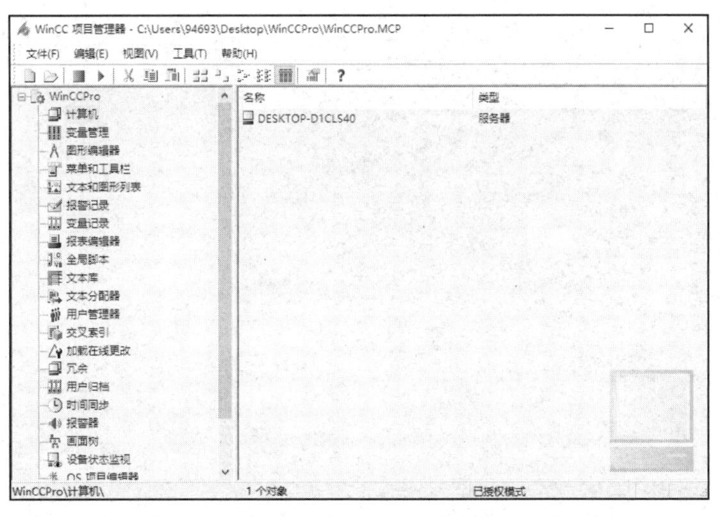

图 9-1　创建 WinCC 项目

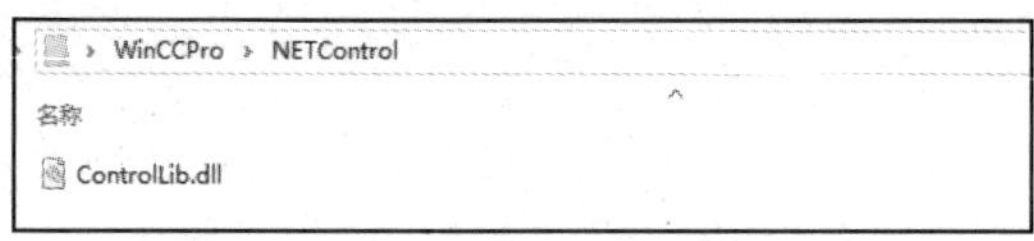

图 9-2 添加控件库.dll 文件

接着，我们在 WinCC 项目中创建一个单独的文件夹，命名为 NETControl。需要明确的是，我们用 C#开发的控件库实质上是一个.dll 文件。因此，我们将前面章节中编译生成的控件库.dll 文件复制到 NETControl 文件夹中，如图 9-2 所示。

在 WinCCPro 项目中，右击新建画面创建一个新的 WinCC 画面 Main.Pdl，并将该画面设置为过程画面，如图 9-3 所示。

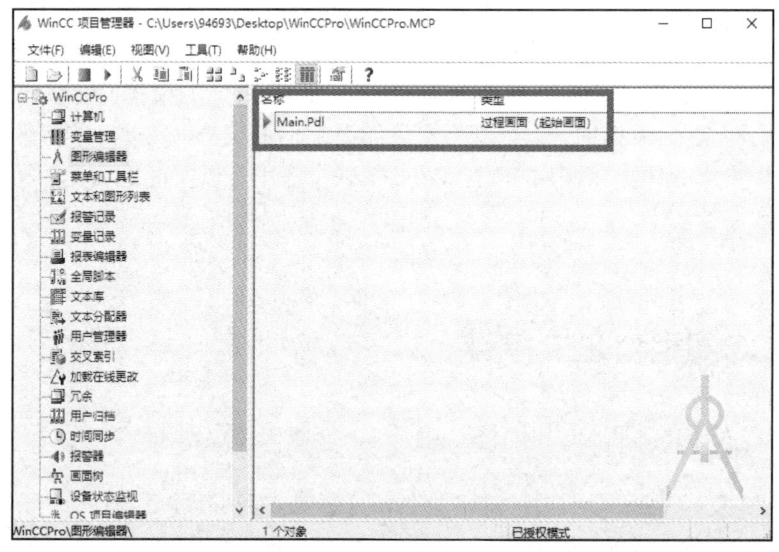

图 9-3 创建 WinCC 画面

打开该画面，在右侧的工具箱中，选择控件选项卡，这样我们可以在选择下看到.NET 控件，如图 9-4 所示。

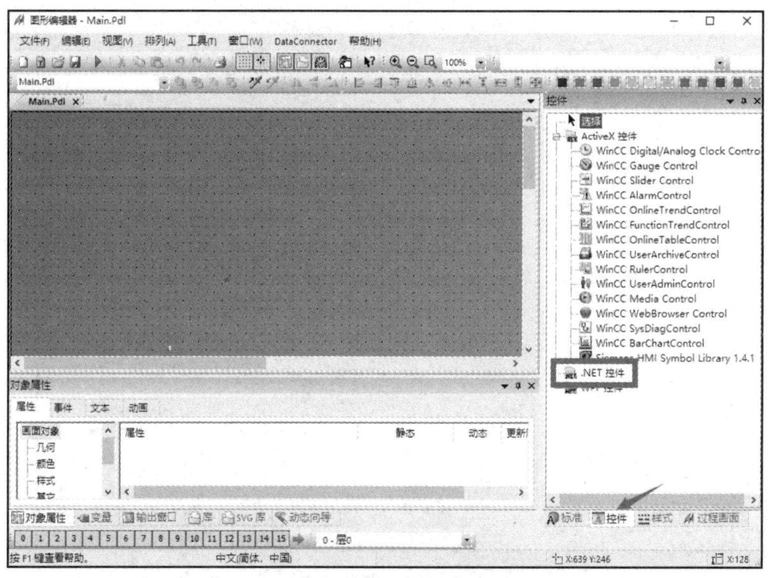

图 9-4 .NET 控件

选中.NET 控件，单击鼠标右键，在弹出的菜单中选择添加/删除，弹出选择.NET 对象界面。在该界面中，单击添加按钮，通过项目的路径，找到 NETControl 文件夹中的 ControlLib.dll 文件。单击打开按钮，这样我们在可用控件列表中就可以找到 ControlLib 中的所有控件，这里勾选 ButtonEx、HeadPanel 和 TextShow 三个控件，最后单击确定按钮，如图 9-5 所示。

完成上述操作后，我们在控件工具箱中可以看到前面添加的控件，这样就实现了将.NET 控件库中的控件添加到 WinCC 中，如图 9-6 所示。

图 9-5　添加.NET 控件

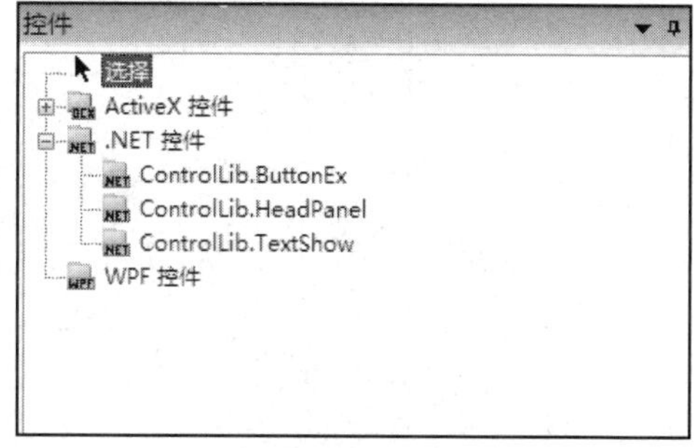

图 9-6　WinCC 显示.NET 控件

9.1.2　WinCC 与西门子 PLC 通信

为了测试自定义控件的功能应用，我们将使用 WinCC 与西门子 PLC 进行通信。在实际应用中，我们会观察控件的变化。对于 PLC 的选择，我们采用西门子 S7-1500 PLC。如果没有实际的 PLC 设备，我们可以通过前面章节的讲解来搭建西门子 PLC 的仿真环境。

下面是 WinCC 与西门子 PLC 通信的相关操作说明。

（1）创建西门子 PLC 连接。打开变量管理界面，选择变量管理，单击鼠标右键，在弹出的菜单中选择添加新的驱动程序，在弹出的界面中选择 SIMATIC S7-1200,S7-1500 Channel>>OMS+，单击鼠标右键，在弹出的菜单中选择新建连接。重命名连接名称为 S7-1500，如图 9-7 所示。

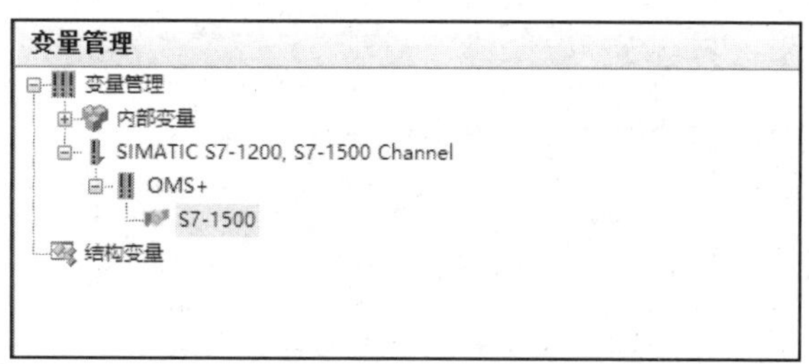

图 9-7　创建西门子 PLC 连接

（2）选择 S7-1500，单击鼠标右键，在弹出的菜单中选择连接参数，在弹出的界面中输入正确的连接参数，具体如图 9-8 所示。其中，IP 地址需要输入实际 PLC 的 IP 地址；产品系列选择 s71500-connection；访问点默认是没有的，需要在 PG/PC 设置中创建一个访问点，这个会在下个步骤中讲解。

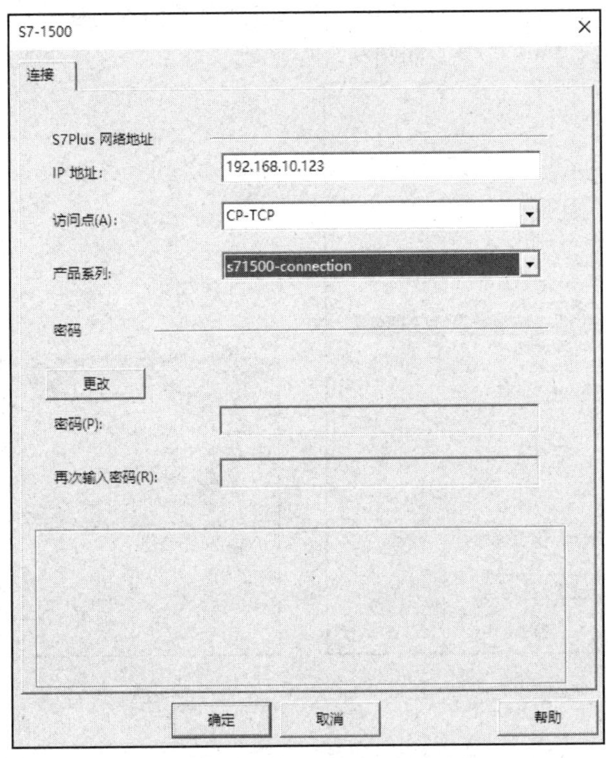

图 9-8　S7-1500 连接参数的设置

（3）创建访问点。通过控制面板找到设置 PG/PC 接口，打开 PG/PC 接口，手动创建一个访问点，单击添加按钮，如图 9-9 所示。

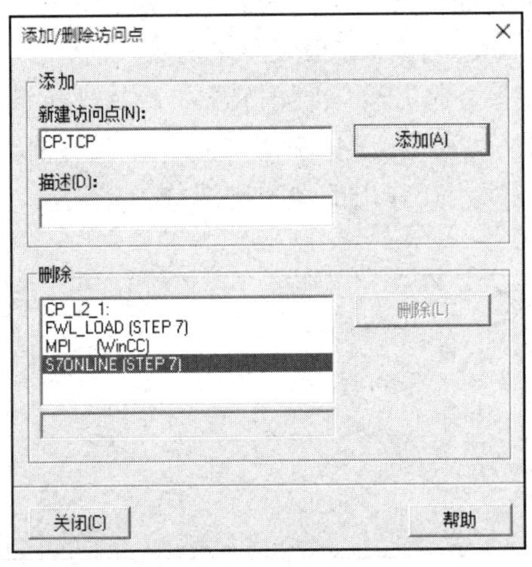

图 9-9　创建访问点

（4）为创建的 CP-TCP 访问点接口分配参数。这里选择实际连接 PLC 的接口。如果是真实 PLC，则选择实际物理网卡；如果是仿真 PLC，则选择 Siemens PLC SIM Virtual Ethernet Adapter，如图 9-10 所示。

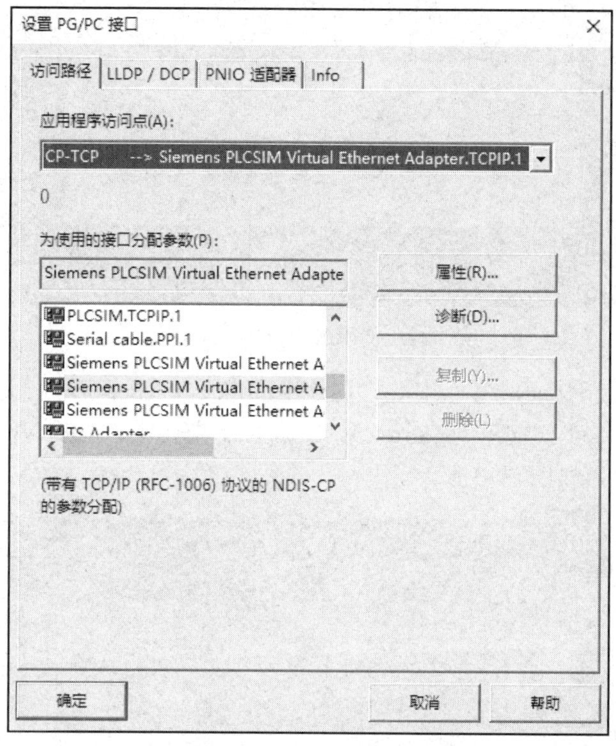

图 9-10　为创建的 CP-TCP 访问点接口分配参数

（5）创建 4 个变量，分别为 PressureIn、PressureOut、TempIn、TempOut，地址对应 DB100.DBD0、DB100.DBD4、DB100.DBD8、DB100.DBD12，便于后续的通信测试，如图 9-11 所示。

变量管理
- 变量管理
  - 内部变量
  - SIMATIC S7-1200,
    - OMS+
      - S7-1500
  - 结构变量

变量 [S7-1500]

	名称	数据类型	长度	格式调整	连接	地址
1	PressureIn	32-位浮点数 IEEE 754	4	FloatToFloat	S7-1500	DB10,DD0
2	PressureOut	32-位浮点数 IEEE 754	4	FloatToFloat	S7-1500	DB10,DD4
3	TempIn	32-位浮点数 IEEE 754	4	FloatToFloat	S7-1500	DB10,DD8
4	TempOut	32-位浮点数 IEEE 754	4	FloatToFloat	S7-1500	DB10,DD12
5						
6						
7						
8						
9						

图 9-11　创建 PLC 变量

（6）在 WinCC 的 MainPdl 画面中拖入 1 个 HeadPanel 控件和 4 个 TextShow 控件，设计好样式，如图 9-12 所示。

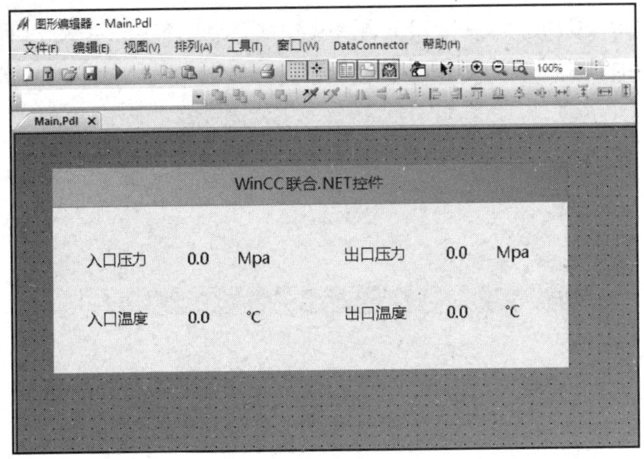

图 9-12 使用.NET 控件设计界面

（7）选中入口压力 TextShow 控件，在属性中绑定变量 PressureIn，这个与 WinCC 中的控件绑定方法是一样的，我们这里给 CurrentValue 属性绑定变量。按照这种方法，依次给其他 3 个控件也绑定好变量，如图 9-13 所示。

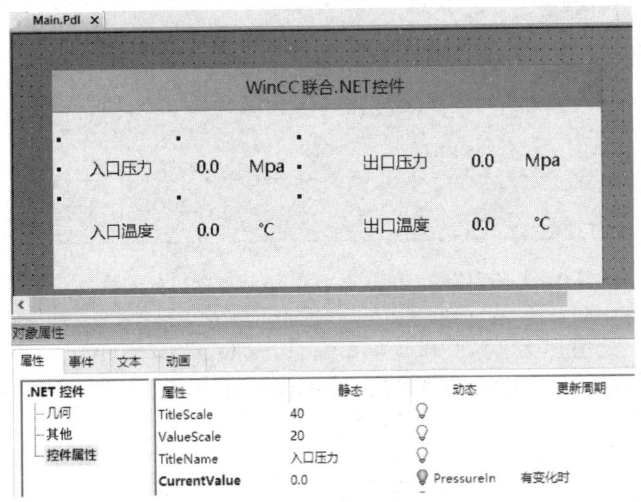

图 9-13 为.NET 控件绑定变量

（8）通过博图软件分别将 4 个变量的值设置为 2.5、2.8、25.6、28.6，然后运行 WinCC，WinCC 界面中将显示 PLC 中的数据，如图 9-14 所示。

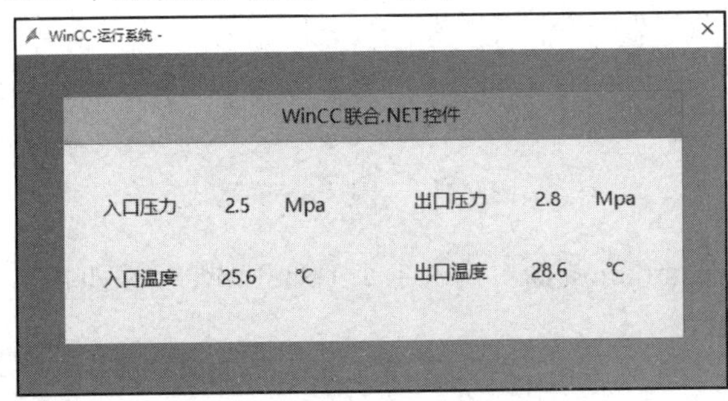

图 9-14 运行 WinCC 的结果

9.2　C#实现读写 WinCC 变量

9.2.1　C#读取 WinCC 变量

C#读取 WinCC 变量的步骤如下所示。

（1）创建一个新的 Windows 窗体应用（.NET Framework），取名为 WinCCDemo。

（2）从 WinCC 安装目录中找到两个.dll 文件，分别是 CCHMIRuntime.dll 和 CCHMITags.dll，位置默认为 C:\Program Files (x86)\Common Files\Siemens\Bin。将这两个.dll 文件复制到 Debug 根目录下并手动添加引用，如图 9-15 所示。

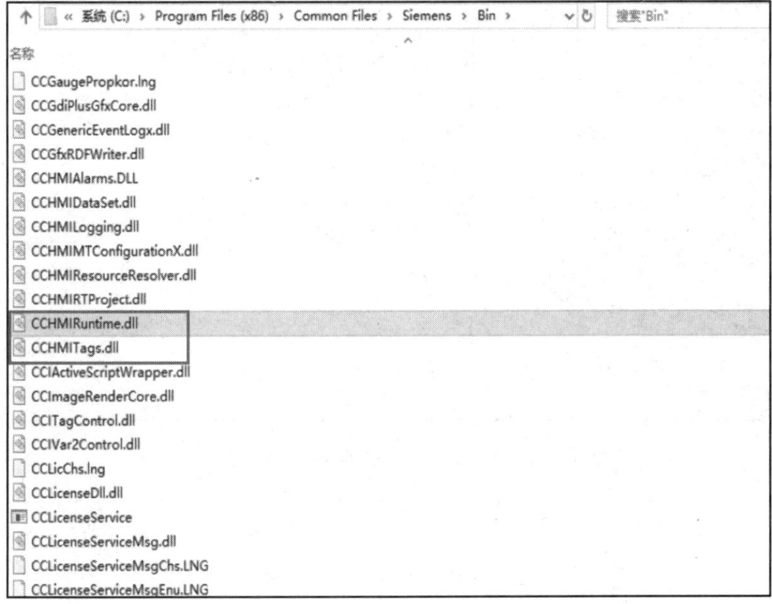

图 9-15　WinCC 库文件

（3）创建一个窗体，名称为 FrmWinCCVariable，如图 9-16 所示。

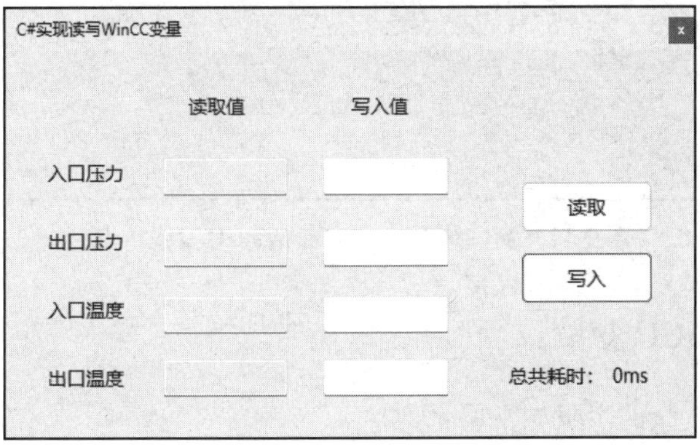

C#实现读写WinCC变量
读取值　写入值
入口压力
出口压力
入口温度
出口温度
读取
写入
总共耗时：0ms

图 9-16　FrmWinCCVariable 窗体的设计

（4）创建一个 HMIRuntime 通信对象读写变量；创建一个 Stopwatch 计时器对象计算代码

耗时时间，实现代码如下所示。

```
//创建通信对象
private CCHMIRUNTIME.HMIRuntime hmi = new CCHMIRUNTIME.HMIRuntime();
//创建计时器
private Stopwatch sw = new Stopwatch();
```

（5）单击读取按钮，创建 Click 事件，在 Click 事件中编写读取变量的代码，如下所示。

```
private void btn_Read_Click(object sender, EventArgs e)
{
    //开始计时
    sw.Restart();
    //读取变量
    object data1 = hmi.Tags["PressureIn"].Read();
    object data2 = hmi.Tags["PressureOut"].Read();
    object data3 = hmi.Tags["TempIn"].Read();
    object data4 = hmi.Tags["TempOut"].Read();
    //显示变量
    this.txt_preInRead.Text = data1?.ToString();
    this.txt_preOutRead.Text = data2?.ToString();
    this.txt_tempInRead.Text = data3?.ToString();
    this.txt_tempOutRead.Text = data4?.ToString();
    //显示耗时
    this.lbl_Time.Text = sw.ElapsedMilliseconds.ToString() + "ms";
}
```

（6）运行项目，单击读取按钮，测试结果如图 9-17 所示。

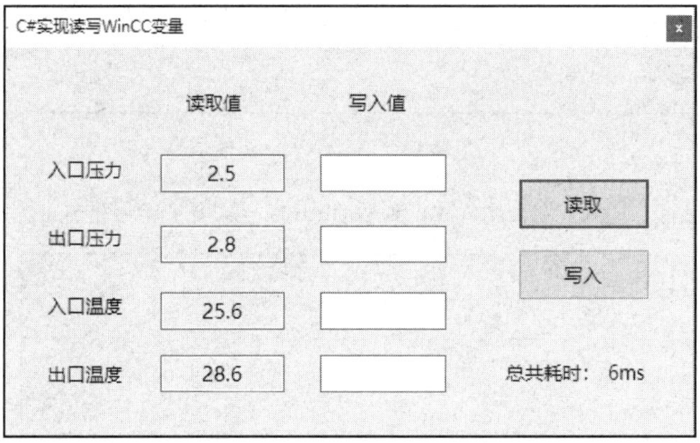

图 9-17　测试结果（C#实现 WinCC 变量读取）

9.2.2　C#写入 WinCC 变量

C#写入 WinCC 变量的步骤如下所示。

（1）前面我们已经实现了 WinCC 变量的读取，在上述代码的基础上单击写入按钮，创建 Click 事件，在 Click 事件代码中，编写写入代码，如下所示。

```
private void btn_Write_Click(object sender, EventArgs e)
{
    //开始计时
    sw.Restart();
    //写入变量
    try
    {
hmi.Tags["PressureIn"].Write(Convert.ToSingle(this.txt_preInWrite.Text));
hmi.Tags["PressureOut"].Write(Convert.ToSingle(this.txt_preOutWrite.Text));
hmi.Tags["TempIn"].Write(Convert.ToSingle(this.txt_tempInWrite.Text));
hmi.Tags["TempOut"].Write(Convert.ToSingle(this.txt_tempOutWrite.Text));
    }
    catch (Exception)
    {
        MessageBox.Show("写入失败");
        return;
    }
    //显示耗时
    this.lbl_Time.Text = sw.ElapsedMilliseconds.ToString() + "ms";
}
```

（2）运行项目，单击写入按钮，测试写入耗时为 8ms，测试结果如图 9-18 所示。

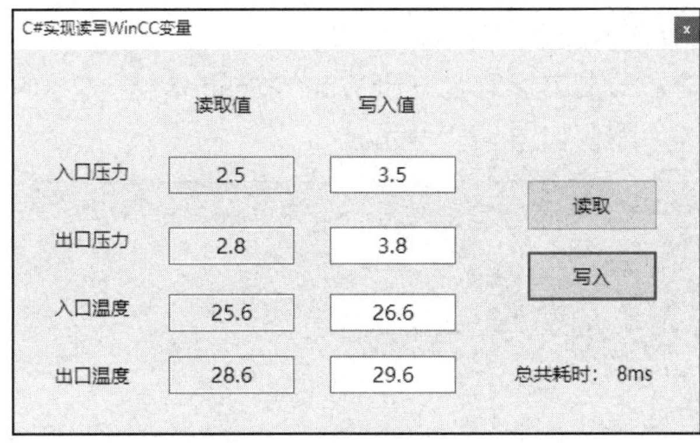

图 9-18 测试结果（C#实现 WinCC 变量写入）

（3）为了初步验证数据已经写入 PLC 中，再次单击读取按钮，测试结果如图 9-19 所示。

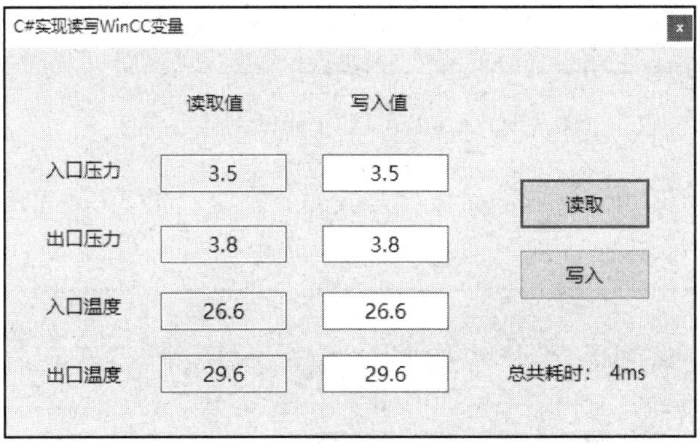

图 9-19 测试结果（验证 WinCC 变量写入）

（4）为了验证数据已经写入 PLC 中，打开博图软件，监控变量数据，监控结果如图 9-20 所示。

WinCCPro ▸ PLC_1 [CPU 1511-1 PN] ▸ 程序块 ▸ MESDB [DB10]

保持实际值 快照 将快照值复制到起始值中

MESDB

	名称	数据类型	偏移量	起始值	监视值
1	▼ Static				
2	PresureIn	Real	0.0	0.0	3.5
3	PressureOut	Real	4.0	0.0	3.8
4	TempIn	Real	8.0	0.0	26.6
5	TempOut	Real	12.0	0.0	29.6

图 9-20 监控结果（博图监控变量）

9.3 C#实现访问 WinCC 控件

9.3.1 C#读取 WinCC 控件

C#读取 WinCC 控件的步骤如下所示。

（1）新建一个窗体，设置其名称为 FrmWinCCControl，窗体中的内容及布局和前面的 FrmWinCCVariable 基本一致，如图 9-21 所示。

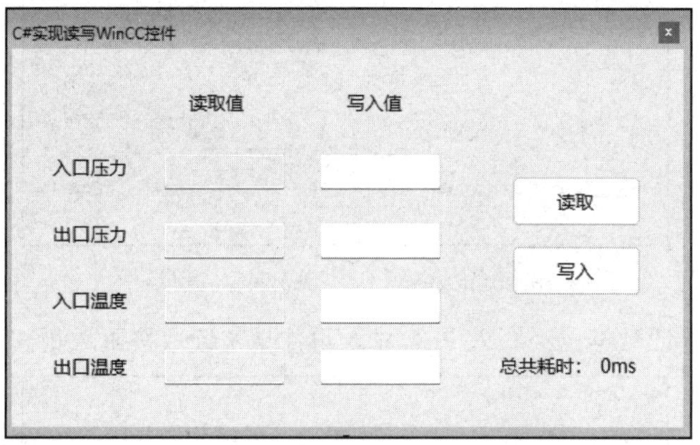

图 9-21 FrmWinCCControl 窗体的设计

（2）创建一个 HMIRuntime 通信对象读写变量，创建一个 Stopwatch 计时器对象计算代码耗时时间，代码如下所示。

```
//创建通信对象
    private CCHMIRUNTIME.HMIRuntime hmi = new CCHMIRUNTIME.HMIRuntime();
    //创建计时器
    private Stopwatch sw = new Stopwatch();
```

（3）这里首先要知道 WinCC 画面中控件的名称，单击控件，左上方显示的名称就是控件的名称。由于我们先放置的是 HeadPanel 控件，因此 HeadPanel 控件默认的名称为.NET 控件 1，其他 4 个显示控件的名称分别为.NET 控件 2～.NET 控件 5，如图 9-22 所示。

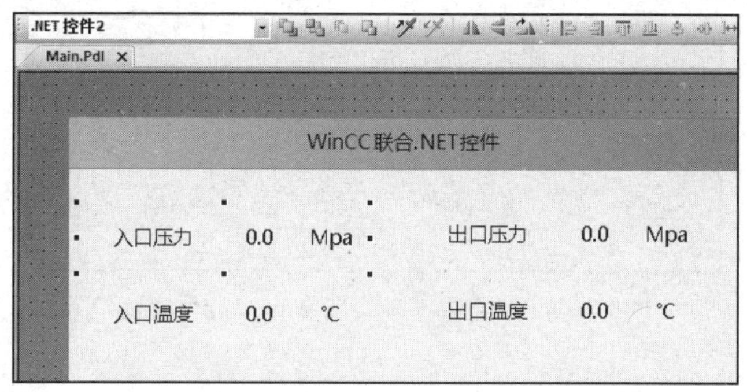

图 9-22　WinCC 控件名称

（4）单击读取按钮，创建 Click 事件，在 Click 事件中编写读取控件代码，如下所示。

```
private void btn_Read_Click(object sender, EventArgs e)
{
    //开始计时
    sw.Restart();
    try
    {
        //读取变量
        dynamic data1 = hmi.Screens["Main"].ScreenItems[".NET 控件 2"];
        dynamic data2 = hmi.Screens["Main"].ScreenItems[".NET 控件 3"];
        dynamic data3 = hmi.Screens["Main"].ScreenItems[".NET 控件 4"];
        dynamic data4 = hmi.Screens["Main"].ScreenItems[".NET 控件 5"];
        //显示变量
        this.txt_preInRead.Text = data1.CurrentValue.ToString();
        this.txt_tempInRead.Text = data2.CurrentValue.ToString();
        this.txt_preOutRead.Text = data3.CurrentValue.ToString();
        this.txt_tempOutRead.Text = data4.CurrentValue.ToString();
    }
    catch (Exception)
    {
        MessageBox.Show("读取失败");
        return;
    }
    //显示耗时
    this.lbl_Time.Text = sw.ElapsedMilliseconds.ToString() + "ms";
}
```

（5）运行项目，单击读取按钮，测试结果如图 9-23 所示。

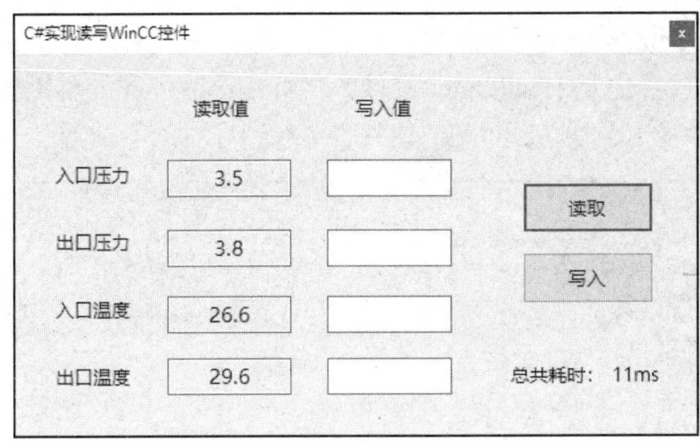

图 9-23　测试结果（C#实现 WinCC 控件读取）

9.3.2　C#写入 WinCC 控件

C#写入 WinCC 控件的步骤如下所示。

（1）前面我们实现了 WinCC 控件的读取，在上述代码的基础上单击写入按钮，创建 Click 事件，在 Click 事件代码中编写写入代码，如下所示。

```
private void btn_Write_Click(object sender, EventArgs e)
{
    //开始计时
    sw.Restart();
    //写入变量
    try
    {
        dynamic data1 = hmi.Screens["Main"].ScreenItems[".NET 控件 2"];
        dynamic data2 = hmi.Screens["Main"].ScreenItems[".NET 控件 3"];
        dynamic data3 = hmi.Screens["Main"].ScreenItems[".NET 控件 4"];
        dynamic data4 = hmi.Screens["Main"].ScreenItems[".NET 控件 5"];
        data1.CurrentValue = Convert.ToSingle(this.txt_preInWrite.Text);
        data2.CurrentValue = Convert.ToSingle(this.txt_tempInWrite.Text);
        data3.CurrentValue = Convert.ToSingle(this.txt_preOutWrite.Text);
        data4.CurrentValue = Convert.ToSingle(this.txt_tempOutWrite.Text);
    }
    catch (Exception)
    {
        MessageBox.Show("写入失败");
        return;
    }
    //显示耗时
    this.lbl_Time.Text = sw.ElapsedMilliseconds.ToString() + "ms";
}
```

（2）运行项目，修改写入值分别为 4.5、4.8、27.6、30.6，单击写入按钮，测试写入耗时为 12ms，测试结果如图 9-24 所示。

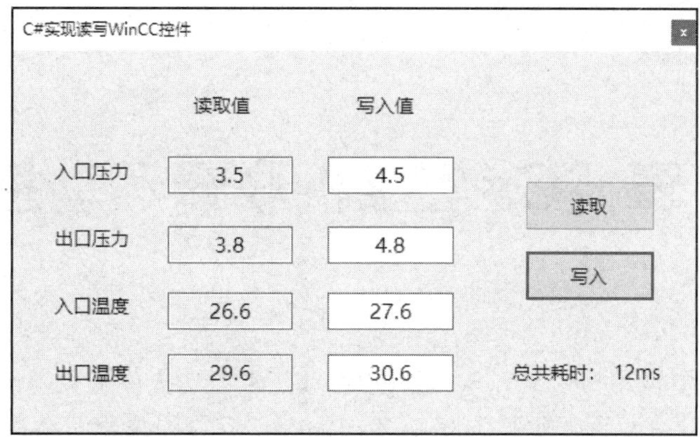

图 9-24　测试结果（C#实现 WinCC 控件写入）

（3）再次单击读取按钮，测试结果如图 9-25 所示。

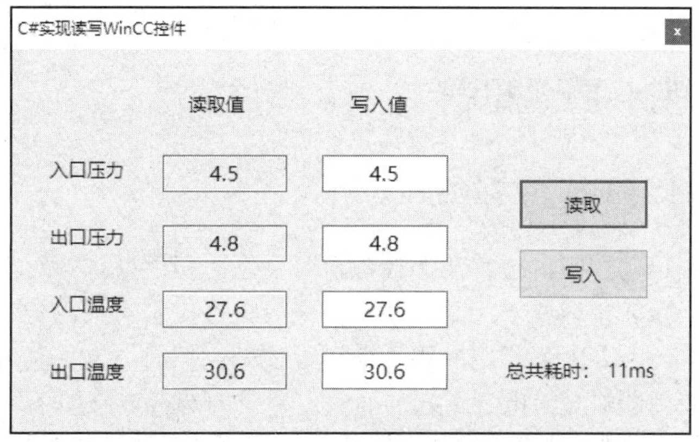

图 9-25　测试结果（C#实现 WinCC 控件读取）

（4）为了验证数据已经写入 PLC 中，打开博图软件，监控变量数据，监控结果如图 9-26 所示，我们发现 PLC 的数据并没有发生变化。

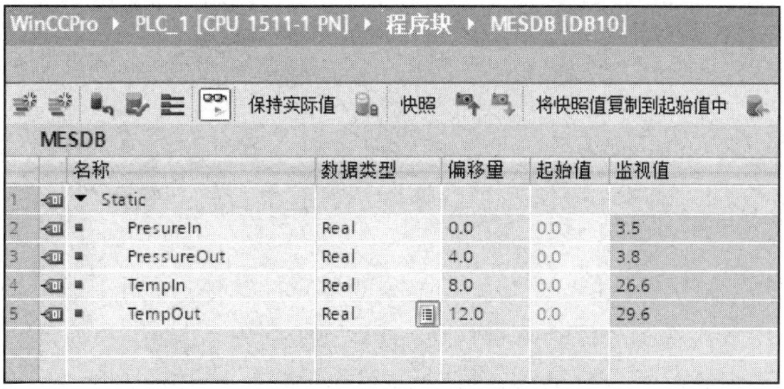

WinCCPro ▸ PLC_1 [CPU 1511-1 PN] ▸ 程序块 ▸ MESDB [DB10]

保持实际值　快照　将快照值复制到起始值中

MESDB

	名称	数据类型	偏移量	起始值	监视值
1	▼ Static				
2	■ PresureIn	Real	0.0	0.0	3.5
3	■ PressureOut	Real	4.0	0.0	3.8
4	■ TempIn	Real	8.0	0.0	26.6
5	■ TempOut	Real	12.0	0.0	29.6

图 9-26　监控结果（博图监控 PLC 变量）

注意：通过访问控件实现的写入并没有真正将数据写入 PLC 中，所以这种方式仅限于读取数据，但可以通过这种方式设置控件的其他属性，如样式、背景、文本等。

第 10 章　C#上位机联合运动控制卡

随着工业技术的持续进步，PLC、运动控制和工业机器人的应用范围不断扩展。现代的 PLC 已经远非简单的可编程逻辑控制器，各大品牌厂商纷纷推出具备高级运动控制功能的 PLC，以应对日益复杂的运动控制任务。与此同时，运动控制卡和运动控制器也在不断革新，推出了多样化的新产品和先进技术。本章主要针对 C#上位机与运动控制卡、运动控制器的联合应用进行阐述说明。

10.1　运动控制卡基础知识

10.1.1　运动控制卡与 PLC 的区别

如果项目涉及轴运动控制，通常在选择电机时会考虑精度要求。对于高精度要求，通常选择伺服电机；对于一般精度要求，则选择步进电机进行控制。不论是步进电机还是伺服电机，它们仅是执行器，需要配备相应的驱动器进行控制。然而，为了实现对驱动器的控制，还需要选择合适的控制器。对于电气工程师而言，常见的选择方案如下所述。

① 使用 PLC 进行控制：当前市场上的大多数 PLC 都支持运动控制功能，能够扩展到 32 轴。根据所选驱动器的类型，可以采用脉冲控制、总线控制或模拟量控制方式。

② 使用运动控制卡进行控制：运动控制卡是专门用于运动控制的控制器，可以支持多达 256 轴的控制。然而，需要在 PC 上进行编程和控制。

③ 使用运动控制器进行控制：与运动控制卡相比，运动控制器具有更大的独立性，可以脱离 PC 直接控制驱动器。一旦编写完毕程序，可以直接将程序下载到控制器中运行，实现对驱动器的直接控制。

在选择控制器时，我们需要考虑它们之间的区别与联系。首先，PLC、运动控制器和运动控制卡都是用于自动化系统中运动轴的控制，并且支持输入输出信号的管理。它们各有特点。

（1）PLC 主要擅长逻辑控制，能够处理复杂的逻辑控制任务。对于运动控制，低端的 PLC 通常通过高速输出点实现脉冲控制，而中高端 PLC 则更倾向于通过总线方式进行控制。常见的总线类型包括 Profinet、EtherCAT、CC-Link 等。

（2）运动控制卡可以通过 PCI 插槽插在 PC 主机上，或者通过以太网与 PC 主机连接。开发过程中，可以利用高级编程语言如 C++、C#、VB、VB.NET、LabVIEW 等进行编程。通常，开发者会使用运动控制卡厂商提供的 API 函数来管理和调用控制卡的资源。运动控制卡分为脉冲型和总线型两种类型，它们的开发方式大体相似，但在具体函数调用和应用方面可能略有差异。图 10-1 是一个总线型运动控制卡的系统架构图。

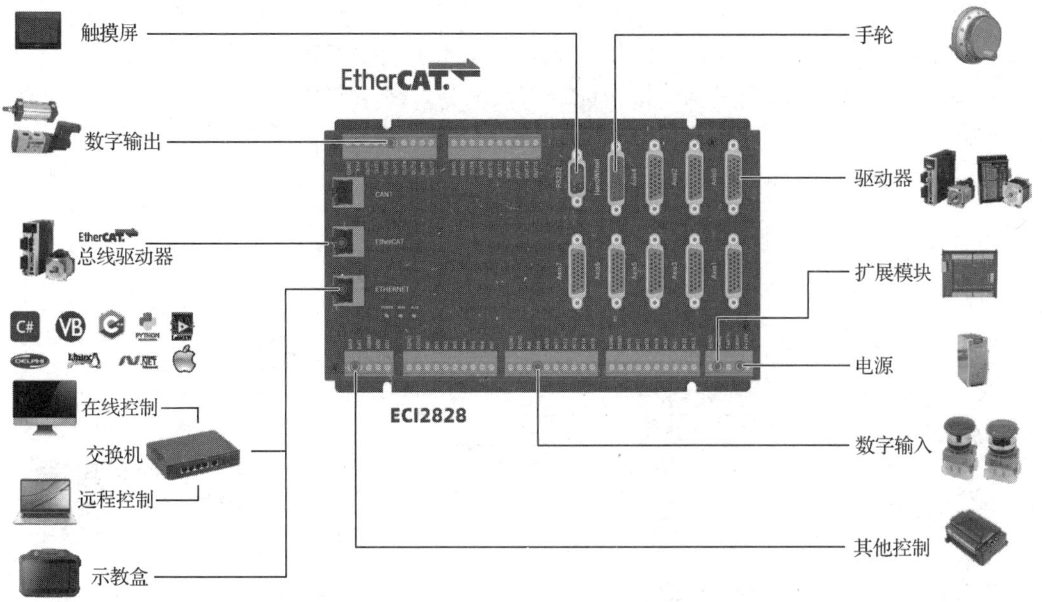

图 10-1　总线型运动控制卡的系统架构图

（3）PLC 具有工作可靠和编程简单等优点，但其运动控制功能相对简单。在 PLC 的应用过程中，通常采用 PLC 与 HMI 结合的方式。然而，这种方式会导致可视化界面受到极大限制，从而使实际应用过程缺乏灵活性。相比之下，运动控制卡可以充分利用 PC 强大的功能，如 CAD 功能、机器视觉功能以及软件高级编程等。此外，运动控制卡还可以利用 FPGA、DSP 或者 ARM+DSP 等芯片的功能，实现高精度的运动控制，如多轴直线、圆弧插补、运动跟随和 PWM 控制等。

（4）随着技术的进步和积累，运动控制器应运而生。它将一些普遍性和特殊的运动控制功能固化在其中，如插补指令。用户只需通过组态或调用这些功能块或指令来实现运动控制，从而减少了编程的复杂性。此外，运动控制器在性能和成本等方面也具有优势。尽管运动控制器和运动控制卡的算法几乎相同，它们之间的主要区别在于运动控制卡需要依赖 PC 进行编程，而运动控制器则可以直接编写程序并下载，使得其能够脱机运行。近几年中，基于运动控制卡的 PC 平台运动控制技术获得了广泛应用，主要有以下几个原因。

① 开发便利：用户可以利用 VB、VC、C++、C#、LabVIEW 等高级编程语言，快速开发人机界面并调用成熟可靠的运动函数。借助这些编程语言，用户可以在几天或几周的时间内完成功能强大的控制软件的开发。由于开发过程灵活便捷，用户可以轻松修改和添加功能，并且开发好的软件可以轻松被移植到类似的机器中。

② 友好界面：PC 平台控制系统受到机器操作员的广泛欢迎。相较于单片机和 PLC 方案，PC（显示器、键盘、鼠标、通信端口、硬盘、软驱等）具有无可比拟的输入输出能力。

③ 成本优势：随着 PC 成本持续下跌以及运动控制卡具备的高性价比，基于 PC 和运动控制卡构建的控制系统在许多运动控制场景中具备显著的综合成本优势。

④ 强大功能：基于 PC 的强大功能和运动控制卡的先进技术，能够实现单片机系统和 PLC

系统无法胜任的多种高级功能。

此外，随着机器视觉技术的广泛应用，运动控制与机器视觉的融合日益密切。将视觉项目与运动控制卡结合使用，不仅节约硬件成本，还能降低维护成本。市场上已经存在一些集成了机器视觉技术和运动控制功能的产品，它们能够连接工业相机、与运动控制进行对接，并且自带输入输出接口，同时兼容 PC 和触摸屏等应用。例如，正运动的视觉运动控制一体机 VPLC711，其系统架构如图 10-2 所示。

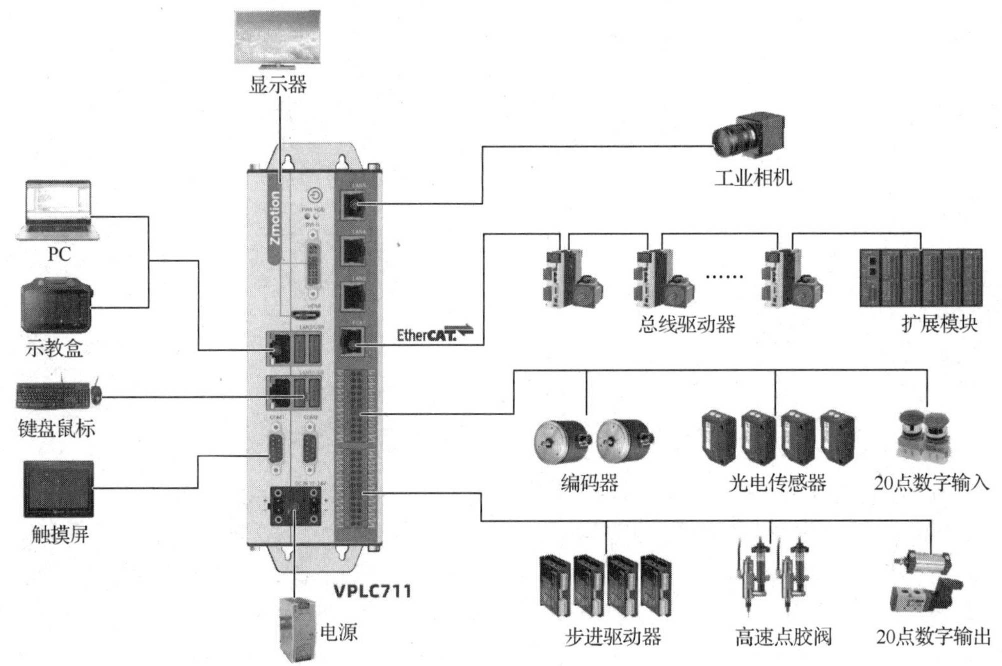

图 10-2　VPLC711 的系统架构

10.1.2　运动控制卡的种类与选型

运动控制卡主要分为三种类型：基于单片机的、基于专用芯片的和基于 DSP 的运动控制卡。每种类型都有其独特的优势和不足。

1）基于单片机的运动控制卡

（1）优势：价格便宜，使用简单。

（2）不足之处：受限于单片机自身性能，控制精度、轴数和控制周期受到限制。圆弧插补精度较低，有些采用软插补。工作效率相对较低，适合对精度要求不高的应用场合。

2）基于专用芯片（ASIC、FPGA）的运动控制卡

（1）优势：可靠性高，稳定性好，功能完备。

（2）不足之处：开放性差，不能定制，圆弧插补性能一般，无法实现连续插补。在 Windows 环境下小线段加工的连续性可能较差，不适合复杂、高要求的应用场合。

3）基于 DSP 的运动控制卡

（1）优势：开放性好，速度和精度高，具备连续插补和良好的圆弧插补性能。

（2）不足之处：价格较高。适用于数据量大、计算复杂、实时性要求高的场合。

根据实际项目的应用场景和功能需求来选择适合的运动控制卡十分关键。以下是选择运动控制卡的建议。

（1）功能考虑：根据需要选择合适的功能，如归零、定速、点位、直线插补、多轴联动插补和圆弧插补等。避免选择过多不必要的功能，以降低成本，并考虑未来的扩展需求。

（2）性能考虑：包括通信速度、响应速度和控制速度等。根据应用的最高要求确定性能指标，并预留一定的余量，通常建议预留 20%左右的余量。

（3）可靠性考虑：稳定性是关键因素，需注意控制卡的隔离设计、滤波和保护等方面，确保系统稳定可靠。

（4）易用性考虑：硬件易用性包括连线方便和用户友好性，软件易用性则包括文档质量和软件入手难度等方面。综合考虑硬件和软件的易用性，确保能快速有效地完成功能。综上所述，选择适合的运动控制卡需要综合考虑项目的功能需求、性能指标、可靠性和易用性等因素，并结合自身编程能力来综合选择品牌和型号。

10.1.3 运动控制与机器人的区别

在工业领域，自动化工厂的发展正成为一种日益增长的趋势。运动控制和机器人应用的广泛使用显著提高了生产效率和工作效率。在工程师们设计自动化工厂时，他们通常面临选择：是采用运动控制系统，还是引入机器人系统。尽管这两种方法都能完成相同的任务，但它们具有各自独特的设置、编程选项、动作灵活性和经济效益。

运动控制系统是一个简单而直接的概念，它通过启动和控制负载的运动来执行工作。这些系统能够精确控制速度、位置和扭矩，如用于产品定位、独立元素的同步以及需要快速启动和停止的应用场景。

一个典型的运动控制系统通常包括三个基本组成部分：控制器、驱动器和电机。控制器负责路径规划或轨迹计算，并将指令信号发送给驱动器；驱动器则负责向电机提供所需的电压和电流，以实现预期的运动。

相比之下，机器人是一种可重新编程的多功能机械手，能够通过各种动作来移动物体、部件、工具或特定设备。虽然机器人内部包含类似于运动控制系统的组件，但机器人本身是一个更为复杂的系统，能够实现更广泛的任务。

机器人的设计多种多样，包括铰接式机械臂、笛卡儿型、圆柱形、球形、斯卡拉型或平行选择机器人等，这些类型在工业中应用广泛。

总体而言，机器人可以看作一个高度集成的运动控制装置，内置了每个制造商独特的运动控制算法。相对于简单的运动控制系统，机器人提供了更大的灵活性和功能，但通常也更昂贵和复杂。

10.2 脉冲型运动控制卡使用说明

运动控制卡通常与 PC 编程相结合使用，支持上位机软件的开发和应用，能够通过 PC 编程实现多轴的运动控制。多家运动控制卡厂商为 C#、Visual C++、Visual Basic、Python、LabVIEW 等多种编程语言提供了丰富的 DLL 函数库和示例代码。这些函数库不仅可以在

Windows 操作系统上运行，还提供了对 Windows CE 和 Linux 的支持。

在本节中，我们将以深圳市正运动技术有限公司（以下简称正运动）的运动控制卡产品为例，使用 C#编程语言实现运动控制卡的上位机开发。正运动公司专注于运动控制技术的研究和通用运动控制产品的研发，是国内工业控制领域发展最快的企业之一，全面掌握运动控制核心技术和实时工业控制平台软件技术。

正运动的运动控制产品包括脉冲型运动控制器、网络脉冲型运动控制卡、总线型运动控制器、网络总线型运动控制卡以及 PCI/PCIE 总线型运动控制卡和机器视觉运动控制一体机等，能够满足多行业的运动控制需求。产品涵盖 ZMC 系列、XPLC 系列、ECI 系列、PCI 系列和 VPLC 系列，尽管在硬件参数和功能扩展等方面有所不同，但它们的使用方法基本相同。

图 10-3 展示了正运动公司的运动控制产品，用户通过这些产品可以实现对多轴运动的精确控制，满足各种工业场景下的运动控制需求。

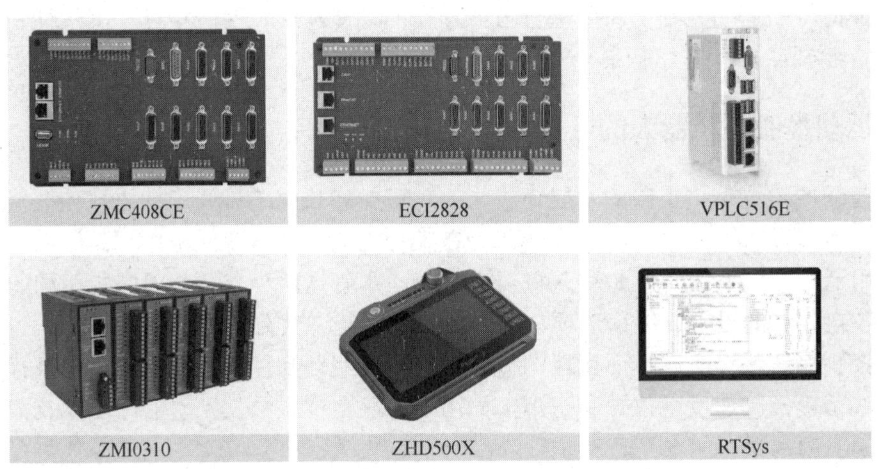

图 10-3　正运动公司的运动控制产品

10.2.1　ECI1408 产品说明及接线使用

本小节将详细介绍正运动公司的脉冲型网络运动控制卡编程，以 ECI1000 系列中的 ECI1408 为例，重点讲解其编程和开发过程。ECI1408 是 ECI1000 系列中的一款产品，该系列还包括 ECI1300 和 ECI1400 两种型号，它们的主要区别在于基本轴数和扩展能力。ECI1300 支持基本的 3 轴控制，最多可扩展至 6 轴；ECI1400 支持基本的 4 轴控制，同样可以扩展至 6 轴。ECI1408 的规格参数如表 10-1 所示。

表 10-1　ECI1408 的规格参数

项　目	描　述
型号	ECI1408
基本轴数	4
最多扩展轴数	6
基本轴类型	脉冲输出
数字 IO 数	36 路输入，12 路输出

续表

项　　目	描　　述
最多扩展 IO 数	256 路输入，256 输出
AD/DA	无
最多扩展 AD/DA	128 路 AD，64 路 DA
脉冲位数	32
编码器位数	32
速度加速度位数	32
脉冲最高频率	5MHz
每轴运动缓存数	128
数组空间	1600
程序空间	3KB
Flash 空间	128KB
电源输入	24V 直流输入，IO24V 输入
通信接口	RS232、以太网、CAN
外形尺寸	205mm×138mm

ECI1408 支持基本的 4 轴控制，可扩展至 6 轴，能够实现点位运动、电子凸轮、直线插补、圆弧插补和连续插补运动。此外，它还提供了 36 路通用数字输入和 12 路通用数字输出，基本上可以满足一般的运动控制需求。ECI1408 的系统架构图如图 10-4 所示。

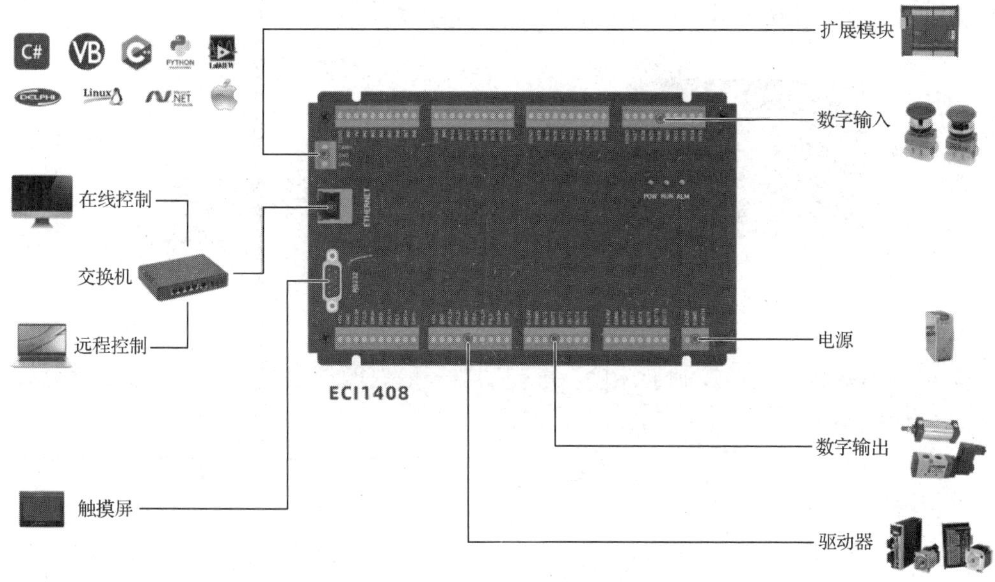

图 10-4　ECI1408 的系统架构图

ECI1408 的主要接口有以下几种。

（1）ETHERNET 以太网接口：主要用于连接 PC 上位机。

（2）CAN 接口：主要用于扩展 IO 或轴。

（3）数字输入：主要用于接开关量输入。

（4）电源：主要用于 24V 供电。

（5）数字输出：主要用于接开关量输出。

（6）轴接口：主要用于接驱动器。

（7）RS232：主要用于接示教盒或触摸屏。

机械设备通常由多轴组成，如 3 至 4 轴的点胶机、螺钉附锁机、6 至 8 轴的上下料设备、激光切割设备，以及 10 轴以上的分光机、绕线机、大型自动化生产线。然而，无论轴数多少，都是由单轴设备组装而成的。因此，为了理解多轴控制，我们首先要实现单轴控制。在这里，我们将使用一个单轴的滑台模组，并按照下面的步骤进行接线和控制。

（1）运动控制卡供电：开关电源输出+24V 接 E+24V、0V 接 EGND、EARTH 用于接地，如图 10-5 所示。

端子	名称	类型	功能
E+24V	E+24V	输入	电源24V输入
EGND	EGND	输入	电源地
EARTH	EARTH	接地	安规地/屏蔽层

图 10-5　ECI1408 供电接线

（2）网络连接：通过一根网线连接到个人计算机（PC）上。正运动的运动控制卡出厂默认 IP 是 192.168.0.11，如果不想修改，将 PC 的 IP 设置为同一网段即可；如果需要修改，可以通过正运动的 RTSys 调试软件修改。这个 IP 后面程序中会用到，这里使用默认的 192.168.0.11，如图 10-6 所示。

图 10-6　ECI1408 以太网连接 PC

（3）驱动器接线：运动控制卡连接步进驱动器一般有两种连接方式，分别为差分接线和单端接线，如图 10-7 所示。

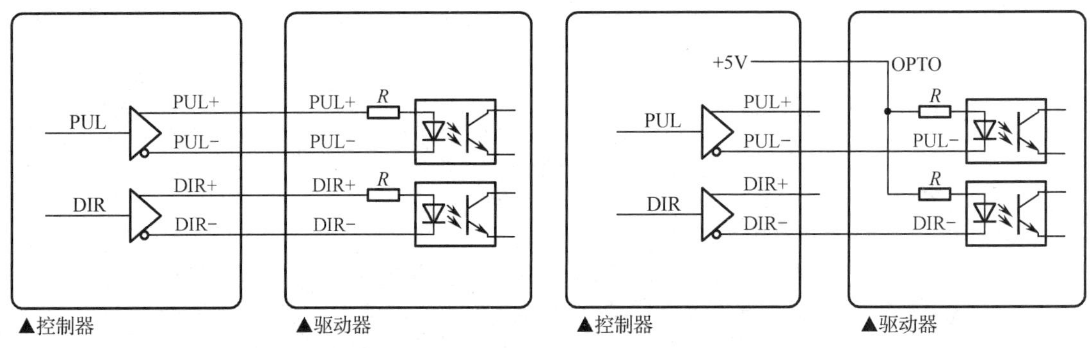

图 10-7　运动控制卡与驱动器的连接方式

这里选择单端接线，将 5V 信号接至驱动器的 PUL+及 DIR+，然后将控制卡的 PUL−、DIR−分别与驱动器的 PUL−、DIR−连接即可。

（4）调试软件测试：使用正运动的 RTSys 软件进行测试。单击菜单中的控制器，在子菜单中选择连接，在弹出的连接到控制器界面中，输入正确的控制器 IP 地址，单击连接按钮，如图 10-8 所示。

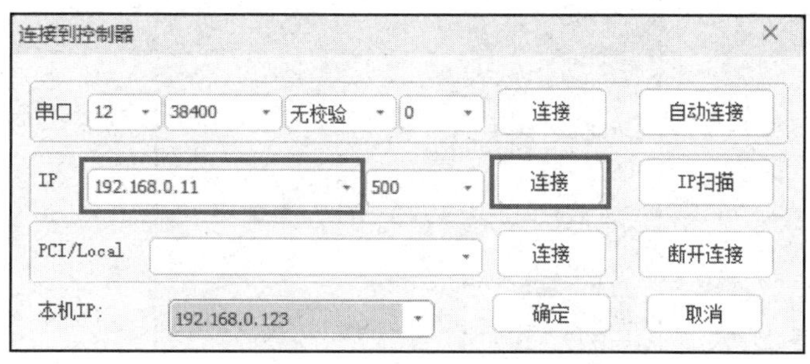

图 10-8　连接到控制器界面

（5）手动运行：单击菜单中的工具，在子菜单中选择手动运动，在弹出的手动运动界面中输入合适的脉冲当量和加减速度等参数，单击运动按钮即可实现连续运动，同时观察步进电机的运行状态，如图 10-9 所示。

手动运动

轴	轴类型	脉冲当量	加速度	减速度	运动速度	指令位置	左转	右转	距离	绝对		反馈位置	运动状态	轴状态	
0	1	1.000	10000.C	0.000	1000.0C	-1953.00(	左	右		☐	运动	-1953.00(	-1	0h	停止
1	1	1.000	10000.C	0.000	1000.0C	0.000	左	右		☐	运动	0.000	-1	0h	停止
2	1	1.000	10000.C	0.000	1000.0C	0.000	左	右		☐	运动	0.000	-1	0h	停止
3	1	1.000	10000.C	0.000	1000.0C	0.000	左	右		☐	运动	0.000	-1	0h	停止
4	0	1.000	10000.C	0.000	1000.0C	0.000	左	右		☐	运动	0.000	-1	0h	停止
5	0	1.000	10000.C	0.000	1000.0C	0.000	左	右		☐	运动	0.000	-1	0h	停止

图 10-9　手动运动界面

（6）案例程序调试：打开例程 1 单轴运动，修改一例程代码中的 IP 地址为 192.168.0.11，直接运行即可。单击连接按钮，如果连接没问题，则会显示控制器链接成功，如图 10-10 所示。

```
public Form1()
{
    InitializeComponent();
    //链接控制器
    zmcaux.ZAux_OpenEth("192.168.0.11", out g_handle);
    if (g_handle != (IntPtr)0)
    {
        MessageBox.Show("控制器链接成功!", "提示");
        timer1.Enabled = true;
    }
    else
    {
        MessageBox.Show("控制器链接失败，请检测IP地址!", "警告");
    }
}
```

提示

控制器链接成功!

确定

图 10-10　修改 IP 地址实现控制器连接

注意：当我们打开官方提供的例程程序时，注意要把整个项目复制到桌面运行，因为例程所在的路径中有特殊字符，直接修改代码或运行可能会出现问题。

（7）单轴运动测试：设定合适的脉冲当量和运行速度等参数，选择对应的轴，选择运动方式，单击运动按钮就可以实现单轴的运动控制了，如图 10-11 所示。

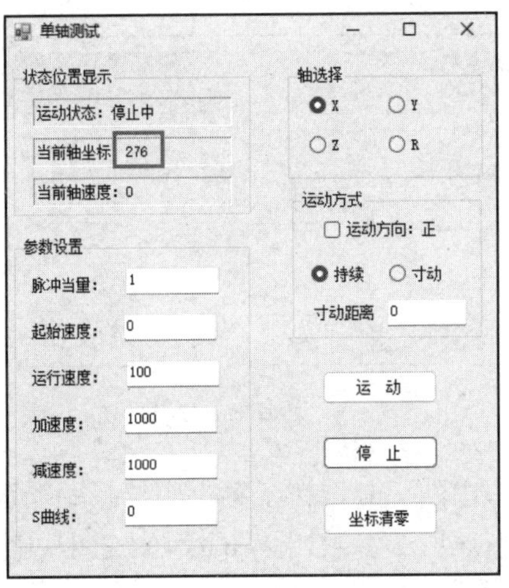

图 10-11　单轴运动控制测试

10.2.2　运动控制函数库二次封装

在实际的项目应用中，我们一般会对厂家提供的函数库进行二次封装，这样有利于项目开发的应用。下面对函数库的封装进行说明。

（1）基于 VS2022 创建一个新的 Windows 窗体应用，项目名称为 ZmotionECI1408Pro，项目框架为.NET Framework 4.6，如图 10-12 所示。

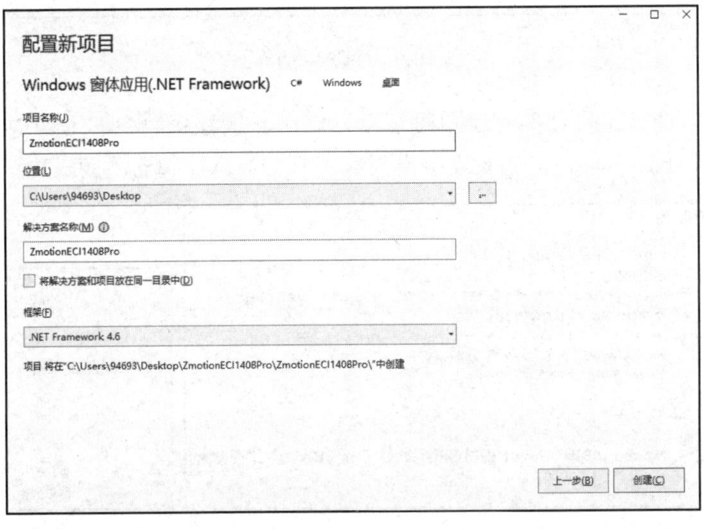

图 10-12　创建运动控制项目

（2）项目创建完成后，右键单击项目，在弹出的菜单中选择属性，在弹出的界面中，选择生成，去掉“首选 32 位”的勾选，因为我们这里使用的是 64 位的函数库，因此必须保证项目的目标平台也是 64 位的，如图 10-13 所示。

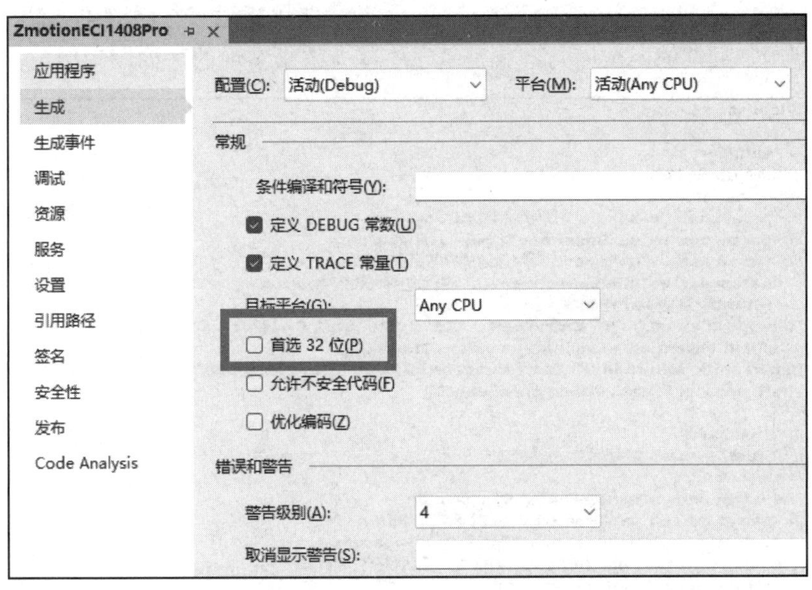

图 10-13　设置项目平台为 64 位

（3）正运动提供了 3 个文件来连接运动控制卡，分别是 Zmcaux.cs、zauxdll.dll、zmotion.dll，这 3 个文件在本书提供的实例中可以获取到，如图 10-14 所示。

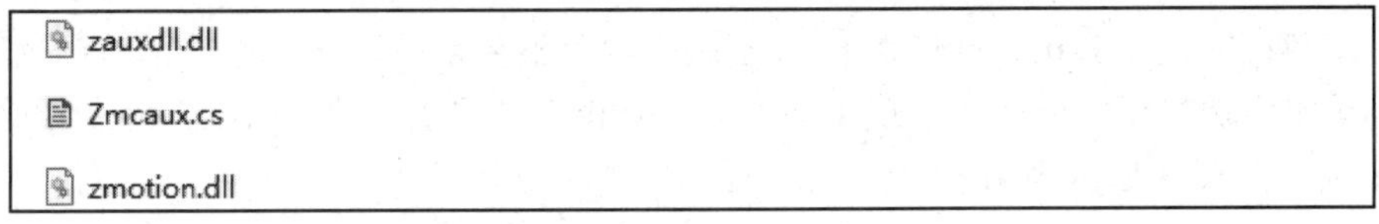

图 10-14　函数库的 3 个文件

说明： 关于这几个库文件，它们之间的关系是 zmotion.dll 为最底层的 dll 库，zauxdll.dll 对 zmotion.dll 进行了封装，但是 zauxdll.dll 是基于 C++封装的，因此 C#调用还需要编写一个声明类，这个声明类为 Zmcaux.cs。此外，这两个 dll 文件不是.NET 编写的，因此不能直接添加引用。

（4）将两个 dll 文件复制到项目根目录（Debug 文件夹）下，如图 10-15 所示。

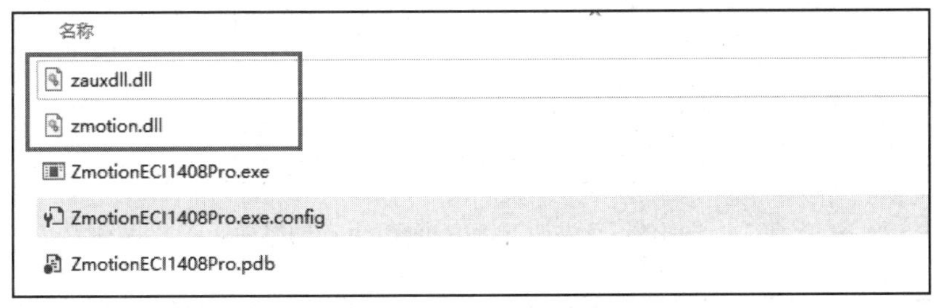

图 10-15　将 zauxdll.dll 和 zmotion.dll 复制到 Debug 文件夹

（5）将 Zmcaux.cs 类文件复制到项目的文件夹（bin 文件夹所在的目录）中，选中项目，单击鼠标右键，在弹出的菜单中选择添加，在弹出的界面中选择现有项，在该文件夹路径下找到 Zmcaux.cs，将 Zmcaux.cs 添加到项目中。添加完成后，将命名空间修改为 ZmotionECI1408Pro。我们可以看到，Zmcaux.cs 这个类中提供了很多静态方法，这些方法我们可以直接调用，后续的函数库封装就是基于这些方法来实现的，如图 10-16 所示。

```
public class zmcaux
{
    /// <summary>
    /// Execute在线命令
    /// </summary>
    /// <param name="handle">连接句柄</param>
    /// <param name="pszCommand">字符串命令</param>
    /// <param name="psResponse">返回的字符串</param>
    /// <param name="uiResponseLength">返回的字符长度</param>
    /// <returns>错误码</returns>
    [DllImport("zauxdll.dll", EntryPoint = "ZAux_Execute", CharSet = CharSet.Ansi,
      CallingConvention = CallingConvention.StdCall)]
    public static extern Int32 ZAux_Execute(IntPtr handle, string pszCommand, StringBuilder
      psResponse, UInt32 uiResponseLength);

    /// <summary>
    /// DirectCommand在线命令
    /// </summary>
    /// <param name="handle">连接句柄</param>
    /// <param name="pszCommand">命令字符串</param>
    /// <param name="psResponse">返回的字符串</param>
    /// <param name="uiResponseLength">返回的字符长度</param>
    /// <returns>错误码</returns>
    [DllImport("zauxdll.dll", EntryPoint = "ZAux_DirectCommand", CharSet = CharSet.Ansi,
      CallingConvention = CallingConvention.StdCall)]
    public static extern Int32 ZAux_DirectCommand(IntPtr handle, string pszCommand,
      StringBuilder psResponse, UInt32 uiResponseLength);
```

图 10-16　Zmcaux.cs 类中的方法

（6）将数据转换库 DataConvertLib.dll 复制到项目根目录下，选中引用，单击鼠标右键，在弹出的菜单中选择添加引用，实现 DataConvertLib 库的引用添加，后面会使用到这个库中的 OperateResult 类，如图 10-17 所示。

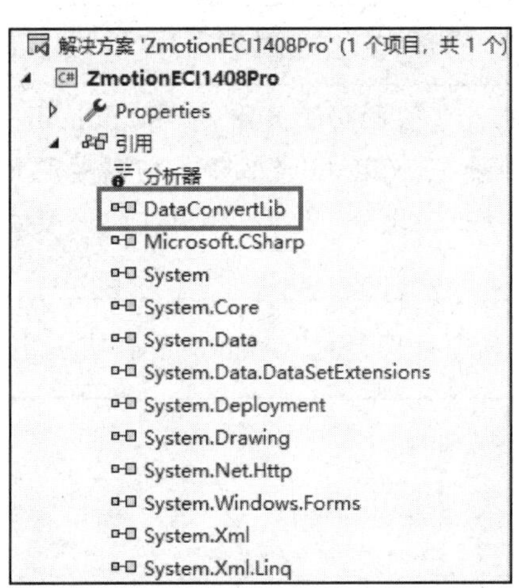

图 10-17　添加 DataConvertLib 库的引用

（7）创建一个新的类，取名为 Zmotion.cs，该类主要对 Zmcaux.cs 进行二次封装。在该类中创建相关属性，后面会使用到，代码如下所示。

```
public class Zmotion
{
    //连接句柄
    private IntPtr handle;
    //初始化成功
    public bool InitedOK { get; set; }
    //轴 0 脉冲当量
    public int Unit0 { get; set; } = 400;
    //轴 1 脉冲当量
    public int Unit1 { get; set; } = 400;
    //轴 2 脉冲当量
    public int Unit2 { get; set; } = 400;
    //轴 3 脉冲当量
    public int Unit3 { get; set; } = 400;
}
```

（8）编写方法 OpenCard，该方法主要用于初始化打开的板卡，以 IP 地址作为参数，主要调用的是 Zmcaux.cs 中的 ZAux_OpenEth 方法，具体代码如下所示。

```
[Description("打开板卡连接")]
public OperateResult OpenCard(string ipAddress)
{
    int error = zmcaux.ZAux_OpenEth(ipAddress, out handle);
    if (error == 0 && handle != IntPtr.Zero)
    {
        InitedOK = true;
        return OperateResult.CreateSuccessResult();
    }
    else
    {
        InitedOK = false;
        return OperateResult.CreateFailResult("错误代码: "+error);
    }
}
```

（9）编写方法 CloseCard，该方法主要用于断开板卡连接，主要调用的是 ZAux_Close 方法，具体代码如下所示。

```
[Description("断开板卡连接")]
public OperateResult CloseCard()
{
    int error = zmcaux.ZAux_Close(handle);
    if (error == 0)
    {
        handle = IntPtr.Zero;
        InitedOK = false;
```

```
            return OperateResult.CreateSuccessResult();
        }
        return OperateResult.CreateFailResult("错误代码: " + error);
    }
```

（10）编写方法 ErrorHandle，该方法主要用于错误异常处理，返回不同的错误码，可以对照错误码原因表找到错误原因，具体代码如下所示。

```
[Description("错误处理")]
private void ErrorHandle(string command, int error)
{
    string result = string.Empty;
    switch (error)
    {
        case 0: break;
        default:
            result = string.Format("{0}" + "指令执行错误，错误码为{1}", command,
error);
            break;
    }
    if (result.Length > 0)
    {
        throw new Exception(result);
    }
}
```

（11）编写方法 CommonInitedValidate，该方法主要用于通用初始化验证，如果有其他条件要求，可以自行扩展，具体代码如下所示。

```
[Description("通用初始化验证")]
private OperateResult CommonInitedValidate()
{
    OperateResult result = new OperateResult();
    //判断是否已经初始化
    if (!InitedOK)
    {
        result.IsSuccess = false;
        result.Message = "控制器未连接";
        return result;
    }
    return OperateResult.CreateSuccessResult();
}
```

（12）编写方法 IsMoving，该方法用于判断某个轴是否正在运行，参数是轴号。这个方法主要调用的是 ZAux_Direct_GetIfIdle 方法，具体代码如下所示。

```
[Description("判断某个轴是否正在运行")]
public bool IsMoving(int axis)
```

```
{
    OperateResult result = CommonInitedValidate();
    //判断是否已经初始化
    if (!result.IsSuccess) return false;
    int runstate = -1; //定义运行状态
    int error = 0;  //定义错误码
    //获取轴状态
    error = zmcaux.ZAux_Direct_GetIfIdle(handle, axis, ref runstate);
    //错误码验证
    ErrorHandle("ZAux_Direct_GetIfIdle", error);
    return runstate == 0;
}
```

（13）编写方法 CommonMotionValidate，该方法主要用于通用运动验证，如果有其他条件要求，可以自行扩展，具体代码如下所示。

```
[Description("通用运动验证")]
private OperateResult CommonMotionValidate(int axis)
{
    OperateResult result = CommonInitedValidate();
    //判断是否已经初始化
    if (!result.IsSuccess) return result;
    if (IsMoving(axis))   //判断是否正在运行
    {
        result.IsSuccess = false;
        result.Message = "轴正在运行";
        return result;
    }
    return OperateResult.CreateSuccessResult();
}
```

（14）编写方法 SetAxisUnit，该方法用于设置轴的脉冲当量，具体代码如下所示。

```
[Description("设置脉冲当量")]
private void SetAxisUnit(short axis)
{
    int error = 0;  //创建错误码
    //设置脉冲当量
    switch (axis)
    {
        case 0:
            error = zmcaux.ZAux_Direct_SetUnits(handle, axis, Unit0);
            ErrorHandle("ZAux_Direct_SetUnits", error);
            break;
        case 1:
            error = zmcaux.ZAux_Direct_SetUnits(handle, axis, Unit1);
            ErrorHandle("ZAux_Direct_SetUnits", error);
```

```
            break;
        case 2:
            error = zmcaux.ZAux_Direct_SetUnits(handle, axis, Unit2);
            ErrorHandle("ZAux_Direct_SetUnits", error);
            break;
        case 3:
            error = zmcaux.ZAux_Direct_SetUnits(handle, axis, Unit3);
            ErrorHandle("ZAux_Direct_SetUnits", error);
            break;
        default:
            break;
    }
}
```

（15）编写方法 VMove，该方法主要用于实现连续运动。连续运动的最终目的是实现点动操作，主要调用的是 ZAux_Direct_Single_Vmove 方法。在执行连续运动之前，需要做一系列轴参数的设置，包括设置轴类型、脉冲当量、最小速度、运行速度、加速度、减速度、S 曲线等，具体代码如下所示。

```
[Description("单轴连续运动")]
public OperateResult VMove(short axis, float vel, bool dir, float velMin, float
acc, float dec, float sramp)
{
    // 判断是否满足运动条件
    var result = CommonMotionValidate(axis);
    if (!result.IsSuccess) return result;
    //创建错误码
    int error = 0;
    try
    {
        error = zmcaux.ZAux_Direct_SetAtype(handle, axis, 1);
        ErrorHandle("ZAux_Direct_SetAtype", error);
        SetAxisUnit(axis);//设置脉冲当量
        error = zmcaux.ZAux_Direct_SetLspeed(handle, axis, velMin);//最小
        ErrorHandle("ZAux_Direct_SetLspeed", error);
        error = zmcaux.ZAux_Direct_SetSpeed(handle, axis, vel);   //运行速度
        ErrorHandle("ZAux_Direct_SetSpeed", error);
        error = zmcaux.ZAux_Direct_SetAccel(handle, axis, acc);  //设置加速度
        ErrorHandle("ZAux_Direct_SetAccel", error);
        error = zmcaux.ZAux_Direct_SetDecel(handle, axis, dec); //设置减速度
        ErrorHandle("ZAux_Direct_SetDecel", error);
        error = zmcaux.ZAux_Direct_SetSramp(handle, axis, sramp);//S 曲线
        ErrorHandle("ZAux_Direct_SetSramp", error);
        error = zmcaux.ZAux_Direct_Single_Vmove(handle, axis, dir ? 1 : -1); //
设置方向并运动
        ErrorHandle("ZAux_Direct_Single_Vmove", error);
```

```
    }
    catch (Exception ex)
    {
        return OperateResult.CreateFailResult(ex.Message);
    }
    return OperateResult.CreateSuccessResult();
}
```

（16）编写方法 MoveRelative，该方法主要用于实现相对运动，主要调用的是 ZAux_Direct_Single_Move 方法。在执行相对运动之前，需要做一系列轴参数的设置，包括设置轴类型、脉冲当量、最小速度、运行速度、加速度、减速度、S 曲线等，具体代码如下所示。

```
[Description("相对运动")]
public OperateResult MoveRelative(short axis, float vel, float distance, float
velMin, float acc, float dec, float sramp)
{
    var result = CommonMotionValidate(axis);  // 判断是否满足运动条件
    if (!result.IsSuccess) return result;
    int error = 0; //创建错误码
    try
    {
        //设置轴类型
        error = zmcaux.ZAux_Direct_SetAtype(handle, axis, 1);
        ErrorHandle("ZAux_Direct_SetAtype", error);
        SetAxisUnit(axis);//设置脉冲当量
        error = zmcaux.ZAux_Direct_SetLspeed(handle, axis, velMin);//最小速度
        ErrorHandle("ZAux_Direct_SetLspeed", error);
        error = zmcaux.ZAux_Direct_SetSpeed(handle, axis, vel); //设置运行速度
        ErrorHandle("ZAux_Direct_SetSpeed", error);
        error = zmcaux.ZAux_Direct_SetAccel(handle, axis, acc); //设置加速度
        ErrorHandle("ZAux_Direct_SetAccel", error);
        error = zmcaux.ZAux_Direct_SetDecel(handle, axis, dec); //设置减速度
        ErrorHandle("ZAux_Direct_SetDecel", error);
        error = zmcaux.ZAux_Direct_SetSramp(handle, axis, sramp);//设置 S 曲线
        ErrorHandle("ZAux_Direct_SetSramp", error);
        error = zmcaux.ZAux_Direct_Single_Move(handle, axis, distance); //设置
方向并运动
        ErrorHandle("ZAux_Direct_Single_Move", error);
    }
    catch (Exception ex)
    {
        return OperateResult.CreateFailResult(ex.Message);
    }
    return OperateResult.CreateSuccessResult();
}
```

（17）编写方法 MoveAbs，该方法主要用于实现绝对运动，主要调用的是 ZAux_Direct_

Single_MoveAbs 方法。在执行绝对运动之前，需要做一系列轴参数的设置，包括设置轴类型、脉冲当量、最小速度、运行速度、加速度、减速度、S 曲线等，具体代码如下所示。

```
[Description("绝对运动")]
public OperateResult MoveAbs(short axis, float vel, float pos, float velMin, float acc, float dec, float sramp)
{
    var result = CommonMotionValidate(axis);// 判断是否满足运动条件
    if (!result.IsSuccess) return result;
    int error = 0; //创建错误码
    try
    {
        error = zmcaux.ZAux_Direct_SetAtype(handle, axis, 1);//设置轴类型
        ErrorHandle("ZAux_Direct_SetAtype", error);
        SetAxisUnit(axis);//设置脉冲当量
        error = zmcaux.ZAux_Direct_SetLspeed(handle, axis, velMin);//最小速度
        ErrorHandle("ZAux_Direct_SetLspeed", error);
        error = zmcaux.ZAux_Direct_SetSpeed(handle, axis, vel); //设置运行速度
        ErrorHandle("ZAux_Direct_SetSpeed", error);
        error = zmcaux.ZAux_Direct_SetAccel(handle, axis, acc); //设置加速度
        ErrorHandle("ZAux_Direct_SetAccel", error);
        error = zmcaux.ZAux_Direct_SetDecel(handle, axis, dec); //设置减速度
        ErrorHandle("ZAux_Direct_SetDecel", error);
        error = zmcaux.ZAux_Direct_SetSramp(handle, axis, sramp);//S 曲线
        ErrorHandle("ZAux_Direct_SetSramp", error);
        error = zmcaux.ZAux_Direct_Single_MoveAbs(handle, axis, pos);
        ErrorHandle("ZAux_Direct_Single_MoveAbs", error);
    }
    catch (Exception ex)
    {
        return OperateResult.CreateFailResult(ex.Message);
    }
    return OperateResult.CreateSuccessResult();
}
```

（18）编写方法 StopAxis，该方法主要用于实现轴停止运动，主要调用的是 ZAux_Direct_Single_Cancel 方法，具体代码如下所示。

```
[Description("轴停止控制")]
public OperateResult StopAxis(short axis)
{
    var result = CommonInitedValidate();
    if (!result.IsSuccess) return result;
    int error = 0; //错误码
    try
    {
        error = zmcaux.ZAux_Direct_Single_Cancel(handle, axis, 2);
```

```
        ErrorHandle("ZAux_Direct_Single_Cancel", error);
    }
    catch (Exception ex)
    {
        return OperateResult.CreateFailResult(ex.Message);
    }
    return OperateResult.CreateSuccessResult();
}
```

（19）编写方法 ZeroAxis，该方法主要用于实现轴位置清零，主要调用的是 ZAux_Direct_SetMpos 方法和 ZAux_Direct_SetDpos 方法，具体代码如下所示。

```
[Description("轴位置清零")]
public OperateResult ZeroAxis(short axis)
{
    var result = CommonInitedValidate();    //判断是否满足初始化条件
    if (!result.IsSuccess) return result;
    int error = 0; //定义错误码
    try
    {
        error = zmcaux.ZAux_Direct_SetMpos(handle, axis, 0.0f);
        ErrorHandle("ZAux_Direct_SetMpos", error);
        error = zmcaux.ZAux_Direct_SetDpos(handle, axis, 0.0f);
        ErrorHandle("ZAux_Direct_SetMpos", error);
    }
    catch (Exception ex)
    {
        return OperateResult.CreateFailResult(ex.Message);
    }
    return OperateResult.CreateSuccessResult();
}
```

说明：运动控制中有两种位置，一种是 DPOS，另一种是 MPOS。DPOS 指的是轴指令位置，这个参数常用于监视运动指令的运行情况；MPOS 是编码器反馈位置，常用于监视编码器的反馈位置。当没有连接编码器时，MPOS=DPOS。

（20）编写方法 GetAxisPos，该方法主要用于实现获取轴的实际位置，主要调用的是 ZAux_Direct_GetMpos 方法，具体代码如下所示。

```
[Description("获取轴实际位置")]
public float GetAxisPos(short axis)
{
    var result = CommonInitedValidate();//判断是否满足初始化条件
    if (!result.IsSuccess) return 0.0f;
    float pos = 0.0f;  //定义位置
    int error = 0; //定义错误码
    try
```

```
    {
        error = zmcaux.ZAux_Direct_GetMpos(handle, axis, ref pos);
        ErrorHandle("ZAux_Direct_GetMpos", error);
        return pos;
    }
    catch (Exception)
    {
        return -999.99f;
    }
}
```

（21）至此，一个基础的 Zmotion 函数库封装就完成了。后续如果需要扩展功能，可以在这里继续增加相关方法。后面我们会使用 Zmotion.cs 实现单轴及多轴的运动控制。

10.2.3　多轴运动控制应用案例

前面我们已经封装好了一个 Zmotion 类，那么本节我们主要基于这个类实现一个三轴运动控制案例。下面是一个典型的三轴滑台，采用 3 个 42 步进电机对应 3 个步进驱动器，导程为 4mm/圈，如图 10-18 所示。

（1）根据功能需求设计界面。本软件主要实现点动控制、相对运动、绝对运动、参数设置、状态监视等功能，上位机软件的界面设计如图 10-19 所示。

图 10-18　三轴运动控制滑台

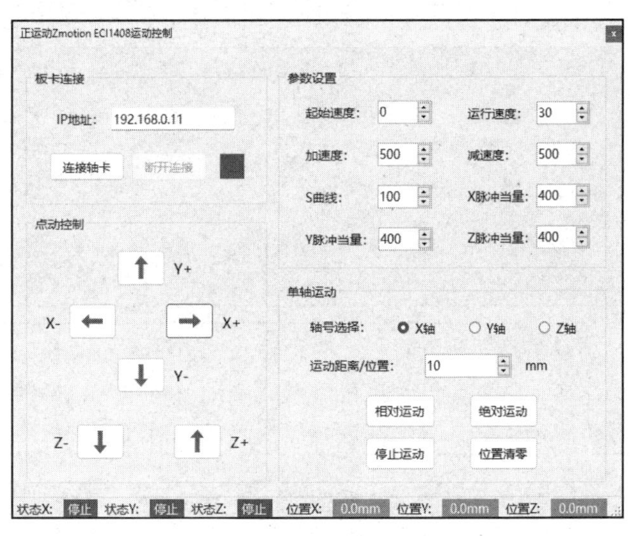

图 10-19　上位机软件的界面设计

（2）创建成员变量 Zmotion 对象及相关参数，便于后续直接调用其相关方法实现特定功能，代码如下所示。

```
    // 创建 Zmotion 控制对象
    private Zmotion motion = new Zmotion();
    // 定时器
    private Timer updateTimer=new Timer();
```

```
// 轴号分配
private short xAxis = 0;
private short yAxis = 1;
private short zAxis = 2;
// 速度最大值最小值
private float velMax = 0.0f;
private float velMin = 0.0f;
// 加减速度
private float acc = 0.0f;
private float dec = 0.0f;
// S 曲线加减速
private float sramp = 0.0f;
```

（3）在连接轴卡的按钮事件中编写代码实现连接轴卡的功能，主要调用的是 Zmotion 的 OpenCard 方法，实现代码如下所示。

```
private void btn_OpenCard_Click(object sender, EventArgs e)
{
    var result = motion.OpenCard(this.txt_IP.Text.Trim());
    if (result.IsSuccess)
    {
        this.lbl_State.BackColor = Color.Lime;
        this.btn_OpenCard.Enabled = false;
        this.btn_CloseCard.Enabled = true;
    }
    else
    {
        MessageBox.Show("控制器连接失败："+result.Message, "连接提示");
    }
}
```

（4）在断开连接的按钮事件中，编写代码实现断开轴卡连接的功能，主要调用的是 Zmotion 的 CloseCard 方法，实现代码如下所示。

```
private void btn_CloseCard_Click(object sender, EventArgs e)
{
    var result = motion.CloseCard();
    if (result.IsSuccess)
    {
        this.lbl_State.BackColor = Color.Red;
        this.btn_OpenCard.Enabled = true;
        this.btn_CloseCard.Enabled = false;
    }
    else
    {
        MessageBox.Show("控制器断开连接失败：" + result.Message, "连接提示");
    }
}
```

（5）实现点动功能。由于是一个三轴设备，需要对其进行上下、前后、左右的点动操作，按照常规的做法，我们需要创建 12 个事件，因为每个按钮都需要有 MouseDown 和 MouseUp 事件，这样程序比较烦琐，而且也不符合面向对象思想。通过分析，我们可以发现，针对不同的按钮，变化的只有两个参数，一个是轴号，一个是方向，所以如果将轴号和方向作为参数，封装 2 个通用方法，这样，每个按钮只需要传递不同的参数进去即可。编写两个通用点动的方法，一个是 btn_Jog_MouseDown，另一个是 btn_Jog_MouseUp。btn_Jog_MouseDown 方法的实现如下所示。

```
private void btn_Jog_MouseDown(object sender, MouseEventArgs e)
{
    if (sender is Button btn)
    {
        if (btn.Tag != null && btn.Tag.ToString().Length > 0)
        {
            if (btn.Tag.ToString().Contains(';'))
            {
                string[] values = btn.Tag.ToString().Split(';');
                if (values.Length == 2)
                {
                    short axis = Convert.ToInt16(values[0]); //获取轴号
                    bool dir = values[1] == "1"; //获取方向
                    SetParam();//获取设置的参数
                    var result = motion.VMove(axis, velMax, dir, velMin, acc, dec,
sramp);
                    if (result.IsSuccess == false)
                    {
                       MessageBox.Show("点动失败：" + result.Message, "失败");
                    }
                }
            }
        }
    }
}
```

（6）btn_Jog_MouseUp 方法的实现代码如下所示。

```
private void btn_Jog_MouseUp(object sender, MouseEventArgs e)
{
    if (sender is Button btn)
    {
        if (btn.Tag != null && btn.Tag.ToString().Length > 0)
        {
            if (btn.Tag.ToString().Contains(';'))
            {
                string[] values = btn.Tag.ToString().Split(';');
                if (values.Length == 2)
```

```
            {
                short axis = Convert.ToInt16(values[0]);  //获取轴号
                var result = motion.StopAxis(axis);
                if (result.IsSuccess == false)
                {
                    MessageBox.Show("点动停止失败：" + result.Message, "点动停
止");
                }
            }
        }
      }
    }
  }
```

（7）从上面的方法中我们可以看出，我们将轴号和参数封装在 Button 的 Tag 里，然后自定义了一个规则，使用分号分割，前面的表示轴号，后面的表示方向（0 为反向，1 为正向）。最后给每个按钮的 Tag 赋对应的值。以 *Z* 轴正向运行为例，第一个参数是 *Z* 轴的轴号，所以为 2，第二个参数是正向，所以为 1，最终给 btn_ZPositive 按钮的 Tag 赋值 2;1，其他按钮也是同样的方式赋值，如图 10-20 所示。

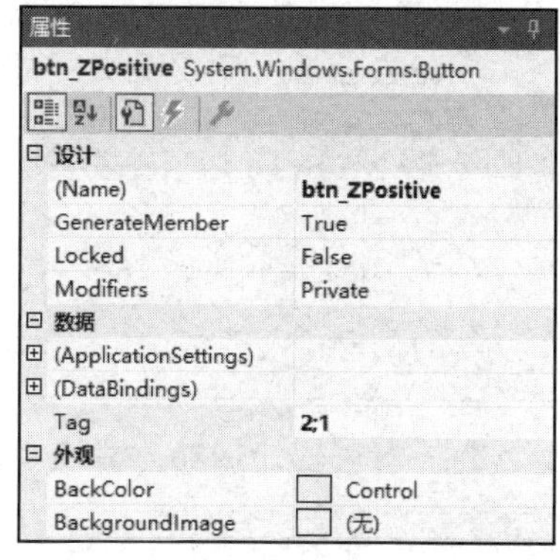

图 10-20　点动按钮 Tag 赋值

（8）上面我们用到了一个 SetParam，这个方法实现将控件的值赋值给对应字段变量的功能，这样后续调用时，就不需要每次都从控件取值了，代码如下所示。

```
[Description("设置参数")]
private void SetParam()
{
    velMax = Convert.ToSingle(this.num_velmax.Value);
    velMin = Convert.ToSingle(this.num_velmin.Value);
    acc = Convert.ToSingle(this.num_acc.Value);
    dec = Convert.ToSingle(this.num_dec.Value);
    sramp = Convert.ToSingle(this.num_sramp.Value);
    motion.Unit0 = Convert.ToInt32(this.num_unit0.Value);
    motion.Unit1 = Convert.ToInt32(this.num_unit1.Value);
    motion.Unit2 = Convert.ToInt32(this.num_unit2.Value);
}
```

（9）手动进行事件绑定，将所有按钮的 MouseDown 事件绑定 btn_Jog_MouseDown、所有按钮的 MouseUp 事件绑定 btn_Jog_MouseUp，即可实现点动功能，如图 10-21 所示。

（10）对于相对运动，由于我们已经提前封装好了对应的方法，因此只需要调用方法，将相关参数值传递进去即可，代码如下所示。

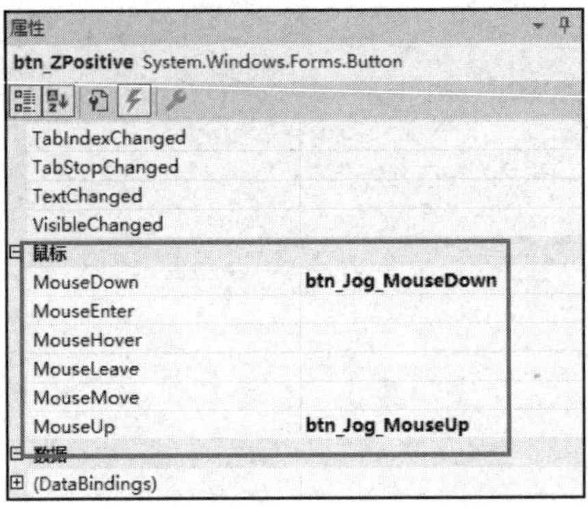

图 10-21　点动按钮事件绑定

```
   private void btn_MoveRelative_Click(object sender, EventArgs e)
   {
       SetParam();//设置参数
       var result = motion.MoveRelative(Axis, velMax, Convert.ToSingle(this.num_
distance.Value), velMin, acc, dec, sramp);
       if (result.IsSuccess == false)
       {
           MessageBox.Show("相对运动失败: " + result.Message, "相对运动");
       }
   }
```

（11）对于绝对运动，与相对运动类似，直接调用绝对运动的方法即可，代码如下所示。

```
    private void btn_MoveAbs_Click(object sender, EventArgs e)
    {
        SetParam();//设置参数
        var result = motion.MoveAbs(Axis, velMax, Convert.ToSingle(this.num_
distance.Value), velMin, acc, dec, sramp);
        if (result.IsSuccess == false)
        {
            MessageBox.Show("绝对运动失败: " + result.Message, "绝对运动");
        }
    }
```

（12）完善定时器的更新事件。定时器定时更新各个轴的运动状态及轴位置，代码如下所示。

```
private void UpdateTimer_Tick(object sender, EventArgs e)
{
    if (motion.InitedOK)
    {
        bool StateX = motion.IsMoving(xAxis);
        this.tssl_StateX.Text = StateX ? "运动" : "停止";
        this.tssl_StateX.BackColor = StateX ? Color.LimeGreen : Color.Red;
        this.tssl_StateX.ForeColor = StateX ? Color.Black : Color.White;
        bool StateY = motion.IsMoving(yAxis);
        this.tssl_StateY.Text = StateY ? "运动" : "停止";
        this.tssl_StateY.BackColor = StateY ? Color.LimeGreen : Color.Red;
```

```
        this.tssl_StateY.ForeColor = StateY ? Color.Black : Color.White;
        bool StateZ = motion.IsMoving(zAxis);
        this.tssl_StateZ.Text = StateZ ? "运动" : "停止";
        this.tssl_StateZ.BackColor = StateZ ? Color.LimeGreen : Color.Red;
        this.tssl_StateZ.ForeColor = StateZ ? Color.Black : Color.White;
        this.tssl_PosX.Text = motion.GetAxisPos(xAxis).ToString("f1")+"mm";
        this.tssl_PosY.Text = motion.GetAxisPos(yAxis).ToString("f1")+ "mm";
        this.tssl_PosZ.Text = motion.GetAxisPos(zAxis).ToString("f1")+ "mm";
    }
}
```

10.3　总线型运动控制卡 EtherCAT 通信

10.3.1　ECI2828 运动控制卡使用说明

为了解决运动控制卡与驱动器烦琐的接线问题，总线控制方式在自动化行业的应用中日益增多。在各种总线控制协议中，EtherCAT 是一种应用非常广泛的总线控制协议，特别在运动控制领域。EtherCAT 总线控制方式只需使用标准网线连接运动控制卡的 EtherCAT 接口和驱动器的 EtherCAT 接口，通过简单的配置即可实现轴的运动控制。这种接线简单，实时性好，因此备受欢迎。

对于需要同时存在总线控制和脉冲控制的项目，我们可以利用运动控制本体或者通过扩展模块来实现总线与脉冲并存的控制情况。下面是一种典型的 EtherCAT 总线与脉冲控制网络图，如图 10-22 所示。

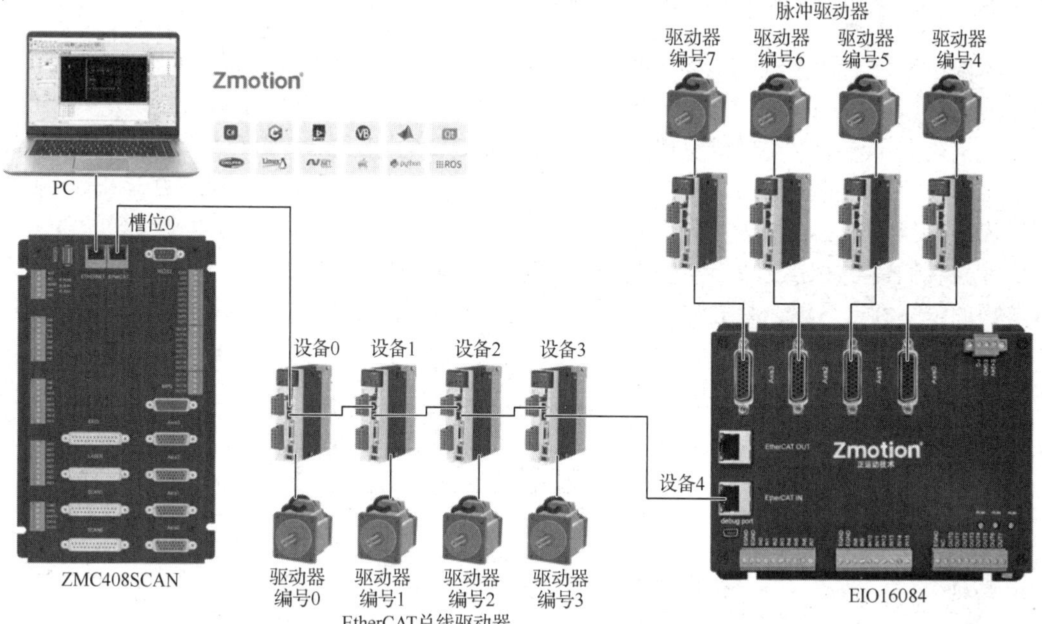

图 10-22　一种典型的 EtherCAT 总线与脉冲控制网络图

本小节小采用正运动 ECI2000 系列的一款板卡，型号为 ECI2828。ECI2828 的基本轴数为 8 轴，可扩展至 16 轴。它能同时支持脉冲轴、编码器轴和 EtherCAT 总线轴，并且自带 24 路 DI 输入和 16 路 DO 输出，还有 2 路 AD 输入和 2 路 DA 输出。此外，它支持电子凸轮、点位控制、直线插补、圆弧插补以及连续插补等功能。

ECI2828 运动控制卡的系统框架图如图 10-23 所示。

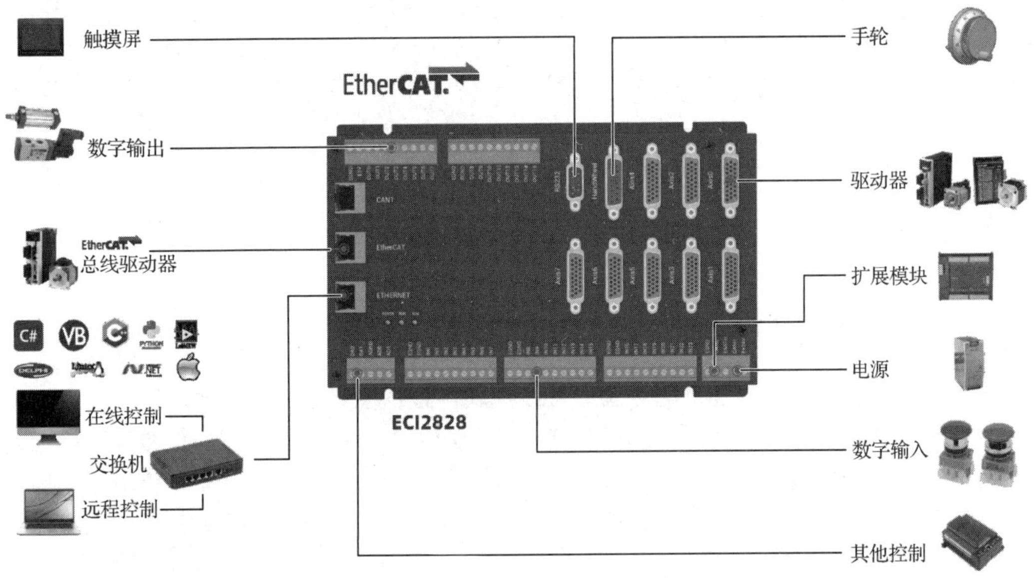

图 10-23　ECI2828 运动控制卡的系统框架图

10.3.2　ECI2828 运动控制卡脉冲控制

ECI2828 与 ECI1408 的基本使用方法是类似的，供电方式及连接方式大家可以参考前面章节的内容，本小节不做过多赘述。ECI2828 同样支持脉冲控制，它们之间的区别在于 ECI1408 是通过接线端子连接驱动器实现轴控制的，而 ECI2828 则是通过 DB26 母座。ECI2828 提供了 8 个本地差分脉冲轴接口，每个接口为标准 DB26 母座，每个端子提供了 0V 和+5V 输出，可以为编码器提供 5V 电源。

如果我们需要 ECI2828 运动控制卡来实现步进或伺服驱动器的脉冲控制，我们只需要了解接口的定义即可。下面是 DB26 母座的接口定义，如表 10-2 所示。

表 10-2　DB26 母座的接口定义

接　口	引 脚 号	信　号	说　明
1, 10, 19, 9, 26, 18	1	EGND	IO 信号公共端/共零端
	2	IN(24-31)/ALM	IO 输入，建议做报警信号
	3	OUT(16.18.20.22.24.26.28.30)/ENA	IO 输出，建议做使能信号
	4	EA-	编码器输入 A-
	5	EB-	编码器输入 B-
	6	EZ-	编码器输入 Z-

续表

接　　口	引 脚 号	信　　号	说　　明
	7	+5V	差分信号 5V 共阳极端口
	8	备用	悬空
	9	DIR+	方向输出+
	10	GND	差分信号公共端/共零端
	11	PUL−	脉冲输出−
	12	备用	悬空
	13	GND	差分信号公共端/共零端
	14	OVCC	IO 信号 24V 共阳极端口
1, 10, 19, 9, 26, 18	15	OUT(17.19.21.23.25.27.29.31)/CLR	IO 输出，建议做清除信号
	16	IN(32-39)/INP	IO 输入，建议做到位信号
	17	EA+	编码器输入 A+
	18	EB+	编码器输入 B+
	19	EZ+	编码器输入 Z+
	20	GND	差分信号公共端/共零端
	21	GND	差分信号公共端/共零端
	22	DIR−	方向输出−
	23	PUL+	脉冲输出+
	24	GND	差分信号公共端/共零端
	25	备用	悬空
	26	备用	悬空

说明：

1. ALM、ENA、CLR、INP 由于驱动能力较小，建议仅作为轴 IO 使用；
2. OVCC、+5V 仅供控制器和伺服驱动器共阳极接线使用，请勿用作其他地方供电。

对于步进驱动器，我们只需要使用 9、11、22、23 端子连接 DIR+、PUL-、DIR-及 PUL+即可，如图 10-24 所示。

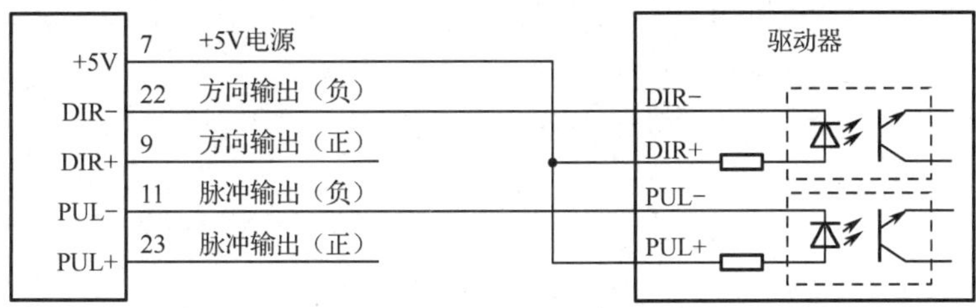

图 10-24　步进驱动器的接线图

对于伺服驱动器，除轴控制接线外，我们还需要接编码器、报警、使能等信号，下面是 ECI2828 与松下 A5、A6 伺服差分脉冲口接线的参考图，如图 10-25 所示。

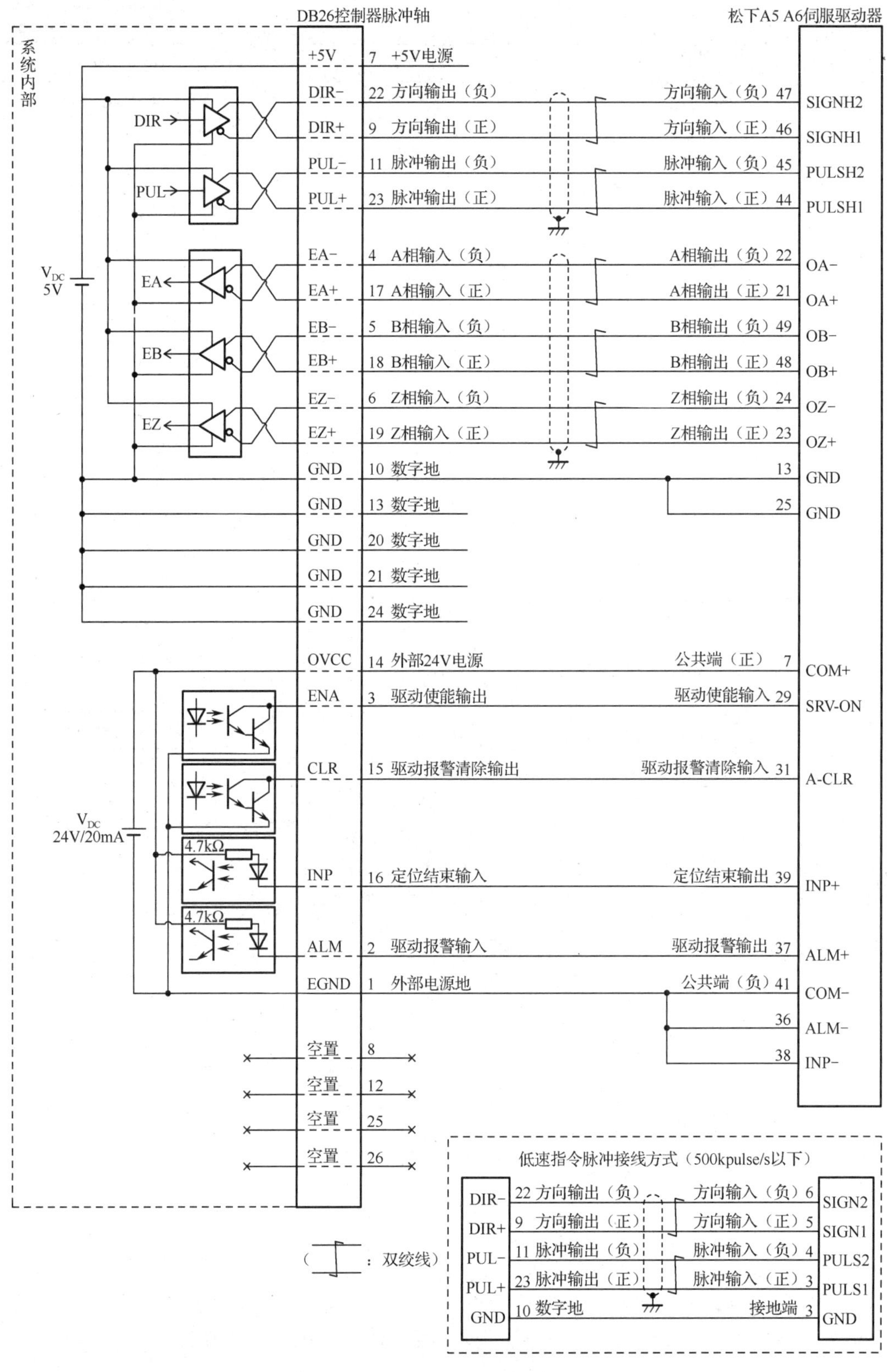

图 10-25 ECI2828 与松下 A5、A6 伺服差分脉冲口接线的参考图

ECI2828 脉冲控制的开发过程与前面章节中介绍的 ECI1408 脉冲控制的开发过程基本一致，大家可以参考前面章节的内容，本小节不做过多赘述。

10.3.3　ECI2828 运动控制卡 EtherCAT 控制

本小节主要采用 Zmotion 运动控制卡 ECI2628 与伺服驱动器进行 EtherCAT 通信，从而实现对伺服电机的控制。因为采用 EtherCAT 总线的原因，所以基本上不用接线。我们给运动控制卡供电之后，通过 Ethernet 接口连接 PC，EtherCAT 接口连接至伺服驱动器，伺服驱动器与伺服电机之间通过配套电缆进行连接，这样一个 EtherCAT 总线控制的基本硬件平台就搭建完成了。

我们首先通过官方例程 8 总线运动控制程序进行通信测试。打开例程界面，输入实际板卡的 IP，单击连接按钮，即可正常连接上运动控制卡，如图 10-26 所示。

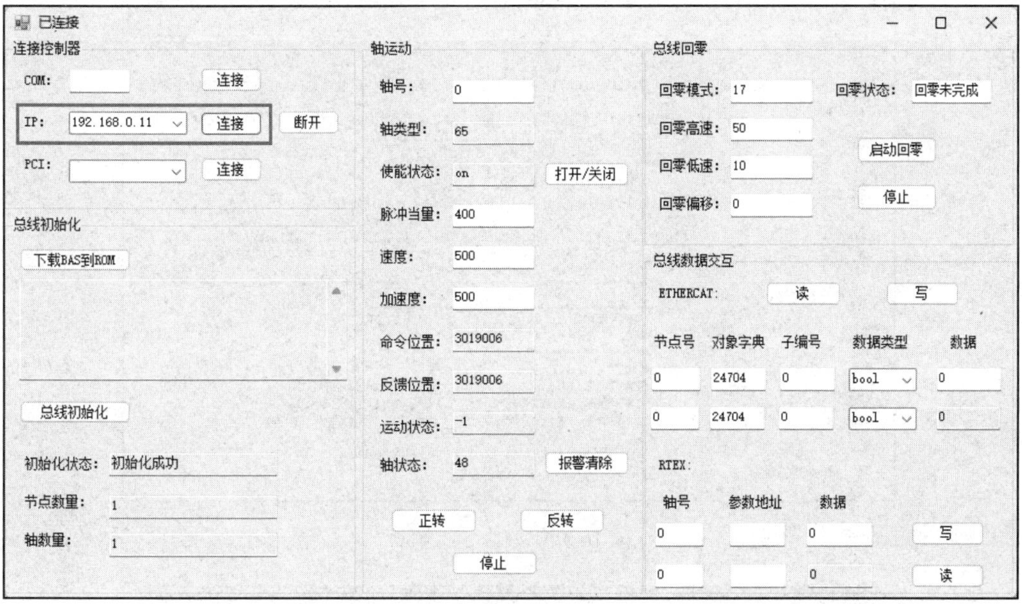

图 10-26　例程界面

总线控制在连接上运动控制卡后，需要下载初始化程序到 ROM/RAM 中，实现总线的初始化。EtherCAT 初始化的 BAS 文件存放在案例文件夹中。可能无法直接使用官方的 BAS 文件，因为这里有以下两个地方需要注意。

（1）案例中提供的 EtherCAT 初始化 BAS 文件，最大轴数是 32，需要修改实际运动控制卡可扩展的最大轴数。针对 ECI2828，最大扩展轴数是 16，因此这里将 32 修改为 16，如图 10-27 所示。

（2）如果伺服的限位开关没有接线，轴状态应该是 30H，表示正负限位报警。如果想要运行，需要将正负限位禁用掉。具体操作是将例程中的 ECAT 初始化 BAS 文件中的 REV_IN 和 FWD_IN 修改为-1，如图 10-28 所示。

例程测试完成后，接下来开发一个上位机软件实现对伺服电机的运动控制，包含板卡建立连接、断开连接、EtherCAT 初始化、点动控制及相对运动等基本控制功能，具体开发过程如下。

（1）根据功能要求设计上位机界面。上位机界面的设计如图 10-29 所示。

ECAT初始化.bas ×

```
'************************************************************ECAT总线初始化
'''''''''

global CONST BUS_TYPE = 0                     '总线类型。用于上位机区分当前模式
global CONST MAX_AXISNUM = 16                 '最大轴数
global CONST Bus_Slot  = 0                    '槽位号0
global CONST Bus_AxisStart  = 0              '总线轴起始轴号

global Bus_InitStatus              '总线初始化完成状态
Bus_InitStatus = -1
global  Bus_TotalAxisnum           '检查扫描的总轴数

delay(3000)                '延时3S等待驱动器上电
'************************初始化ECAT总线
Ecat_Init()

end
```

图 10-27　修改最大轴数

ECAT初始化.bas ×

```
?
?"开始映射轴号"
for i=0 to NODE_COUNT(Bus_Slot)-1                         '遍历总线下所有从

    if NODE_AXIS_COUNT(Bus_Slot,i) <>0 then                '判断当前节点是否
        for j=0 to NODE_AXIS_COUNT(Bus_Slot,i)-1
            AXIS_ADDRESS(Bus_AxisStart+i)=Bus_TotalAxisnum+1
            ATYPE(Bus_AxisStart+i)=65
            DRIVE_PROFILE(Bus_AxisStart+i)= 4
            disable_group(Bus_AxisStart+i)

            DRIVE_IO(Bus_AxisStart+i) = 128 + (Bus_AxisStart+i)*16
```

例程程序

```
            'REV_IN(Bus_AxisStart+i) = 128 + (Bus_AxisStart+i)*16
            'FWD_IN(Bus_AxisStart+i) = 129 + (Bus_AxisStart+i)*16
```

修改程序

```
            REV_IN(Bus_AxisStart+i) = -1
            FWD_IN(Bus_AxisStart+i) = -1

            DATUM_IN(Bus_AxisStart+i) = 130 + (Bus_AxisStart+i)*16
            INVERT_IN(128 + (Bus_AxisStart+i)*16,ON)
            INVERT_IN(129 + (Bus_AxisStart+i)*16,ON)
            INVERT_IN(130 + (Bus_AxisStart+i)*16,ON)

            Bus_TotalAxisnum=Bus_TotalAxisnum+1
        next
    endif
```

图 10-28　禁用正负限位

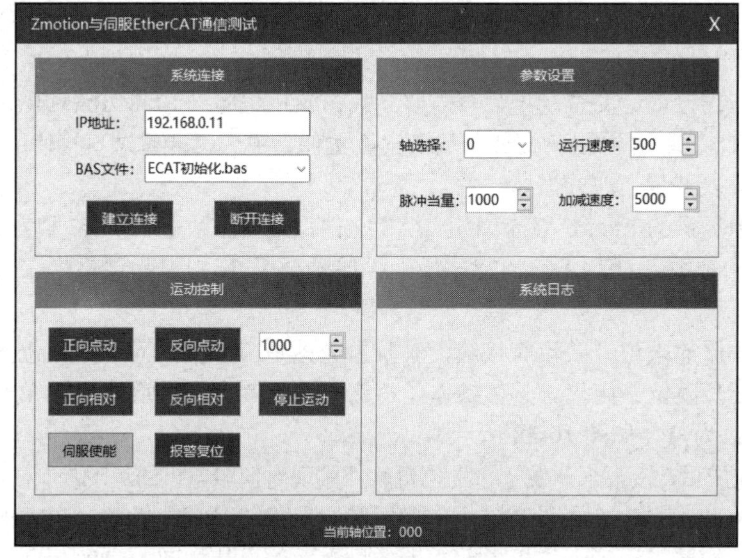

图 10-29　上位机界面的设计

（2）EtherCAT 总线控制与脉冲控制多一个 EtherCAT 初始化的过程。因此，我们在 Zmotion.cs 中要增加一个初始化板卡的方法，该方法会将连接板卡与 EtherCAT 的初始化过程融合到一起。因此，该方法的参数有两个，一个是 IP 地址，用于连接板卡；另一个是 BAS 文件路径，用于 EtherCAT 初始化。具体代码如下所示。

```
public OperateResult InitCard(string ipAddress, string file)
{
    var result = OpenCard(ipAddress);
    if (result.IsSuccess)
    {
        int error = 0;
        error = zmcaux.ZAux_BasDown(handle, file, 1);
        if (error == 0)
        {
            IEC_Timer_TON ton = new IEC_Timer_TON(10000);
            ton.Input = true;
            float initStatus = 0.0f;
            while (true)
            {
                 initStatus = GetInitStatus();//获取初始化状态
                bool completed = initStatus == 1;
                bool output = ton.Output;
                if (completed)
                {
                    break;
                }
                else if (!output)
                {
                continue;
                }
               else
               {
                return OperateResult.CreateFailResult("初始化过程超时！");
               }
            }
           switch (initStatus)
           {
               case 0:
                   return OperateResult.CreateFailResult("总线启动失败");
               case 1:  //总线启动完成
                   return OperateResult.CreateSuccessResult() ;
               default:
                   return OperateResult.CreateFailResult("未知错误原因");
           }
        }
      return OperateResult.CreateFailResult("文件下载失败");
   }
   return OperateResult.CreateFailResult("以太网连接失败");
}
```

程序解析：首先建立以太网连接，然后下载 BAS 文件到 ROM 中。下载完成后，运动控制卡会自动执行 BAS 文件中的程序。上位机通过 BAS 文件中用户变量 Bus_InitStatus 的值，判断是否初始化完成，设定超时时间为 10 秒钟，如果 10 秒后仍然没有成功，则判断为初始化超时。如果提前获取到用户变量 Bus_InitStatus 的值，根据该值的结果判断总线启动成功与否。

（3）在建立连接按钮的单击事件中，由于初始化过程是一个耗时任务，因此开启一个多线程执行初始化过程，具体代码如下所示。

```
private void btn_Connect_Click(object sender, EventArgs e)
{
    string ip = this.txt_IP.Text;
    string path = this.cmb_BAS.Text;
    Task.Run(() =>
    {
        var result = zmotion.InitCard(ip, Application.StartupPath + "\\Config\\" + path);
        if (result.IsSuccess)
        {
            AddLog(0, "初始化成功");
            AddLog(0, "检测到轴数：" + zmotion.GetTotalAxisnum().ToString());
        }
        else
        {
            AddLog(1, result.Message);
        }
    });
}
```

（4）运行项目，单击建立连接按钮，可以看到初始化成功并检测到伺服轴，如图 10-30 所示。

图 10-30　ECAT 初始化完成

（5）这里有个注意事项，因为在前面的 Zmotion 类中，主要针对的是脉冲方式的步进控制，因此我们在封装连续运动及相对、绝对运动方法时，代码中设置轴类型 AType 为 1，表示脉冲方式的步进或伺服。但是针对 EtherCAT 总线控制，轴类型应该设置为 65，这是在 BAS 文件中初始化时已经设置好的，因此我们要将 Zmotion 类中针对轴类型设置的代码注释掉，如图 10-31 所示。

```
// 判断是否满足运动条件
var result = CommonMotionValidate(axis);
if (!result.IsSuccess) return result;
//创建错误码
int error = 0;
try
{
    //error = zmcaux.ZAux_Direct_SetAtype(handle, axis, 1);
    //ErrorHandle("ZAux_Direct_SetAtype", error);
    SetAxisUnit(axis);//设置脉冲当量
    error = zmcaux.ZAux_Direct_SetLspeed(handle, axis, velMin); //设置最小速度
    ErrorHandle("ZAux_Direct_SetLspeed", error);
    error = zmcaux.ZAux_Direct_SetSpeed(handle, axis, vel);  //设置运行速度
    ErrorHandle("ZAux_Direct_SetSpeed", error);
    error = zmcaux.ZAux_Direct_SetAccel(handle, axis, acc);  //设置加速度
    ErrorHandle("ZAux_Direct_SetAccel", error);
    error = zmcaux.ZAux_Direct_SetDecel(handle, axis, dec);   //设置减速度
    ErrorHandle("ZAux_Direct_SetDecel", error);
    error = zmcaux.ZAux_Direct_SetSramp(handle, axis, sramp);  //设置S曲线
    ErrorHandle("ZAux_Direct_SetSramp", error);
    error = zmcaux.ZAux_Direct_Single_Vmove(handle, axis, dir ? 1 : -1); //设置方向并运动
    ErrorHandle("ZAux_Direct_Single_Vmove", error);
}
catch (Exception ex)
{
    return OperateResult.CreateFailResult(ex.Message);
}
return OperateResult.CreateSuccessResult();
```

图 10-31　取消轴类型设置

（6）其他相关代码与前面章节的案例基本一致，本小节不做过多赘述。

10.4　运动控制卡 Modbus TCP 通信

正运动的运动控制产品，无论是 ECI 系列还是 ZMC 系列，Ethernet 接口不仅可以用于上位机 PC 编程使用，同时还支持 Modbus TCP 通信。因此，即使我们不使用函数库，也可以通过 Modbus TCP 协议实现运动控制卡内部存储区数据的读写控制。当然，我们也可以通过上位机通过 Modbus TCP 协议实现运动控制卡通信。本节主要以 ECI1408 为例，实现上位机与运动控制卡之间的 Modbus TCP 通信。

10.4.1　运动控制卡 Modbus 协议说明

正运动控制器支持两个存储区，分别是 0 区和 4 区，即输出线圈存储区和保持型寄存器存储区，具体地址分布如图 10-32 和图 10-33 所示。

MODBUS_BIT地址	意义
0～7999	用户自定义使用
8000～8099	PLC编程的特殊M寄存器
8100～8199	轴0～99的IDLE标志
8200～8299	轴0～99的BUFFER剩余标志
10000～14095	对应输入IN口
23000～24095	对应输出OUT口
30000～34095	对应PLC编程的S寄存器

图 10-32　运动控制卡输出线圈 0 区地址对应关系

MODBUS_REG地址 MODBUS_IEEE地址	意义
0～7999	用户自定义使用，可混用MODBUS_REG、MODBUS_IEEE、MODBUS_LONG
8000～8099	PLC编程的特殊D寄存器
10000～10198	对应各轴DPOS，读写用MODBUS_IEEE
11000～11198	对应各轴MPOS，读写用MODBUS_IEEE
12000～12198	对应各轴VPSPEED，读用MODBUS_IEEE
13000～13127	模拟量输出AOUT，读写用MODBUS_REG
14000～14255	模拟量输出AIN，读用MODBUS_REG

图 10-33　运动控制卡保持型寄存器 4 区地址对应关系

从图 10-32 和图 10-33 呈现出的对应关系，我们可以整理如下。

（1）0 区从地址 10000 开始与输入 IN 口对应。

（2）0 区从地址 20000 开始与输出 OUT 口对应。

（3）4 区从地址 10000 开始对应轴 DPOS 区间。

（4）4 区从地址 11000 开始对应轴 MPOS 区间。

（5）4 区从地址 12000 开始对应轴 VP_SPEED 区间。

（6）4 区从地址 13000 开始对应模拟量 DA 输出区间。

（7）4 区从地址 14000 开始对应模拟量 AD 输入区间。

（8）对于其他参数，可以采用自定义存储区 0～7999 来使用。

10.4.2　运动控制卡 Modbus 通信应用

在了解运动控制卡的 Modbus 存储区地址及其对应关系后，我们开发一个上位机软件来与其进行 Modbus TCP 通信。这里我们使用第 7 章编写的 Modbus TCP 通信类，首先设计界面如图 10-34 所示。

图 10-34　上位机软件的界面设计

完成界面设计后，我们来完成后台代码的编写，具体步骤如下所示。

（1）创建一个 Modbus TCP 通信对象：这里需要提前添加好 ModbusTCPLib.cs，以及 NModbus4.dll 和 DataConvertLib.dll 的引用，具体代码如下。

```
    // 创建 Modbus TCP 通信对象
private ModbusTCPLib modbusTCP = new ModbusTCPLib();
```

（2）建立连接：这里我们以读取 X、Y、Z 三轴的位置为例，从上面的 Modbus 地址表可以看到，三轴的位置位于 4 区 11000 开始的 6 个寄存器中，在完成 Modbus TCP 连接并连接成功后，开启多线程实时读取 4 区 11000 开始的 12 个寄存器的值，然后进行数据解析及界面更新，每个轴位置占 2 个寄存器，类型是单精度浮点型，大小端是 DataFormat.CDAB，具体代码如下所示。

```
 [Description("建立连接")]
 private void btn_Connect_Click(object sender, EventArgs e)
 {
     try
     {
         string ip = this.txt_IP.Text.Trim();
         int port = Convert.ToInt32(this.txt_Port.Text);
         modbusTCP.Connect(ip, port);
         cts = new CancellationTokenSource();
         Task.Run(() =>
         {
             while (!cts.IsCancellationRequested)
             {
                 byte[] data = modbusTCP.ReadHoldingRegisters(11000, 6);
                 if (data.Length == 12)
                 {
                     this.Invoke(new Action(() =>
                     {
                         this.lbl_XPos.Text = FloatLib.GetFloatFromByteArray(data,
0,DataFormat.CDAB).ToString("f1");
```

```
                    this.lbl_YPos.Text = FloatLib.GetFloatFromByteArray(data, 4, DataFormat.CDAB).ToString("f1");
                    this.lbl_ZPos.Text = FloatLib.GetFloatFromByteArray(data, 8, DataFormat.CDAB).ToString("f1");
                }));
            }
        }
    });
}
catch (Exception ex)
{
    MessageBox.Show("ModbusTCP 连接失败: "+ex.Message, "建立连接");
}
}
```

（3）断开连接：断开连接时先停止多线程，再断开 Modbus TCP 连接，具体代码如下所示。

```
[Description("断开连接")]
private void btn_DisConnect_Click(object sender, EventArgs e)
{
    cts?.Cancel();
    modbusTCP.DisConnect();
}
```

为了便于测试，首先使用我们前面开发的三轴控制软件，对三个轴进行位置控制，三个轴的位置分别为 22.9、27.0、29.7，控制界面如图 10-35 所示。

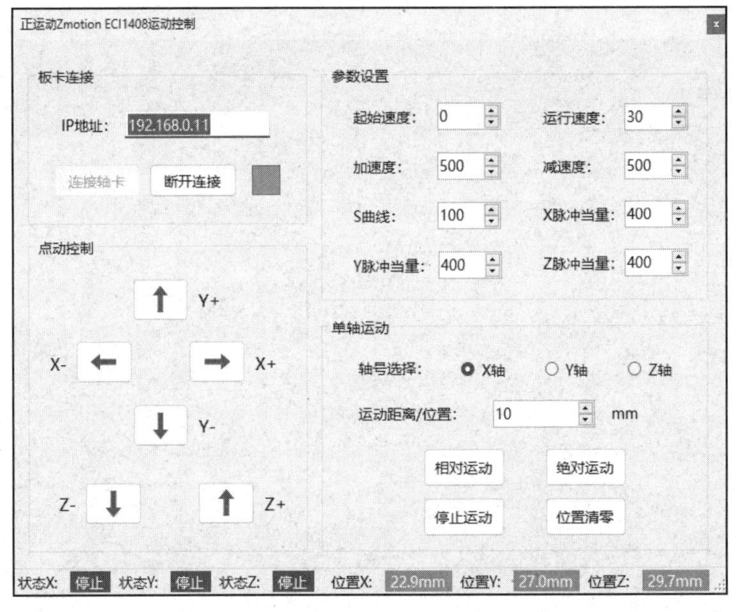

图 10-35　控制界面

我们同时运行 Modbus TCP 通信的上位机软件，单击建立连接按钮，观察读取到的轴位置。从图 10-36 中可以看出，读取结果与实际一致。

图 10-36　Modbus TCP 通信测试结果